普通高等教育“十一五”国家级规划教材

Visual FoxPro 数据库与程序设计

（第二版）

刘 淳 主 编

胡剑锋 副主编

邓顺川 主 审

中国水利水电出版社

内 容 提 要

本书是普通高等教育"十一五"国家级规划教材，在第一版的基础上做了适量的修改，以 Visual FoxPro 6.0 中文版作为背景，通过大量实例介绍 Visual FoxPro 数据库与程序设计的基础知识和使用方法，内容涵盖全国计算机等级考试考试大纲中对 Visual FoxPro 程序设计所要求的知识点。全书共 10 章，内容包括：数据库基本知识与 Visual FoxPro 概述、Visual FoxPro 中的数据与运算、数据库的基本操作、关系数据库标准语言 SQL、数据查询与建立视图、程序设计基础、表单设计与应用、报表与标签设计、菜单设计与应用、数据库应用系统开发等。

本书内容全面，深入浅出，例题丰富，图文并茂，适合作为大中专及高职高专院校各专业的学生学习数据库开发和程序设计的教材，也可作为全国计算机等级考试二级 Visual FoxPro 程序设计的培训教材，同时，也是广大 Visual FoxPro 爱好者的首选参考书。

本书电子教案及程序源代码可从中国水利水电出版社网站免费下载，网址：http://www.waterpub.com.cn/softdown/。

图书在版编目（CIP）数据

Visual FoxPro 数据库与程序设计 / 刘淳主编．—2 版．
北京：中国水利水电出版社，2007
普通高等教育"十一五"国家级规划教材
ISBN 978-7-5084-4792-6

Ⅰ．V… Ⅱ．刘… Ⅲ．关系数据库—数据库管理系统，
Visual FoxPro—程序设计—高等学校：技术学校—教材
Ⅳ．TP311.138

中国版本图书馆 CIP 数据核字（2007）第 099844 号

书　名	普通高等教育"十一五"国家级规划教材 Visual FoxPro 数据库与程序设计（第二版）
作　者	刘 淳 主 编　胡剑锋　副主编　邓顺川　主审
出版发行	中国水利水电出版社 （北京市海淀区玉渊潭南路 1 号 D 座　100038） 网址：www.waterpub.com.cn E-mail：mchannel@263.net（万水） sales@waterpub.com.cn 电话：（010）68367658（发行部）、82562819（万水）
经　售	北京科水图书销售中心（零售） 电话：（010）88383994、63202643、68545874 全国各地新华书店和相关出版物销售网点
排　版	北京万水电子信息有限公司
印　刷	北京蓝空印刷厂
规　格	184mm×260mm　16 开本　19.5 印张　480 千字
版　次	2002 年 8 月第 1 版 2007 年 7 月第 2 版　2012 年 12 月第 16 次印刷
印　数	95001—99000 册
定　价	28.00 元

第二版前言

本书第一版于 2002 年出版，到目前为止已经在多所高等院校中使用，并受到了广大读者的欢迎。本书第二版被评为普通高等教育“十一五”国家级规划教材。

本书在第一版的基础上，主要对第 4 章（关系数据库标准语言 SQL）作了重大修改，加强了对 SQL 语言的介绍。目前 Visual FoxPro 虽然已发展到 Visual FoxPro 9.0 版，但考虑 Visual FoxPro 6.0 仍是国内应用最为普及的版本，所以本书继续使用 Visual FoxPro 6.0 中文版作为操作与开发平台。全书共 10 章，内容简述如下：

第 1 章主要介绍数据库系统基本概念和 Visual FoxPro 系统的特点、功能与基本组成；第 2 章介绍系统中数据的表示、运算方法；第 3 章介绍数据库、表的建立、编辑和维护等基本操作方法；第 4 章介绍 SQL 语言的基本概念与使用方法；第 5 章介绍查询与视图的建立与应用方法；第 6 章介绍结构化程序设计的基本方法；第 7 章介绍面向对象程序设计思想和有关基本概念，以及表单的设计与应用方法；第 8 章介绍报表与标签设计的基本方法；第 9 章介绍菜单的设计与应用方法；第 10 章介绍开发数据库应用系统的一般方法。

本书知识点讲述清楚，例题分析透彻，习题安排合理，内容的取舍既能满足课堂教学的需要，又兼顾应试复习的要求（内容涵盖全国计算机等级考试考试大纲中对 Visual FoxPro 程序设计所要求的知识点），是一本集课堂教学、课后自学、应试复习于一体的实用教材。本书可以作为各类大中专及高职院校的 Visual FoxPro 程序设计课程的教材，也可作为全国计算机等级考试二级 Visual FoxPro 程序设计的培训教材，同时，也适合作为广大 Visual FoxPro 初学者的自学教材。

本书由刘淳任主编，胡剑锋任副主编。第 1 章和第 2 章由向聂琳编写，第 3 章由郑洁编写，第 4 章由刘钊编写，第 5 章由全立新编写，第 6 章由唐伟奇编写，第 7 章、第 8 章由刘淳编写，第 9 章由陈川编写，第 10 章由胡剑锋编写。全书由邓顺川主审。

由于时间仓促及作者水平有限，书中不足与疏漏之处在所难免，恳请读者批评指正。

编者

2007 年 6 月

第一版前言

21 世纪人类已经进入信息时代，走向信息化的社会。在这日新月异、千变万化的新时代，我们需要更加广博的知识、全面而突出的能力与综合素质，这一切均与知识的学习、信息的利用有着密切联系。如何从浩如烟海的信息资源中获取所需的知识与信息，并据此做出正确的决策，是衡量一个人的能力与综合素质的重要标志。迄今为止，数据库技术仍是信息处理、数据管理最有效的方法之一，而关系数据库是最实用、应用最广泛的数据库。目前，国内使用的小型关系数据库管理系统中，Visual FoxPro 系统占据了重要的地位，其应用范围最广、普及程序最高，是学习、应用关系型数据库管理系统的较为理想的对象，许多学校和各有关专业都把 Visual FoxPro 系统作为教学的内容，教育主管部门也将 Visual FoxPro 系统纳入了全国计算机等级考试的范围，因此，学会、用好 Visual FoxPro 是学生的一项重要学习任务。

本书以目前在国内应用最为普及的 Visual FoxPro 6.0 中文版为对象，介绍数据库系统的基本概念，以及 Visual FoxPro 系统的特点与功能，操作、管理、维护关系数据库的基本方法，结构化程序设计与面向对象程序设计的基本思想。全书共 10 章，内容简述如下：

第 1 章主要介绍数据库系统基本概念和 Visual FoxPro 系统的特点、功能与基本组成；第 2 章介绍系统中数据的表示、运算方法；第 3 章介绍数据库、表的建立、编辑和维护等基本操作方法；第 4 章介绍 SQL 语言的基本概念与使用方法；第 5 章介绍查询与视图的建立与应用方法；第 6 章介绍结构化程序设计的基本方法；第 7 章介绍面向对象程序设计思想和有关基本概念，以及表单的设计与应用方法；第 8 章介绍报表与标签设计的基本方法；第 9 章介绍菜单的设计与应用方法；第 10 章介绍开发数据库应用系统的一般方法。

本书知识点讲述清楚，例题分析透彻，习题安排合理，内容的取舍既能满足课堂教学的需要，又兼顾应试复习的要求（内容涵盖《全国计算机等级考试考试大纲（2002 年版）》中对 Visual FoxPro 程序设计所要求的知识点），是一本集课堂教学、课后自学、应试复习于一体的实用教材。本书可以作为各类大中专及高职院校的 Visual FoxPro 程序设计课程的教材，也可作为全国计算机等级考试二级 Visual FoxPro 程序设计的培训教材，同时，也适合作为广大 Visual FoxPro 初学者的自学教材。

本书由刘淳主编，第 1 章和第 2 章由向聂琳编写，第 3 章由郑洁编写，第 4 章由刘钊编写，第 5 章由全立新编写，第 6 章由唐伟奇编写，第 7 章、第 8 章及第 10 章由刘淳编写，第 9 章由陈川编写。全书由邓顺川主审。

由于时间仓促及作者水平有限，书中不足与疏漏之处在所难免，恳请读者批评指正。

编者

2002 年 8 月

目　　录

第 1 章　数据库基本知识与 Visual FoxPro 概述

随着计算机技术持续不断地发展，计算机技术在各个领域的应用已经越来越广泛，在数据处理、信息管理等领域的应用更以前所未有的势头发展着，因而对数据采集、存储、加工、处理、传播、管理的手段、技术和方法的要求越来越高。为了更加有效地管理各类数据，数据库技术应运而生，并不断地发展。

数据库技术是信息社会的重要基础技术之一，是计算机科学技术领域中发展最为迅速的重要分支。数据库技术是一门综合性技术，涉及到操作系统、数据结构、算法设计、程序设计等基础理论知识，因此，在计算机科学中是将其作为专门的学科来学习、研究的，并以此指导和推动应用。对普通计算机用户而言，虽然更多注重于学习数据库技术的实际应用方法，但是学习、掌握一些必需的、实用的、经过提炼汇集的基础知识，也是非常重要的，对数据库技术的应用，特别是在开发应用系统时尤为重要。因此，本章将以一定篇幅介绍数据库技术相关基础知识，使读者在学习、应用数据库技术的过程中，做到既知其然又知其所以然。

本章将简要介绍数据库、数据库系统、数据库管理系统、数据模型等基本概念以及它们之间的相互关系，并着重介绍关系模式、关系、元组、属性、域等基本概念以及关系数据库和关系运算在 Visual FoxPro 中的体现，为学习和使用 Visual FoxPro 奠定基础。本书以 Visual FoxPro 6.0 系统为对象进行介绍。

本章学习要点：掌握数据库、数据库系统、数据库管理系统、数据库模型等基本概念以及它们之间的相互关系；重点掌握关系、关系模式、元组、属性、域等基本概念以及关系数据库和关系运算在 Visual FoxPro 中的体现。

1.1　信息、数据与数据处理

1.1.1　数据与信息

人们通常使用各种各样的物理符号来表示客观事物的特性和特征，这些符号及其组合就是数据。数据的概念包括两个方面：数据内容和数据形式。数据内容是指所描述客观事物的具体特性，也就是通常所说的数据的“值”；数据形式则是指数据内容存储在媒体上的具体形式，也就是通常所说的数据的“类型”。数据主要有数字、文字、声音、图形和图像等多种形式。信息是指数据经过加工处理后所获取的有用知识。信息是以某种数据形式表现的。

数据和信息是两个相互联系但又相互区别的概念，数据是信息的具体表现形式，信息是数据有意义的表现。

1.1.2　数据处理

数据处理就是将数据转换为信息的过程，主要包括：数据的收集、整理、存储、加工、分类、维护、排序、检索和传输等。数据处理的目的是从大量的数据中，根据数据自身的规律及其相互联系，通过分析、归纳、推理等科学方法，利用计算机技术、数据库技术等技术手段，提取有效的信息资源，为进一步分析、管理、决策提供依据。数据处理也称信息处理。

例如，学生各门成绩为原始数据，经过计算得出平均成绩和总成绩等信息，计算处理的过程就是数据处理过程。

1.1.3　数据处理的发展

伴随着计算机技术的不断发展，数据处理及时地应用了这一先进的技术手段，使数据处理的效率和深度大大提高，也促使数据处理和数据管理的技术得到了很大的发展。数据处理和数据管理的发展过程大致经历了人工管理、文件管理、数据库管理及分布式数据库管理 4 个阶段。

1. 人工管理阶段

早期的计算机主要用于科学计算，计算处理的数据量很小，基本上不存在数据管理的问题，从 20 世纪 50 年代初开始将计算机应用于数据处理。当时的计算机没有专门管理数据的软件，也没有像磁盘这样可随机存取的外部存储设备，对数据的管理没有一定的格式，数据依附于处理它的应用程序，使数据和应用程序一一对应，互相依赖。

由于数据与应用程序的对应、依赖关系，应用程序中的数据无法被其他程序利用，程序与程序之间存在着大量的重复数据，称为数据冗余；同时，由于数据是对应某一应用程序的，使得数据的独立性很差，如果数据的类型、结构、存取方式或输入输出方式发生了变化，处理它的程序必须相应改变，数据结构性差，而且数据不能长期保存。

在人工管理阶段，应用程序与数据之间的关系如图 1-1 所示。

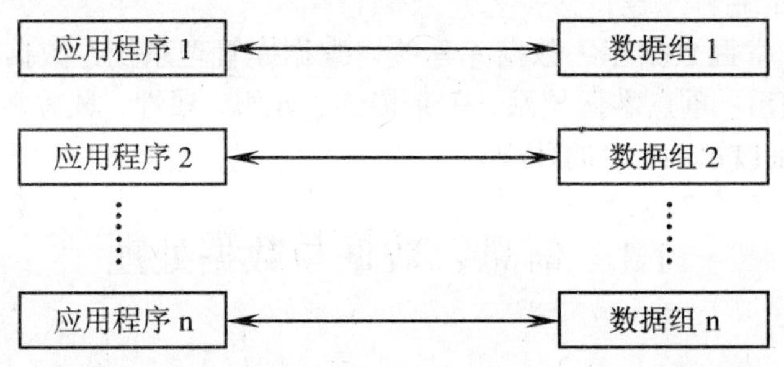

图 1-1　人工管理阶段程序与数据的关系

2. 文件管理阶段

从 50 年代后期开始至 60 年代末为文件管理阶段，应用程序通过专门管理数据的软件即文件管理系统来使用数据。由于计算机存储技术的发展和操作系统的出现，同时计算机硬件也已经具有可直接存取的磁盘、磁带及磁鼓等外部存储设备，软件则出现了高级语言和操作系统，而操作系统的一项主要功能是文件管理，因此，数据处理应用程序利用操作系统的文件管理功能，将相关数据按一定的规则构成文件，通过文件系统对文件中的数据进行存取、管理，实现数据的文件管理方式。

文件管理阶段中，文件系统为程序和数据之间提供了一个公共接口，使应用程序采用统一的存取方法来存取、操作数据，程序和数据之间不再是直接的对应关系，因而程序和数据有了一定的独立性。但是文件系统只是简单地存放数据，数据的存取在很大程序上仍依赖于应用程序，不同程序难以共享同一数据文件，数据独立性较差。此外，由于文件系统没有一个相应的模型约束数据的存储，因而仍有较高的数据冗余，这又极易造成数据的不一致性。

在文件管理阶段，应用程序与数据之间的关系如图 1-2 所示。

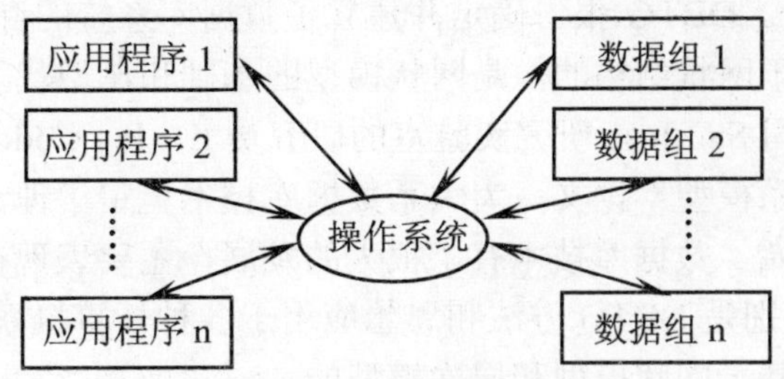

图 1-2　文件管理阶段程序与数据的关系

3. 数据库管理阶段

数据库管理阶段是 60 年代末在文件管理基础上发展起来的。随着计算机系统性价比的持续提高，软件技术的不断发展，人们克服了文件系统的不足，开发了一类新的数据管理软件——数据库管理系统（DataBase Management System，DBMS），运用数据库技术进行数据管理，将数据管理技术推向了数据库管理阶段。

数据库技术使数据有了统一的结构，对所有的数据实行统一、集中、独立的管理，以实现数据的共享，保证数据的完整性和安全性，提高了数据管理效率。数据库也是以文件方式存储数据的，但它是数据的一种高级组织形式。在应用程序和数据库之间，由数据库管理软件 DBMS 把所有应用程序中使用的相关数据汇集起来，按统一的数据模型，以记录为单位存储在数据库中，为各个应用程序提供方便、快捷的查询和使用。

数据库系统与文件系统的区别是：数据库中数据的存储是按同一结构进行的，不同的应用程序均可直接操作使用这些数据，应用程序与数据间保持高度的独立性；数据库系统提供一套有效的管理手段，保持数据的完整性、一致性和安全性，使数据具有充分的共享性；数据库系统还为用户管理、控制数据的操作，提供了功能强大的操作命令，使用户直接使用命令或将命令嵌入应用程序中，简单方便地实现数据库的管理和控制操作。

在数据库管理阶段，应用程序与数据之间的关系如图 1-3 所示。

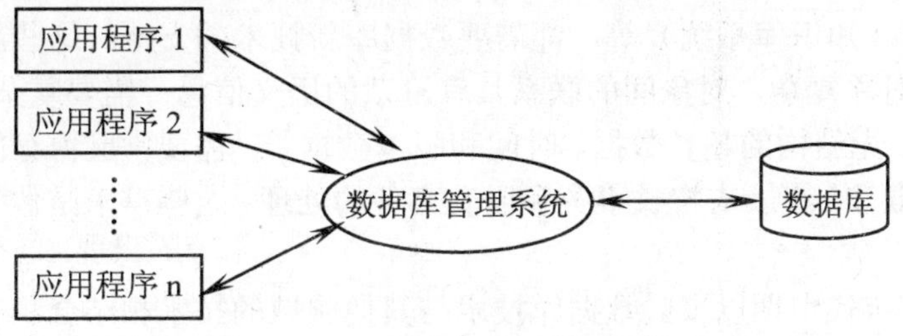

图 1-3　应用程序与数据之间的关系

1.1.4　数据库技术的发展

数据库技术萌芽于 20 世纪 60 年代中期，到 60 年代末 70 年代初出现了 3 个事件，标志着数据库技术日趋成熟，并有了坚实的理论基础。

（1）1969 年 IBM 公司研制、开发了数据库管理系统商品化软件 IMS（Information Management System），IMS 的数据模型是层次结构的。

（2）美国数据系统语言协会 CODASYL（Conference On Data System Language）下属的数据库任务组 DBTG（Data Base Task Group）对数据库方法进行系统地讨论、研究，提出了若干报告，称为 DBTG 报告。DBTG 报告确定并建立了数据库系统的许多概念、方法和技术。DBTG 所提议的方法是基于网状结构的，是网状模型的基础和典型代表。

（3）1970 年 IBM 公司 San Jose 研究实验室的研究员 E．F．Codd 发表了著名的"大型共享系统的关系数据库的关系模型"论文，为关系数据库技术奠定了理论基础。

自 20 世纪 70 年代开始，数据库技术有了很大的发展，主要表现在以下几方面：

（1）数据库方法，特别是 DBTG 方法和思想应用于各种计算机系统，出现了许多商品化数据库系统。它们大都是基于网状模型和层次模型的。

（2）这些商用系统的运行，使数据库技术日益广泛地应用到企业管理、事务处理、交通运输、信息检索、军事指挥、政府管理、辅助决策等各个方面，深入到生产、生活的各个领域。数据库技术成为实现和优化信息系统的基本技术。

（3）关系方法的理论研究和软件系统的研制取得了很大的成果。IBM 公司 San Jose 研究实验室在 IBM 370 系列计算机上研究关系数据库系统 System R 获得成功，1981 年 IBM 公司又宣布了具有 System R 全部特征的新的数据库软件产品 SQL/DS 问世。与此同时，美国加州柏克利分校也研制出 INGRES 关系数据库实验系统，并紧接着推出了商用 INGRES 软件系统，使关系方法从实验室走向社会。

20 世纪 80 年代开始，几乎所有新开发的数据库系统都是关系数据库系统，随着微型计算机的出现与迅速普及，运行于微机的关系数据库系统也越来越丰富，性能越来越好，功能越来越强，应用遍及各个领域，为人类迈入信息时代起到了推波助澜的作用。

1.1.5 数据库新技术

数据库技术发展之快、应用之广是计算机科学其他领域的技术无可比拟的。随着数据库应用领域的不断扩大和信息量的急剧增长，占主导地位的关系数据库系统已不能满足新的应用领域的需求，如 CAD（计算机辅助设计）/CAM（计算机辅助制造）、CIMS（计算机集成制造系统）、CASE（计算机辅助软件工程）、OA（办公自动化）、GIS（地理信息系统）、MIS（管理信息系统）、KBS（知识库系统）等，都需要数据库新技术的支持。这些新应用领域的特点是：存储和处理的对象复杂，对象间的联系具有复杂的语义信息；需要复杂的数据类型支持，包括抽象数据类型、无结构的超长数据、时间和版本数据等；需要常驻内存的对象管理以及支持对大量对象的存取和计算；支持长事务和嵌套事务的处理。这些需求是传统关系数据库系统难以满足的。

自 20 世纪 60 年代中期以来，数据库技术与其他领域的技术相结合，出现了数据库的许多新的分支，如：与网络技术相结合出现了网络数据库；与分布处理技术相结合出现了分布式数据库；与面向对象技术相结合出现了面向对象数据库；与人工智能技术相结合出现了知识库、主动数据库；与并行处理技术相结合出现了并行数据库；与多媒体技术相结合出现了多媒体数据库。此外，针对不同应用领域出现了工程数据库、实时数据库、空间数据库、地理数据库、统计数据库、时态数据库、数据仓库等多种数据库及相关技术。

1. 分布式数据库

分布式数据库系统（Distributed DataBase System，DDBS）是在集中式数据库基础上发展起来的，是数据库技术与计算机网络技术、分布处理技术相结合的产物。分布式数据库系统是地理上分布在计算机网络的不同结点，逻辑上属于同一系统的数据库系统，它不同于将数据存储在服务器上供用户共享存取的网络数据库系统，分布式数据库系统不仅能支持局部应用，存取本地结点或另一个结点的数据，而且能支持全局应用，同时存取两个或两个以上结点的数据。

分布式数据库系统的主要特点是：

（1）数据是分布的。数据库中的数据分布在计算机网络的不同结点上，而不是集中在一个结点，区别于数据存放在服务器上由各用户共享的网络数据库系统。

（2）数据是逻辑相关的。分布在不同结点的数据逻辑上属于同一个数据库系统，数据间存在相互关联，区别于由计算机网络连接的多个独立数据库系统。

（3）结点的自治性。每个结点都有自己的计算机软、硬件资源、数据库、数据库管理系统（即 Local DataBase Management System，LDBMS 局部数据库管理系统），因而能够独立地管理局部数据库。局部数据库中的数据可以仅供本结点用户存取使用，也可供其他结点上的用户存取使用，提供全局应用。

2. 面向对象数据库

面向对象数据库系统（Object-Oriented DataBase System，OODBS）是将面向对象的模型、方法和机制，与先进的数据库技术有机地结合而形成的新型数据库系统。它从关系模型中脱离出来，强调在数据库框架中发展类型、数据抽象、继承和持久性，它的基本设计思想是：一方面把面向对象语言向数据库方向扩展，使应用程序能够存取并处理对象；另一方面扩展数据库系统，使其具有面向对象的特征，提供一种综合的语义数据建模概念集，以便对现实世界中复杂应用的实体和联系建模。因此，面向对象数据库系统首先是一个数据库系统，具备数据库系统的基本功能，其次是一个面向对象的系统，针对面向对象程序设计语言的永久性对象存储管理而设计的，充分支持面向对象的概念和机制。

3. 多媒体数据库

多媒体数据库系统（Multi-media Database System，MDBS）是数据库技术与多媒体技术相结合的产物。在许多数据库应用领域中，都涉及到大量的文字、图形、图像、声音等多媒体数据，这些与传统的数字、字符等格式化数据有很大的不同，都是一些结构复杂的对象。这主要体现为如下几点：

（1）数据量大。格式化数据的数据量小，而多媒体数据量一般都很大，1 分钟视频和音频数据就需要几十兆空间。

（2）结构复杂。传统的数据以记录为单位，一个记录由多个字段组成，结构简单，而多媒体数据种类繁多、结构复杂，大多是非结构化数据，来源于不同的媒体且具有不同的形式和格式。

（3）时序性。文字、声音或图像组成的复杂对象需要有一定的同步机制，如一幅画面的配音或文字需要同步，既不能超前也不能滞后，而传统数据无此要求。

（4）数据传输的连续性。多媒体数据，如声音或视频数据的传输必须是连续的、稳定的，不能间断，否则出现失真而影响效果。

多媒体数据的这些特点，使系统不能像格式化数据一样去管理和处理多媒体数据，也不能简单地通过扩充传统数据库来满足多媒体应用的需求，因此，多媒体数据库需要有特殊的数据结构、存储技术、查询和处理方式。

从实际应用的角度考虑，多媒体数据库管理系统（MDBMS）应具有如下基本功能：

（1）能够有效地表示多种媒体数据，对不同媒体的数据（如文本、图形、图像、声音等）能够按应用的不同，采用不同的表示方法。

（2）能够处理各种媒体数据，正确识别和表现各种媒体数据的特征以及各种媒体间空间或时间的关联。

（3）能够像其他格式化数据一样对多媒体数据进行操作，包括对多媒体数据的浏览、查询检索，对不同的媒体提供不同的操纵，如声音的合成、图像的缩放等。

（4）具有开放功能，提供多媒体数据库的应用程序接口等。

4. 数据仓库

信息技术的高速发展，数据和数据库也在急剧增长，数据库应用的规模、范围和深度不断扩大，一般的事务处理已不能满足应用的需要，企业界需要在大量信息数据基础上的决策支持（Decision Support，DS）。数据仓库（Data Warehousing，DW）技术的兴起满足了这一需求。数据仓库可以提供对企业数据的方便访问和强大的分析工具，从企业数据中获得有价值的信息，发掘企业的竞争优势，提高企业的运营效率，指导企业决策。数据仓库作为决策支持系统（Decision Support System，DSS）的有效解决方案，涉及3方面的技术内容：数据仓库技术、联机分析处理（On-Line Analysis Processing，OLAP）技术和数据挖掘（Data Mining，DM）技术。

数据库技术作为数据管理的一种有效手段主要用于事务处理，但随着应用的深入，人们发现对数据库的应用可分为两类：操作型处理和分析型处理。操作型处理也称为联机事务处理（On-Line Transaction Processing，OLTP），是指对企业数据进行日常的业务处理，这类处理主要是针对企业数据库的一个或一批记录进行查询检索或更新操作。与联机事务处理不同的是，分析型处理主要用于管理人员的决策分析，通过对大量数据的综合、统计和分析，得出有利于企业的决策信息。但是如果按事务处理的模式进行分析处理，则得不到令人满意的结果。而数据仓库和联机分析处理等技术能够以统一的模式，从多个数据源收集数据并提供给用户进行决策分析。

数据仓库不是一种产品，而是由软硬件技术组成的环境。它将企业内部各种跨平台的数据经过重新组合和加工，构成面向决策的数据仓库，为企业决策者方便地分析企业发展状况并做出决策提供了有效的途径。

1.2　数据库系统

1.2.1　数据库系统的组成

数据库应用系统简称为数据库系统（DataBase System，DBS），是一个计算机应用系统由计算机硬件、数据库管理系统、数据库、应用程序和用户等部分组成。

1. 计算机硬件

计算机硬件（Hardware）是数据库系统赖以存在的物质基础，是存储数据库及运行数据库管理系统 DBMS 的硬件资源，主要包括主机、存储设备、I/O 通道等。大型数据库系统一般都建立在计算机网络环境下。

为使数据库系统获得比较满意的运行效果，应对计算机的 CPU、内存、磁盘、I/O 通道等技术性能指标采用较高的配置。

2. 数据库管理系统

数据库管理系统（DataBase Management System，DBMS）是指负责数据库存取、维护和管理的系统软件。DBMS 提供对数据库中数据资源进行统一管理和控制的功能，将用户应用程序与数据库数据相互隔离，是数据库系统的核心，其功能的强弱是衡量数据库系统性能优劣的主要指标。

DBMS 必须运行在相应的系统平台上，在操作系统和相关的系统软件支持下，才能有效地运行。

3. 数据库

数据库（DataBase，DB）是指数据库系统中以一定组织方式将相关数据组织在一起，存储在外部存储设备上所形成的、能为多个用户共享的、与应用程序相互独立的相关数据集合。数据库中的数据也是以文件的形式存储在存储介质上，它是数据库系统操作的对象和结果。数据库中的数据具有集中性和共享性。所谓集中性是指把数据库看成性质不同的数据文件的集合，其中的数据冗余很小。所谓共享性是指多个不同用户使用不同语言，为了不同应用目的可同时存取数据库中的数据。

数据库中的数据由 DBMS 进行统一管理和控制，用户对数据库进行的各种操作都是通过 DBMS 实现的。

4. 应用程序

应用程序（Application）是在 DBMS 的基础上，由用户根据应用的实际需要开发的、处理特定业务的应用程序。应用程序的操作范围通常仅是数据库的一个子集，亦即用户所需的那部分数据。

5. 数据库用户

用户（User）是指管理、开发、使用数据库系统的所有人员，通常包括数据库管理员、应用程序员和终端用户。数据库管理员（DataBase Administrator，DBA）负责管理、监督、维护数据库系统的正常运行；应用程序员（Application Programmer）负责分析、设计、开发、维护数据库系统中运行的各类应用程序；终端用户（End-User）是在 DBMS 与应用程序支持下，操作使用数据库系统的普通用户。不同规模的数据库系统，用户的人员配置可以根据实际情况有所不同，大多数用户都属于终端用户。在小型数据库系统中，特别是在微机上运行的数据库系统中，通常 DBA 就由终端用户担任。

图 1-4 是数据库管理系统与计算机硬件及其他软件的层次关系，外层应用依赖于内层资源的支持。

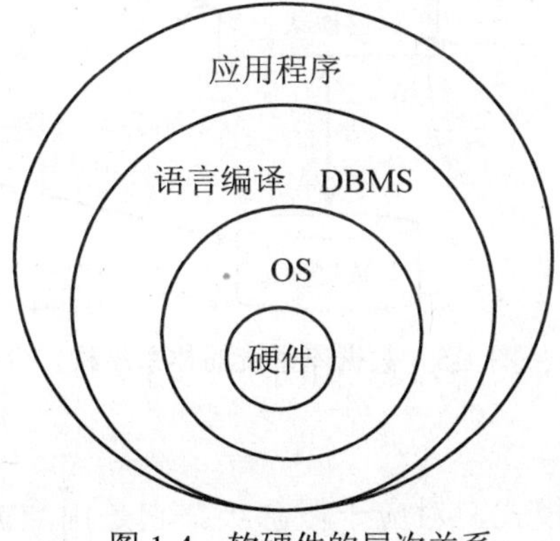

图 1-4　软硬件的层次关系

综上所述，数据库中包含的数据是存储在存储介质上的数据文件的集合；每个用户均可使用其中的部分数据，不同用户使用的数据可以重叠，同一组数据可以为多个用户共享；DBMS为用户提供对数据的存储组织、操作管理功能；用户通过 DBMS 和应用程序实现数据库系统的操作与应用。

1.2.2 数据库系统体系结构

为了有效地组织和管理数据，提高数据库的逻辑独立性和物理独立性，人们为数据库设计了一个严谨的体系结构，包括 3 个模式（外模式、模式和内模式）和 2 个映射（外模式－模式映射和模式－内模式映射）。美国 ANSI/X3/SPARC 的数据库管理系统研究小组于 1975 年、1978 年提出了标准化的建议，将数据库结构分为 3 级：面向用户或应用程序员的用户级；面向建立和维护数据库人员的概念级；面向系统程序员的物理级。用户级对应外模式，概念级对应模式，物理级对应内模式，使不同级别的用户对数据库形成不同的视图。所谓视图就是指观察、认识和理解数据的范围、角度和方法，换句话说，视图就是数据库在用户“眼中”的反映。很显然，不同层次（级别）用户所“看到”的数据库是不相同的。数据库系统的体系结构如图 1-5 所示。

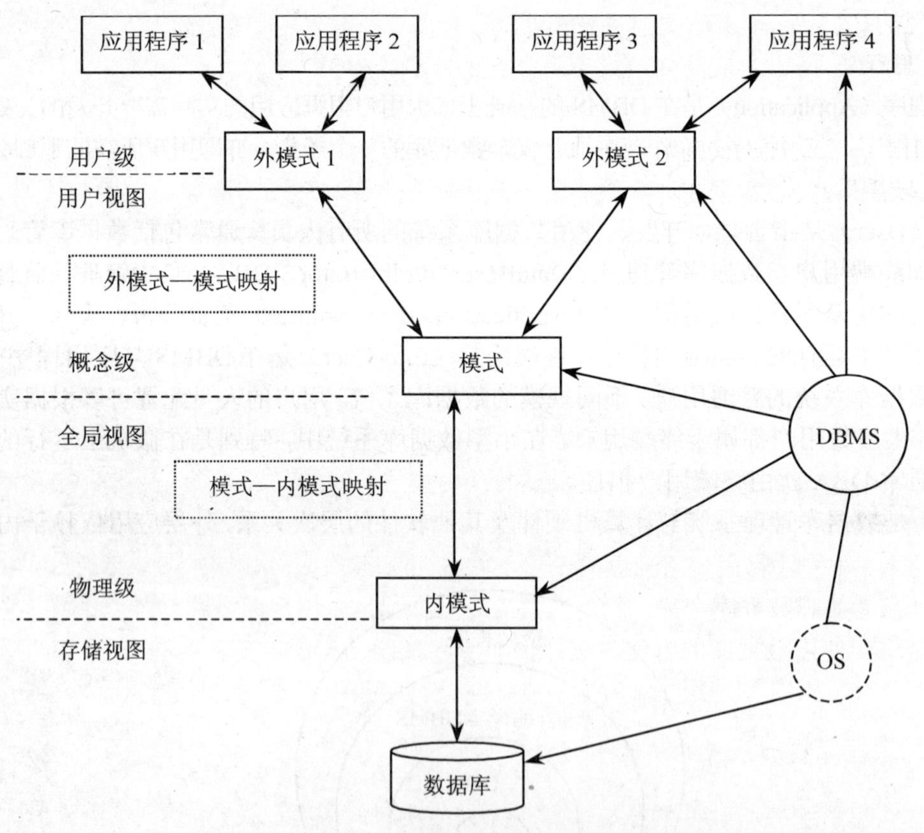

图 1-5 数据库系统的体系结构

1. 模式

模式又称概念模式或逻辑模式，对应于概念级。它是由数据库设计者综合所有用户的数据，按照统一的观点构造的全局逻辑结构，是对数据库中全部数据的逻辑结构和特征的总体描述，是所有用户的公共数据视图（全局视图），是由数据库系统提供的数据模式描述语言（Data Description Language，模式 DDL）来描述、定义的，体现、反映了数据库系统的整体观。

2. 外模式

外模式又称子模式，对应于用户级。它是某个或某几个用户所看到的数据库的数据视图，是与某一应用有关的数据的逻辑表示。外模式是从模式导出的一个子集，包含模式中允许特定用户使用的那部分数据。用户可以通过外模式描述语言（外模式 DDL）来描述、定义对应于用户的数据记录（外模式），也可以利用数据操纵语言（Data Manipulation Language，DML）对这些数据记录进行操作。外模式反映了数据库的用户观。

3. 内模式

内模式又称存储模式，对应于物理级。它是数据库中全体数据的内部表示或底层描述，是数据库最低一级的逻辑描述，它描述了数据在存储介质上的存储方式和物理结构，对应着实际存储在外存储介质上的数据库。内模式由内模式描述语言（内模式 DDL）来描述、定义，它反映了数据库的存储观。

在一个数据库系统中，只有惟一的数据库，因而作为定义、描述数据库存储结构的内模式和定义、描述数据库逻辑结构的模式，也是惟一的，但建立在数据库系统之上的应用则是非常广泛和多样的，所以对应的外模式不是惟一的，也不可能惟一。

4. 三级模式间的映射

数据库系统的三级模式是数据在 3 个级别（层次）上的抽象，使用户能够逻辑地、抽象地处理数据而不必关心数据在计算机中的物理表示和存储。实际上，对于一个数据库系统而言，只有物理级数据库是客观存在的，它是进行数据库操作的基础，概念级数据库只是物理数据库的一种逻辑的、抽象的描述（即模式），用户级数据库则是用户与数据库的接口，它是概念级数据库的一个子集（外模式）。

用户应用程序根据外模式进行数据操作，通过外模式－模式映射，定义和建立某个外模式与模式间的对应关系，将外模式与模式联系起来，当模式发生改变时，只要改变其映射，就可以使外模式保持不变，对应的应用程序也可保持不变；另一方面，通过模式－内模式映射，定义建立数据的逻辑结构（模式）与存储结构（内模式）间的对应关系，当数据的存储结构发生变化时，只需改变模式－内模式映射，就能保持模式不变，因此应用程序也可以保持不变。正是通过这两种映射，将用户对数据库的逻辑操作最终转换成对数据库的物理操作，在这一过程中，用户不必关心数据库全局，更不必关心物理数据库，用户面对的只是外模式，因此，换来了用户操作和使用数据库的方便。这两种映射转换是由 DBMS 实现的，它将用户对数据库的操作从用户级转换到物理级去执行。

1.2.3　数据库管理系统的功能

作为数据库系统核心软件的数据库管理系统 DBMS，通过三级模式间的映射转换，为用户实现了数据库的建立、使用和维护操作，因此，DBMS 必须具备相应的功能，主要有如下几项：

（1）数据库定义（描述）功能。

DBMS 为数据库的建立提供了数据定义（描述）语言（DDL）。用户使用 DDL 定义数据库的子模式（外模式）、模式和内模式，以定义和刻画数据库的逻辑结构，正确描述数据之间的联系。DBMS 根据这些数据定义，从物理记录导出全局逻辑记录，再从全局逻辑记录导出应用程序所需的数据记录。

（2）数据库操纵功能。

DBMS 提供数据操纵语言（DML）实现对数据库检索、插入、修改、删除等基本操作。DML 通常分为两类：一类是嵌入主语言中的，如嵌入 C、COBOL 等高级语言中，这类 DML 一般本身不能独立使用，称之为宿主型语言；另一类是交互式命令语言，它语法简单，可独立使用，称之为自含型语言。目前 DBMS 广泛采用的就是可独立使用的自含型语言，为用户或应用程序员提供操作使用数据库的语言工具。Visual FoxPro 6.0 提供的是自含型语言。

（3）数据库管理功能。

DBMS 提供了对数据库的建立、更新、重编、结构维护、恢复及性能监测等管理功能。它是 DBMS 运行的核心部分，主要包括两方面的功能：系统建立与维护功能、系统运行控制功能，分别通过相应的控制程序完成有关功能，包括系统总控、存取控制（即存取权限检查）、并发控制、数据库完整性控制、数据访问、数据装入、性能监测、系统恢复等。所有数据库的操作都要在这些控制程序的统一管理下进行，以保证操作的正确执行，保证数据库的正确有效。

（4）通信功能。

DBMS 提供数据库与操作系统 OS 的联机处理接口，以及与远程作业输入的接口。

另外，作为用户与数据库的接口，用户可以通过交互式和应用程序方式使用数据库。交互式直观明了、使用简单，通常是借助于 DBMS 的 DML 对数据库中数据进行操作；应用程序方式则是用户或应用程序员依据外模式（子模式）编写应用程序模块，实现对数据库中数据的各种操作。

DBMS 的功能随不同系统而有所不同，大型系统的功能较强、较全，而小型系统的功能则较弱。如目前运行于微机上的许多 DBMS 就不具备存取控制功能，对数据库操作的权限管理很弱或者没有，而在网络环境下运行的 DBMS 则具有存取控制以及并发控制功能。

1.2.4 数据库系统的特点

数据库系统的出现是计算机数据处理技术的重大进步，它具有以下几个特点：

（1）数据共享。

数据共享是指多个用户可以同时存取数据而不相互影响，数据共享包括以下 3 个方面：所有用户可以同时存取数据；数据库不仅可以为当前的用户服务，也可以为将来的新用户服务；可以使用多种语言完成与数据库的接口。

（2）减少数据冗余。

数据冗余就是数据重复，数据冗余既浪费存储空间，又容易产生数据的不一致。在非数据库系统中，由于每个应用程序都有自己的数据文件，所以数据存在着大量的重复。

数据库从全局观念来组织和存储数据，数据已经根据特定的数据模型结构化，在数据库中用户的逻辑数据文件和具体的物理数据文件不必一一对应，从而有效地节省了存储资源，减少了数据冗余，增强了数据的一致性。

（3）具有较高的数据独立性。

所谓数据独立是指数据与应用程序之间彼此独立，不存在相互依赖的关系。应用程序不必随数据存储结构的改变而改变，这是数据库一个最基本的优点。

在数据库系统中，数据库管理系统通过映像，实现了应用程序对数据的逻辑结构与物理存储结构之间较高的独立性。数据库的数据独立包括两个方面：

- 物理数据独立：数据的存储格式和组织方法改变时，不影响数据库的逻辑结构，从而不影响应用程序。
- 逻辑数据独立：数据库逻辑结构的变化（如数据定义的修改、数据间联系的变更等）不影响用户的应用程序。

数据独立提高了数据处理系统的稳定性，从而提高了程序维护的效益。

（4）增强了数据安全性和完整性保护。

数据库加入了安全保密机制，可以防止对数据的非法存取。由于实行集中控制，有利于控制数据的完整性。数据库系统采取了并发访问控制，保证了数据的正确性。另外，数据库系统还采取了一系列措施，实现了对数据库破坏的恢复。

1.2.5　现实世界的数据描述

现实世界是存在于人脑之外的客观世界，是数据库系统操作处理的对象。如何用数据来描述、解释现实世界，运用数据库技术表示、处理客观事物及其相互关系，则需要采取相应的方法和手段进行描述，进而实现最终的操作处理。

1. 信息处理的 3 个层次

计算机信息处理的对象是现实生活中的客观事物，在对客观事物实施处理的过程中，首先要经历了解、熟悉的过程，从观测中抽象出大量描述客观事物的信息，再对这些信息进行整理、分类和规范，进而将规范化的信息数据化，最终由数据库系统存储、处理。在这一过程中，涉及到 3 个层次，经历了两次抽象和转换。

（1）现实世界。

现实世界就是存在于人脑之外的客观世界，客观事物及其相互关系就处于现实世界中。客观事物可以用对象和性质来描述。

（2）信息世界。

信息世界就是现实世界在人们头脑中的反映，又称观念世界。客观事物在信息世界中称为实体，反映事物间关系的是实体模型或概念模型。现实世界是物质的，相对而言，信息世界是抽象的。

（3）数据世界。

数据世界就是信息世界中的信息数据化后对应的产物。现实世界中的客观事物及其联系，在数据世界中以数据模型描述。相对于信息世界，数据世界是量化的、物化的。

因此，客观事物是信息之源，是设计、建立数据库的出发点，也是使用数据库的最后归宿。概念模型和数据模型是对客观事物及其相互关系的两种抽象描述，实现了信息处理 3 个层次间的对应转换，而数据模型是数据库系统的核心和基础。

2. 实体

客观事物在信息世界中称为实体（Entity），它是现实世界中任何可区分、可识别的事物。实体可以是具体的人或物，如张三同学、天安门城楼，也可以是抽象概念，如一个人，一所学校。

（1）属性。

实体具有许多特性，这些特性称为属性（Attribute）。一个实体可用若干属性来刻画。每个属性都有特定的取值范围，即值域（Domain），值域的类型可以是整数型、实数型、字符型等，如学生的姓名、年龄是学生实体的属性，姓名的类型是字符型，值域是所有汉字，而年龄是整数型，值域是（0，100）。

（2）实体型和实体值。

实体型就是实体的结构描述，通常是实体名和属性名的集合。具有相同属性的实体，有相同的实体型，如学生实体型可以是：学生（学号，姓名，性别，年龄）；实体值是一个具体的实体，是属性值的集合，如学生李建国的实体值是：（011110，李建国，男，19）。

（3）属性型和属性值。

与实体型和实体值相似，实体的属性也有型与值之分。属性型就是属性名及其取值类型，属性值就是属性在其值域中所取的具体值，如学生实体中的姓名属性，“姓名”和取值字符类型是其型，而“李建国”则是其值。

（4）实体集。

性质相同的同类实体的集合称为实体集，如一个班的学生。

3．实体联系

建立实体模型的一个主要任务就是要确定实体之间的联系。常见的实体联系有 3 种，如图 1-6 所示。

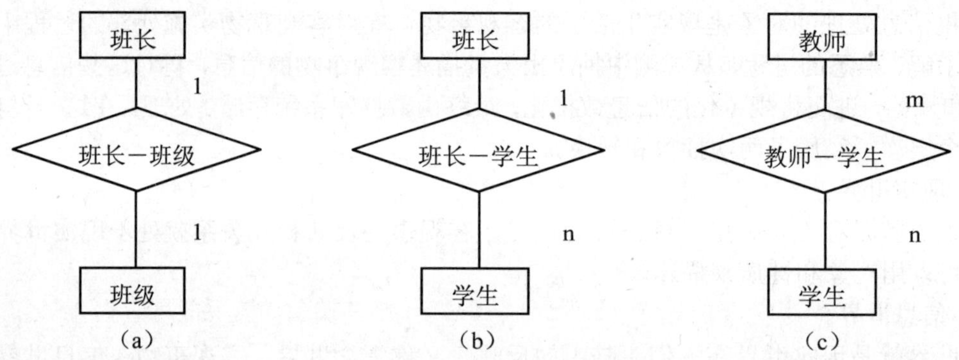

图 1-6 实体间的联系

（1）一对一联系（1:1）。

若两个不同型实体集中，任一方的一个实体只与另一方的一个实体相对应，称这种联系为一对一联系。如班长与班级的联系，一个班级只有一个班长，一个班长对应一个班级。如图 1-6（a）所示。

（2）一对多联系（1:n）。

若两个不同型实体集中，一方的一个实体对应另一方若干个实体，而另一方的一个实体只对应本方一个实体，称这种联系为一对多联系。如班长与学生的联系，一个班长对应多个学生，而本班每个学生只对应一个班长。如图 1-6（b）所示。

（3）多对多联系（m:n）。

若两个不同型实体集中，两实体集中任一实体均与另一实体集中若干个实体对应，称这种联系为多对多联系。如教师与学生的联系，一位教师为多个学生授课，每个学生也有多位任课教师。如图 1-6（c）所示。

4. 实体模型

实体模型又称概念模型，它是反映实体之间联系的模型。数据库设计的重要任务就是建立实体模型，建立概念数据库的具体描述。在建立实体模型时，实体要逐一命名以示区别，并描述它们之间的各种联系。实体模型只是将现实世界的客观对象抽象为某种信息结构，这种信息结构并不依赖于具体的计算机系统，而对应于数据世界的模型则由数据模型描述，数据模型是数据库中实体之间联系的抽象描述即数据结构。数据模型不同，描述和实现方法也不同，相应的支持软件即数据库管理系统 DBMS 也不同。

1.2.6　数据模型

数据模型是指数据库中数据与数据之间的关系，它是数据库系统中一个关键概念。数据模型不同，相应的数据库系统就完全不同，任何一个数据库管理系统都是基于某种数据模型的。数据库管理系统常用的数据模型有 3 种：层次模型、网状模型、关系模型。

1. *层次数据模型*（Hierarchical Model）

用树形结构表示数据及其联系的数据模型称为层次模型。

树是由结点和连线组成的，结点表示数据集，连线表示数据之间的联系，树形结构只能表示一对多联系。通常将表示“一”的数据放在上方，称为父结点；而表示“多”的数据放在下方，称为子结点。树的最高位置只有一个结点，称为根结点。根结点以外的其他结点都有一个父结点与它相连，同时可能有一个或多个子结点与它相连。没有子结点的结点称为叶结点，它处于分枝的末端。

层次模型的基本特点：

（1）有且仅有一个结点无父结点，称其为根结点。

（2）其他结点有且只一个父结点。

支持层次模型的 DBMS 称为层次数据库管理系统，在这种系统中建立的数据库是层次数据库。层次模型可以直接方便地表示一对一联系和一对多联系，但不能用它直接表示多对多联系。

2. 网状模型（Network Model）

用网络结构表示数据及其联系的数据模型称为网状模型，它是层次模型的拓展。网状模型的结点间可以任意发生联系，能够表示各种复杂的联系。

网状模型的基本特点：

（1）一个以上结点无父结点。

（2）至少有一结点有多于一个的父结点。

网状模型和层次模型在本质上是一样的，从逻辑上看，它们都是用结点表示数据，用连线表示数据间的联系；从物理上看，它们都是用指针来实现两个文件之间的联系。层次模型和网状模型的差别在于网状模型中的连线或指针更加复杂，更加纵横交错，从而数据结构更加复杂。

层次模型是网状模型的特殊形式，网状模型是层次模型的一般形式。

支持网状模型的 DBMS 称为网状数据库管理系统，在这种系统中建立的数据库是网状数据库。网状结构可以直接表示多对多联系，这也是网状模型的主要优点，当然在一些已经实现的网状模型 DBMS 中，对这一点做了限制。

3. 关系模型（Relational Model）

人们习惯用表格形式表示一组相关的数据，既简单又直观，如表 1-1 就是一张学生基本情况表。这种由行与列构成的二维表，在数据库理论中称为关系，用关系表示的数据模型称为关系模型。在关系模型中，实体和实体间的联系都是用关系表示的，也就是说，二维表格中既存放着实体本身的数据，又存放着实体间的联系。关系不但可以表示实体间一对多的联系，通过建立关系间的关联，也可以表示多对多的联系。

表 1-1 学生基本情况表

学号	姓名	性别	班级名	系别代号	地址	出生日期	是否团员	备注
011110	李建国	男	计 0121	01	湖北武汉	1984-9-28	是	
011103	李宁	女	电 0134	02	江西九江	1985-5-6	否	
011202	赵娜	女	英 0112	03	广西南宁	1984-2-21	否	
021204	孙亮	男	电 0134	02	湖南长沙	1986-9-8	是	
011111	赵琳	女	计 0121	01	江苏南京	1985-11-18	是	
021405	罗宇波	男	英 0112	03	江苏南通	1985-12-12	否	

关系模型是建立在关系代数基础上的，因而具有坚实的理论基础。与层次模型和网状模型相比，具有数据结构单一、理论严密、使用方便、易学易用的特点。因此，目前绝大多数数据库系统的数据模型都是采用关系模型，成为数据库应用的主流。

Visual FoxPro 就是一种典型的关系型数据库管理系统。

1.3 关系数据库系统

自 20 世纪 80 年代以来，新推出的数据库管理系统几乎都支持关系模型。早期许多层次模型系统和网状模型系统的产品也加上了关系接口。目前，我国微机上运行的数据库系统基本上都属于关系型数据库系统。Visual FoxPro 系统就是微机上常用的关系型 DBMS，应用非常广泛。

1.3.1 关系的基本概念及其特点

1. 关系的基本概念

（1）关系。

一个关系就是一张二维表，通常将一个没有重复行、重复列的二维表看成一个关系，每个关系都有一个关系名。例如，表 1-2 考生简况和表 1-3 考生考试成绩就代表两个关系，“考生简况”及“考生考试成绩”则为各自的关系名。

在 Visual FoxPro 中，一个关系对应于一个表文件，简称为表，关系名则对应于表文件名或表名。

表 1-2　考生简况表

准考证号	身份证号	姓名	性别	出生日期	工作单位	电话号码
250199990001	420106701201396	赵　娜	女	12/01/70	武汉水利电力大学	87874532
250199990002	420102730415317	李小军	男	04/15/73	武汉电建一公司	82835762
250199990003	420104690505496	张晓云	女	05/05/69	武汉大学	87871279
250199990004	420106701106397	刘志学	男	11/06/70	华中理工大学	87651842
250199990005	420105710823495	孙　亮	男	08/23/71	湖北大学	86868014
250299990006	420106720928497	李建国	男	09/28/72	湖北工学院	88014673

表 1-3　考生考试成绩表

准考证号	姓名	性别	出生日期	笔试成绩	上机成绩	总分
250199990001	赵　娜	女	12/01/70	85	92	177
250199990002	李小军	男	04/15/73	73	80	153
250199990003	张晓云	女	05/05/69	64	75	139
250199990004	刘志学	男	11/06/70	95	90	185
250199990005	孙　亮	男	08/23/71	67	74	141
250299990006	李建国	男	09/28/72	53	57	110

（2）元组。

二维表的每一行在关系中称为元组。例如，表 1-2 中姓名为“李小军”的一行，就是一个元组。在 Visual FoxPro 中，一个元组对应表中一个记录。

（3）属性。

二维表的每一列在关系中称为属性，每个属性都有一个属性名，属性值则是各个元组属性的取值。例如，表 1-2 中第 3 列属性，“姓名”是属性名，“李小军”则为第二个元组姓名属性的属性值。

在 Visual FoxPro 中，一个属性对应表中的一个字段，属性名对应字段名，属性值对应于各个记录的字段值。

（4）域。

属性的取值范围称为域。域作为属性值的集合，其类型与范围具体由属性的性质及其所表示的意义确定。如表 1-3“性别”属性的域是{男，女}，而“笔试成绩”属性的域则是{0，1，2，…，99，100}。同一属性只能在相同域中取值。

（5）关键字。

关系中能惟一区分、确定不同元组的属性或属性组合称为该关系的一个关键字。单个属性组成的关键字称为单关键字，多个属性组合的关键字称为组合关键字。需要强调的是，关键字的属性值不能取“空值”，所谓空值就是“不知道”或“不确定”的值，因而无法惟一地区分、确定元组。

表 1-2 中“准考证号”及“身份证号”属性可以作为单关键字，因为准考证号和身份证号不允许相同。而“姓名”及“出生日期”则不能作为关键字，因为考生中可能出现重名或相同

出生日期的情况。如果所有同名考生的出生日期不同，则可将“姓名”和“出生日期”组合成为组合关键字。

（6）候选关键字。

关系中能够成为关键字的属性或属性组合可能不是惟一的。凡在关系中能够惟一区分、确定不同元组的属性或属性组合都称为候选关键字。如表 1-2 中“准考证号”和“身份证号”属性都是候选关键字。

（7）主关键字。

在候选关键字中选定一个作为关键字，称为该关系的主关键字。关系中的主关键字是惟一的。

（8）外部关键字。

关系中某个属性或属性组合并非关键字，但却是另一个关系的主关键字，称此属性或属性组合为本关系的外部关键字。关系之间的联系是通过外部关键字实现的。

（9）关系模式。

对关系的描述称为关系模式，其格式为：

关系名(属性名 1，属性名 2，…，属性名 n)

关系既可以用二维表格描述，也可以用数学形式的关系模式来描述。一个关系模式对应一个关系的数据结构，也就是表的数据结构。

如表 1-2 对应的关系，其关系模式可以表示为：

考生简况(准考证号,身份证号,姓名,性别,出生日期,工作单位,电话号码)

其中，“考生简况”为关系名，括号中各项为该关系所有的属性名。

2. 关系的基本特点

在关系模型中，关系具有以下基本特点：

（1）关系必须规范化，属性不可再分割。

规范化是指关系模型中每个关系模式都必须满足一定的要求，最基本的要求是关系必须是一张二维表，每个属性值必须是不可分割的最小数据单元，即表中不能再包含表。

（2）在同一关系中不允许出现相同的属性名。

（3）在同一关系中元组及属性的顺序可以任意。

（4）任意交换两个元组（或属性）的位置，不会改变关系模式。

以上是关系的基本性质，也是衡量一个二维表格是否构成关系的基本要素。在这些基本要素中，有一点是关键，即属性不可再分割，亦即表中不能套表。

3. 关系模型的主要优点

关系模型具有如下优点：

（1）数据结构单一。

关系模型中，不管是实体还是实体之间的联系，都用关系来表示，而关系都对应一张二维数据表，数据结构简单、清晰。

（2）关系规范化，并建立在严格的理论基础上。

关系中每个属性不可再分割是构成关系的基本规范。同时关系是建立在严格的数学概念基础上的，具有坚实的理论基础。

（3）概念简单，操作方便。

关系模型最大的优点就是简单，用户容易理解和掌握，一个关系就是一张二维表格，用户只需用简单的查询语言就能对数据库进行操作。

1.3.2　关系数据库

以关系模型建立的数据库就是关系数据库（Relational Data Base，RDB），关系数据库系统的 DBMS 是关系型数据库管理系统（Relational DataBase Management System，RDBMS）。

关系数据库中包含若干个关系，每个关系都由关系模式确定，每个关系模式包含若干个属性和属性对应的域，所以，定义关系数据库就是逐一定义关系模式，对每一关系模式逐一定义属性及其对应的域。

一个关系就是一张二维表格，表格由表格结构与数据构成，表格的结构对应关系模式，表格每一列对应关系模式的一个属性，该列的数据类型和取值范围就是该属性的域。因此，定义了表格就定义了对应的关系。

在 Visual FoxPro 系统中，与关系数据库对应的是数据库文件，一个数据库文件包含若干个表，表由表结构与若干个数据记录组成，表结构对应关系模式；每个记录由若干个字段构成，字段对应关系模式的属性，字段的数据类型和取值范围对应属性的域。

1.3.3　关系运算

在关系数据库中查询用户所需数据时，需要对关系进行一定的关系运算。关系运算主要有选择、投影和联接 3 种。

1. 选择（Selection）

选择运算是从关系中查找符合指定条件元组的操作。以逻辑表达式指定选择条件，选择运算将选取使逻辑表达式为真的所有元组。选择运算的结果构成关系的一个子集，是关系中的部分元组，其关系模式不变。

选择运算是从二维表格中选取若干行的操作，在表中则是选取若干个记录的操作。

在 Visual FoxPro 中，通过命令子句 FOR <逻辑表达式>、WHILE <逻辑表达式>和设置记录过滤器实现选择运算。

例如，表 1-2 按照“性别 ="女"”的条件进行选择运算，可得到如表 1-4 所示的结果。

表 1-4　选择运算结果

准考证号	姓名	性别	出生日期	笔试成绩	上机成绩	总分
250199990001	赵　娜	女	12/01/70	85	92	177
250199990003	张晓云	女	05/05/69	64	75	139

2. 投影（Projection）

投影运算是从关系中选取若干个属性的操作。投影运算从关系中选取若干属性形成一个新的关系，其关系模式中属性个数比原关系少，或者排列顺序不同，同时也可能减少某些元组。因为排除了一些属性后，特别是排除了原关系中关键字属性后，所选属性可能有相同值，出现相同的元组，而关系中必须排除相同元组，从而有可能减少某些元组。

因为 Visual FoxPro 允许表中有相同记录，如有必要，只能由用户删除相同记录。

投影是从二维表格中选取若干列的操作，在表中则是选取若干个字段。

在 Visual FoxPro 中，通过命令子句 FILEDS <字段表>和设置字段过滤器实现投影运算。

例如，选取表 1-3 中姓名、笔试成绩、上机成绩 3 列的投影操作，可得到如表 1-5 所示的结果。

表 1-5 投影运算结果

姓名	笔试成绩	上机成绩
赵 娜	85	92
李小军	73	80
张晓云	64	75
刘志学	95	90
孙 亮	67	74
李建国	53	57

3. 联接（Join）

联接运算是将两个关系模式的若干属性拼接成一个新的关系模式的操作，对应的新关系中，包含满足联接条件的所有元组。联接过程是通过联接条件来控制的，联接条件中将出现两个关系中的公共属性名，或者具有相同语义、可比的属性。

联接是将两个二维表格中的若干列，按同名等值的条件拼接成一个新二维表格的操作。在表中则是将两个表的若干字段，按指定条件（通常是同名等值）拼接生成一个新的表。

在 Visual FoxPro 中，联接运算是通过 JOIN 命令和 SELECT – SQL 命令来实现的。

例如，将表 1-2 和表 1-3 中的若干列，以“准考证号”列为依据，联接生成一个新的表格，结果如表 1-6 所示。

表 1-6 联系运算结果

准考证号	姓名	性别	工作单位	笔试成绩	上机成绩	总分
250199990001	赵 娜	女	武汉水利电力大学	85	92	177
250199990002	李小军	男	武汉电建一公司	73	80	153
250199990003	张晓云	女	武汉大学	64	75	139
250199990004	刘志学	男	华中理工大学	95	90	185
250199990005	孙 亮	男	湖北大学	67	74	141
250299990006	李建国	男	湖北工学院	53	57	110

1.3.4 关系的完整性约束

关系完整性是为保证数据库中数据的正确性和兼容性对关系模型提出的某种约束条件或规则。完整性通常包括实体完整性、参照完整性和用户定义完整性，其中实体完整性和参照完整性，是关系模型必须满足的完整性约束条件。

1. 实体完整性

实体完整性是指关系的主关键字不能取“空值”。

一个关系对应现实世界中一个实体集，如表 1-2 所示的关系就对应一组考生的集合。现实世界中的实体是可以相互区分、识别的，亦即它们应具有某种惟一性标识。在关系模式中，以主关键字作惟一性标识，而主关键字中的属性（称为主属性）不能取空值，否则，表明关系模式中存在着不可标识的实体（因空值是"不确定"的），这与现实世界的实际情况相矛盾，这样的实体就不是一个完整实体。按实体完整性规则要求，主属性不能取空值，如主关键字是多个属性的组合，所有主属性均不得取空值。

如表 1-2 将"准考证号"列作为主关键字，那么，该列不得有空值，否则无法对应某个具体的考生，这样的表格不完整，对应关系不符合实体完整性规则的约束条件。

2. 参照完整性

参照完整性是定义建立关系之间联系的主关键字与外部关键字引用的约束条件。

关系数据库中通常都包含多个存在相互联系的关系，关系与关系之间的联系是通过公共属性来实现的。所谓公共属性就是一个关系 R（称为被参照关系或目标关系）的主关键字同时又是另一关系 K（称为参照关系）的外部关键字。如果参照关系 K 中外部关键字的取值，要么与被参照关系 R 中某元组主关键字的值相同，要么取空值，那么，在这两个关系间建立关联的主关键字和外部关键字引用，符合参照完整性规则要求。如果参照关系 K 的外部关键字也是其主关键字，根据实体完整性要求，主关键字不得取空值，因此，参照关系 K 外部关键字的取值实际上只能取相应被参照关系 R 中已经存在的主关键字值。

表 1-7（a）和（b）分别对应"教师"关系与"课程"关系。如果将教师表作为参照关系，课程表作为被参照关系，以"课程编号"作为两个关系进行关联的属性，则"课程编号"是"课程"关系的主关键字，是"教师"关系的外部关键字。从表中数据可见，刘大鹏对应课程号取空值，表明尚未给该教师安排授课任务；但陈发意对应的课程号为 008，单独从"教师"关系看并无不妥，而将其与"课程"关系对应起来，发现该课程号并没有出现在"课程"关系中，表明是暂未开设的课程，或者根本就不存在的课程，所以该值是无效的，也就是说不符合参照完整性约束条件。如果删除教师关系中陈发意元组，两个关系间建立的关联就满足参照完整性约束条件的要求。

表 1-7　关系的参照完整性

（a）教师表

职工号	教师姓名	课程编号
01011	张平阳	023
01001	李慧荣	089
02005	陈发意	008
02019	刘大鹏	

（b）课程表

课程编号	课程名称	计划课时数
019	计算机基础	72
023	数据库应用	72
089	高等数学	144
010	英语	144

3. 用户定义完整性

实体完整性和参照完整性适用于任何关系型数据库系统，主要是对关系的主关键字和外部关键字取值必须做出有效的约束。用户定义完整性则是根据应用环境的要求和实际的需要，对某一具体应用所涉及的数据提出约束性条件。这一约束机制一般不应由应用程序提供，而应由关系模型提供定义并检验。用户定义完整性主要包括如下两方面：

（1）字段有效性约束。

（2）记录有效性约束。

1.4 Visual FoxPro 系统简介

Visual FoxPro 6.0 系统是一个关系型 DBMS，是微软公司 1998 年推出的可视化开发套件 Visual Studio 6.0 系统中的一个产品。XBASE（dBASE、FoxBASE、FoxPro、Visual FoxPro）系列数据库管理系统在我国具有广泛的应用基础，随着版本的更新，增加、完善了许多功能，开发、应用能力不断提升。目前，Visual FoxPro 6.0 系统是一种比较普及的小型关系型 DBMS，本书以中文版 Visual FoxPro 6.0 系统为对象，系统地介绍数据库操作、应用的基本方法。

1.4.1 Visual FoxPro 的特点

Visual FoxPro 具有界面友好、工具丰富、速度较快等优点，并在数据库操作与管理、可视化开发环境、面向对象程序设计等方面具有较强的功能。其特点主要体现在以下几个方面。

（1）兼容性好。

以前在 XBASE 环境下开发的程序，几乎不加修改即可在 Visual FoxPro 6.0 中运行。

（2）增强了项目管理及数据库管理功能。

Visual FoxPro 6.0 对“项目管理器”和“数据库设计器”进行了改进，可以方便、有效地管理项目和数据库。

（3）应用程序的开发更简便。

Visual FoxPro 6.0 新增了“应用程序向导”，能更有效地开发应用程序，还增强了应用程序开发环境的功能，可以更加有效地向应用程序中添加各种功能。

（4）改进了程序调试工具。

使用 Visual FoxPro 6.0 的“调试器”可以更简便地调试应用程序，监控应用程序的执行情况。

（5）更简便的表设计和扩充内容的数据字典。

使用“表设计器”可以在建立表结构时方便地添加索引，为字段、记录和表设置相应的约束条件，保证关系的有效性规则得以实现；扩充了数据字典内容，增强了数据字典功能；

（6）增强了查询和视图设计功能。

使用“查询设计器”和“视图设计器”建立、修改查询和视图。Visual FoxPro 6.0 增强了这两个设计器的功能。

（7）增强了表单设计功能。

Visual FoxPro 6.0 的“表单设计器”更容易使用，并提供了更多的功能。

（8）更多更好的向导。

Visual FoxPro 6.0 提供了 20 多个向导，这些向导为初学者使用 Visual FoxPro 6.0 系统，为其他用户更快捷方便地进行开发、应用提供了方便；

（9）增强了 OLE 与 ActiveX 的集成。

OLE 与 ActiveX 的集成大大扩展了 Visual FoxPro 6.0 的对象范围和对象处理能力。

1.4.2　Visual FoxPro 6.0 的安装

1. 安装环境要求

Visual FoxPro 6.0 系统的正确安装、运行必须具备相应的环境条件。其最低环境要求如下：

（1）配置 50 MHz 主频 80486 以上微处理器的 PC 机或兼容机。

（2）内存 16 MB 以上。

（3）硬盘最小可用空间 15MB；用户自定义安装需要 100MB 硬盘空间；完全安装（包括所有联机文档）需要 240 MB 硬盘空间。

（4）鼠标。

（5）VGA 或更高分辨率的显示器。

（6）中文 Windows 95 / 98 或 Windows NT 及以上的操作系统。

（7）对于网络操作，需要一个与 Windows 兼容的网络和一个网络服务器。

2. 安装

中文版 Visual FoxPro 6.0 系统可以由 CD-ROM 光盘直接安装。操作步骤如下：

（1）启动安装程序。

将 Visual FoxPro 6.0 系统光盘插入光驱中，运行其中的安装程序 SETUP.EXE，启动 Visual FoxPro 6.0 的安装向导后，单击"下一步"按钮，显示"最终用户协议"，选择"接受协议"并进入"下一步"，输入用户名称和 Visual FoxPro 6.0 的产品 ID 号，确认后进入 Visual FoxPro 6.0 系统的安装过程。

（2）选择安装方式。

当出现如图 1-7 所示的"Visual FoxPro 6.0 安装程序"对话框时，用户选择安装方式和安装位置。首先选择安装位置：Visual FoxPro 6.0 系统默认在 C:\Program Files\Microsoft Visual Studio\Vfp98\文件夹下安装，用户也可根据实际需要改变安装位置，单击"文件夹"栏右侧的"更改文件夹"按钮，在打开的"改变目录"对话框中选择用户所需的安装位置并确认即可。然后选择安装方式："典型安装"是系统推荐的默认安装方式，将安装系统必需的、典型的系统组件，可采用这种方式；"自定义安装"是用户按需要选择系统组件的安装方式，熟练的用户或某些有特殊需要的用户可选择该方式。初学者可选择"典型安装"，确定安装方式后，单击相应按钮，安装向导将按用户确认的安装位置和安装方式继续安装过程。

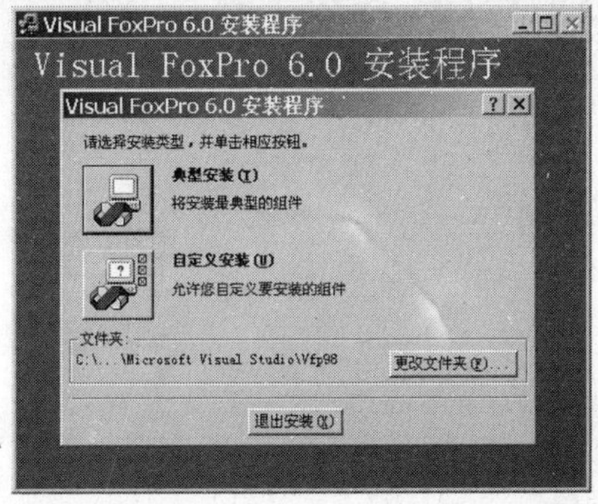

图 1-7　Visual FoxPro 6.0 安装程序对话框

（3）安装系统组件。

安装向导按用户确定的方式，逐项安装用户选择的系统组件。安装完毕，用户在系统提示消息框中单击“确定”按钮，结束 Visual FoxPro 6.0 系统的安装。

（4）安装 MSDN 组件（Visual FoxPro 6.0 的帮助文档）。

微软公司 Visual Studio 套件所有产品的帮助文档，都由 Microsoft Developer Network Library（MSDN）系统提供。Visual FoxPro 6.0 系统的联机帮助文档需用 MSDN 光盘安装。

当结束 Visual FoxPro 6.0 系统安装后，屏幕显示“Visual FoxPro 6.0 安装向导”对话框，用户选择是否安装 MSDN 产品中的 Visual FoxPro 6.0 帮助文档，如需安装，则单击“安装 MSDN”复选框和“下一步”按钮，继续帮助文档的安装。MSDN Library 产品由两张光盘组成，首先将 A 盘插入光驱安装，然后按提示插入 B 盘继续安装，直到结束。

（5）重新启动系统，完成 Visual FoxPro 6.0 安装。

如在 Windows 95 /98 环境下安装 Visual FoxPro 6.0 系统，上述安装结束后必须重新启动系统，完成系统的配置，Visual FoxPro 6.0 系统的安装才告完成。

注意：如果计算机系统使用了防病毒软件，安装 Visual FoxPro 6.0 系统前应将其关闭，否则安装程序可能无法正常运行。

1.4.3 Visual FoxPro 6.0 的启动与退出

安装 Visual FoxPro 6.0 系统时，创建了一个名为 Microsoft Visual FoxPro 6.0 的程序组。为操作方便起见，可将该程序组中 Visual FoxPro 6.0 的启动程序图标复制到桌面，建立 Visual FoxPro 6.0 桌面快捷方式图标。

1. *启动*

Visual FoxPro 6.0 的启动与 Windows 环境下其他软件一样，有多种启动方式，此处不再赘述。本书仅以桌面快捷方式启动为例，说明 Visual FoxPro 6.0 系统的启动。

双击 Visual FoxPro 6.0 桌面快捷方式图标，启动 Visual FoxPro 6.0 系统。首先显示系统的欢迎画面，在“以后不再显示此屏”复选框中单击，再单击“关闭此屏”前的按钮，关闭欢迎画面，并且再次启动 Visual FoxPro 6.0 系统时不显示此画面，然后显示 Visual FoxPro 6.0 系统的主窗口界面，如图 1-8 所示。

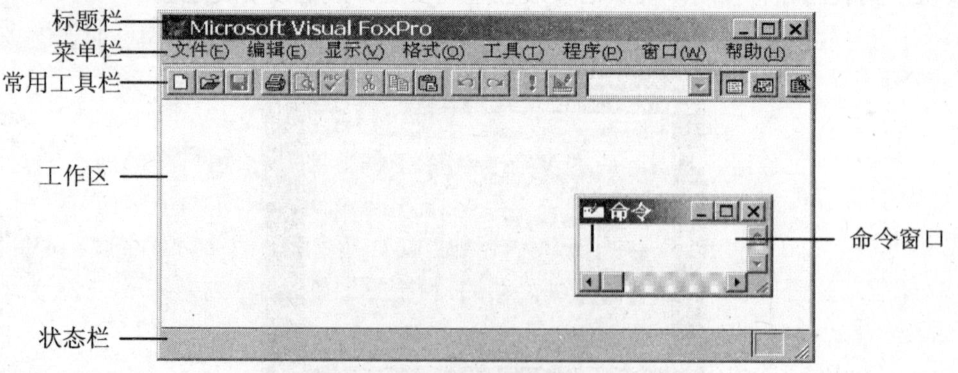

图 1-8 Visual FoxPro 主窗口

2. 退出

当需要退出 Visual FoxPro 6.0 系统时，可采用多种方式。其中常用的有如下几种：

（1）在 Visual FoxPro 6.0 主窗口中单击【文件】|【退出】菜单项，退出系统。

（2）单击 Visual FoxPro 6.0 主窗口的“关闭”按钮，退出系统。

（3）在“命令”窗口中输入 QUIT 命令并回车，退出系统。

1.4.4　Visual FoxPro 6.0 的基本组成

1. Visual FoxPro 6.0 的主窗口

Visual FoxPro 6.0 启动后，打开主窗口，如图 1-8 所示。主窗口包括标题栏、菜单栏、常用工具栏、状态栏、命令窗口和主窗口工作区几个组成部分。

（1）标题栏。

标题栏是主窗口的标识，包含系统图标、主窗口标题、“最小化”按钮、“最大化/恢复”按钮和“关闭”按钮。

（2）菜单栏。

菜单栏包括文件、编辑、显示、格式、工具、程序、窗口和帮助共 8 个菜单项，汇集了系统的各项操作功能和命令。根据当前操作状态的变化，菜单项将会动态地增减、变更。

（3）工具栏。

Visual FoxPro 6.0 系统包含多个工具栏，均有数量不等的若干个命令按钮，方便用户快捷、简便地实现某种操作功能。这些工具栏包括报表控件、报表设计器、表单控件、表单设计器、布局、查询设计器、常用、打印预览、调色板、视图设计器和数据库设计器等 11 种。

默认打开 “常用”工具栏，如需要打开其他工具栏，单击【显示】|【工具栏】菜单项，在“工具栏”对话框中选择所需工具栏选项即可，用户还可以在此新建或定制修改工具栏。所有工具栏都是可浮动的，将其拖放到窗口中任意合适位置，或置于菜单栏之下，如“常用”工具栏一样。另外，当进行某种操作时，相应工具栏会自动打开，如启动数据库设计器新建或修改数据库时，将自动打开“数据库设计器工具栏”。

（4）状态栏。

状态栏位于主窗口下端，它用于显示当前系统的操作状态和某些操作结果。

（5）工作区。

工具栏与状态栏之间的区域为系统工作区。各种窗口在此打开，各项操作步骤在此实现，操作的结果在此显示，是系统工作的主要区域。

（6）命令窗口。

命令窗口浮动于工作区，是 Visual FoxPro 6.0 系统输入、编辑、执行各种命令的窗口。命令操作方式是 Visual FoxPro 6.0 系统的一种重要操作方式，一些熟练用户或程序员用户大多以命令操作方式使用 Visual FoxPro 6.0 系统。单击【窗口】|【隐藏】或【命令窗口】菜单项，可随时关闭或打开命令窗口。命令窗口也是可浮动的，可根据需要拖放到主窗口的任意合适位置，并可任意调整其大小。

2. Visual FoxPro 6.0 的向导

Visual FoxPro 6.0 系统为用户提供了许多功能强大的向导（Wizards）。用户可以在向导程序的引导、帮助下，不用编程就能快速地建立良好的应用程序，完成许多数据库操作和管理功能，为非专业用户提供了一种较为简便的操作使用方式。

Visual FoxPro 6.0 系统提供的向导及其功能如表 1-8 所示。

表 1-8 向导及其功能

向导名称	向导功能
表向导	在表结构的基础上快速创建新表
报表向导	利用单表快速创建报表
一对多报表向导	从相关的数据表中快速创建报表
标签向导	快速创建标签
分组/总计报表向导	快速创建分组统计报表
表单向导	快速创建表单
一对多表单向导	从相关的数据表中快速创建表单
查询向导	快速创建查询
交叉表向导	快速创建交叉表查询
本地视图向导	利用本地数据快速创建视图
远程视图向导	利用 ODBC 数据源快速创建远程视图
导入向导	导入或添加数据
文档向导	从项目文件和程序文件的代码中产生格式化的文本文件
图表向导	快速创建图表
应用程序向导	快速创建应用程序
SQL 升迁向导	尽可能利用 VFP6 数据库功能快速创建 SQL Server 数据库
数据透视表向导	快速创建数据透视表
安装向导	从文件中创建一套完整的安装磁盘

3. Visual FoxPro 6.0 的生成器

Visual FoxPro 6.0 系统提供了若干个生成器（Builders），用以简化创建、修改用户界面程序的设计过程，提高软件开发的质量和效率。每个生成器包含若干个选项卡，允许用户访问并设置所选择对象的相关属性。用户可将生成器生成的用户界面直接转换成程序编码，使用户从逐条编写程序代码、反复调试程序的手工作业中解放出来。

Visual FoxPro 6.0 提供的生成器及功能如表 1-9 所示。

表 1-9 生成器及其功能

生成器名称	生成器功能
自动格式化生成器	格式化一组控件
组合框生成器	建立组合框
命令组生成器	建立命令按钮组
编辑框生成器	建立编辑框
表达式生成器	创建、编辑表达式
表单生成器	建立表单

续表

生成器名称	生成器功能
网格生成器	建立网格
列表框生成器	建立列表框
选项组生成器	建立选项按钮组
文本框生成器	建立文本框
参照完整性生成器	建立参照完整性规则

4. Visual FoxPro 6.0 的设计器

Visual FoxPro 6.0 提供的一系列设计器（Designers），为用户提供了一个友好的图形界面操作环境，用以创建、定制、编辑数据库结构、表结构、报表格式、应用程序组件等。

Visual FoxPro 6.0 提供的设计器及其功能如表 1-10 所示。

表 1-10　设计器及其功能

设计器名称	设计器功能
表设计器	创建表并设置表索引
查询设计器	创建基于本地表的查询
视图设计器	创建基于本地和远程数据源的视图
表单设计器	创建表单以便查看、编辑表中数据
报表设计器	创建报表以便显示、打印数据
标签设计器	创建标签布局以便打印标签
数据库设计器	建立数据库，查看并创建表间关系
连接设计器	为远程视图创建连接
菜单设计器	创建菜单栏或快捷菜单
数据环境设计器	可视地创建修改表单、表单集以及报表的数据环境

1.4.5　Visual FoxPro 6.0 的文件类型

Visual FoxPro 6.0 系统中常见的文件类型包括项目、数据库、表、视图、查询、表单、报表、标签、程序、菜单、类等，以不同的系统默认扩展名（类型名）相互区分、识别。

表 1-11 为 Visual FoxPro 6.0 中常用的文件扩展名及其所代表的文件类型。

表 1-11　文件扩展名与文件类型

扩展名	文件类型	扩展名	文件类型
.ACT	向导操作图的文档	.APP	生成的应用程序或 Active Document 文件
.CDX	复合索引文件	.CHM	编译的 HTML 超文本语言帮助文件
.DBC	数据库文件	.DBF	表文件
.DBG	调试器配置文件	.DCT	数据库备注文件（与.DBC 文件配对）
.DCX	数据库索引文件	..DEP	相关文件（由安装向导创建）
.DLL	Windows 动态链接库文件	.ERR	编译错误文件

续表

扩展名	文件类型	扩展名	文件类型
.ESL	VFP 支持的库文件	.EXE	可执行的程序文件
.FKY	宏文件	.FLL	FoxPro 动态链接库文件
.FMT	格式文件	.FPT	表备注文件（与.DBF 文件配对）
.FRT	报表备注文件（与.FRX 文件配对）	.FRX	报表文件
.FXP	编译后的程序文件	.H	头文件（VFP 或 C++程序需要包含的）
.HLP	WinHelp 帮助文件	.HTM	HTML 超文本语言脚本文件
.IDX	单索引或压缩索引文件	.LBT	标签备注文件（与.LBX 文件配对）
.LBX	标签文件	.LOG	代码范围日志文件
.LST	向导列表的文档	.MEM	内存变量保存文件
.MNT	菜单备注文件（与.MNX 文件配对）	.MNX	菜单文件
.MPR	生成的菜单程序文件	.MPX	编译后的菜单程序文件
.OCX	Active 控件文件	.PJT	项目备注文件（与.PJX 文件配对）
.PJX	项目文件	.PRG	源程序文件
.QPR	生成的查询程序文件	.QPX	编译后的查询程序文件
.SCT	表单备注文件（与.SCX 文件配对）	.SCX	表单文件
.SPR	生成的屏幕程序文件（用于早期版本）	.SPX	编译后的屏幕程序文件（用于早期版本）
.TBK	备注备份文件（.FPT 文件的备份）	.TXT	文本文件
.VCT	可视类库备注文件（与.VCX 文件配对）	.VCX	可视类库文件
.VUE	FoxPro 2.X 的视图文件	.WIN	窗口文件

1.5 Visual FoxPro 6.0 系统的基本操作

1.5.1 Visual FoxPro 6.0 的操作方式

Visual FoxPro 6.0 系统为用户提供了几种各具特点的操作方式，用户可根据情况及应用的需要，选择合适的操作方式，实现数据库的操作和应用。

1. 命令操作方式

命令操作是在命令窗口中逐条输入命令，直接操作指定对象的操作方式。命令操作为用户提供了一个直接操作的手段，其优点是能够直接使用系统的各种命令和函数，有效操纵数据库，但要求熟练掌握各种命令和函数的格式、功能、用法等细节。

2. 菜单操作方式

Visual FoxPro 6.0 系统将许多命令做成菜单命令选项，用户通过选择菜单项来使用数据库。在菜单方式中，很多操作是通过调用相关的向导、生成器、设计器工具，以直观、简便、可视化方式完成对系统的操作，用户不必熟悉命令的细节和相应的语法规则，通过对话来完成操作。有了这种方式，一般用户无需编程即可完成数据库的操作与管理。

3. *程序操作方式*

程序操作就是预先将实现某种操作处理的命令序列编成程序，通过运行程序来实现操作、管理数据库的操作方式。根据实际应用需要编写的应用程序，能够为用户提供界面更简洁直观、操作步骤更符合业务处理流程和规范要求的操作应用环境。但程序的编制，需要经过专门训练，只有具备一定设计能力的专业人员才能胜任，普通用户很难编写大型的、综合性较强的应用程序。

1.5.2 Visual FoxPro 6.0 的命令语法规则

1. *命令格式*

Visual FoxPro 6.0 的命令都有固定的格式，必须按相应的格式和语法规则书写和使用，否则系统无法识别、执行。Visual FoxPro 6.0 命令的基本格式如下：

```
<命令动词>  [<范围子句>]  [ <条件子句> ]  [<字段名表子句>]
```

命令格式中语法标识符的意义和用法如下：

<>：必选项：表示命令中必须选择该项，但内容可以根据需要而定。

[ ]：可选项：可根据实际需要选用或省略该项内容。

｜：任选项：根据实际需要任选且必选其中一项内容。

在命令书写、输入时，不能包含上述这些语法标识符。

在一条命令中，命令动词是必不可少的，它决定了命令的基本功能。所有命令都必须以命令动词开头，命令动词一般为一个英语动词，通常与该命令的功能相吻合。如果命令动词超过 4 个字母，书写、输入命令时可缩略为前 4 个字母的简捷形式，但从程序的可读性、规范性考虑，一般不提倡采用缩略动词的形式，初学者也不宜采用。

【例 1-1】用 DISPLAY 命令显示内存中以“A”开头的变量。

命令的基本格式：

```
DISPLAY MEMORY [LIKE <通配符>] [TO PRINTER [PROMPT]  |  TO FILE <文件名>]
```

命令的具体用法：

```
DISPLAY MEMORY LIKE  A* TO PRINTER
```

该命令的作用：将内存中所有变量名以字母 A 起始的内存变量列表打印输出。

2. *命令中几种常用子句*

各种命令一般都包含数量不等的可选子句，操作时用户根据实际需要可部分或全部选用。子句的作用是扩充、完善命令的功能，很多命令必须通过相应子句的配合，才能有效地、完整地实现命令功能。因此，对于命令的功能与用法是否了解、掌握，更多是体现在对命令中各子句的了解、掌握上，学习时要对此更多关注。

（1）范围子句。

在很多对表进行操作的命令中，都包含有范围子句，其作用是选择、确定命令操作的记录范围。范围子句的作用相当于关系运算中的选择运算，选择运算是按指定逻辑条件选择表中符合条件的记录，而范围子句是按记录范围选择记录，前者是逻辑选择，后者是物理选择。范围子句有 4 种具体的选择范围：

RECORD <n>：范围是记录号为 n 的一条记录。

NEXT <n>：范围是从当前记录开始的连续 n 条记录。

REST：范围是从当前记录开始到表尾的所有记录。

ALL：范围是表中的全体记录。

（2）条件子句。

条件子句的作用是以指定逻辑条件为依据，从表中选择符合条件的记录。它对应于关系运算中的选择运算。条件子句有两种：

FOR　<条件>：选择表中符合条件的所有记录。

WHILE <条件>：选择符合条件的记录，直到第一个不符合条件的记录为止。

<条件>由一个逻辑表达式或关系表达式构成，其值为逻辑型数据。

（3）字段名表子句。

字段名表子句的作用是选取命令操作的字段范围。它对应于关系运算中的投影运算。其格式是：[FIELDS] <字段名表>。其中字段名表由若干个以逗号分隔的字段名构成。有些命令中字段名表子句要求以关键字 FIELDS 引导，有些则可省略，这决定于命令语法格式的要求，使用时要注意。

除以上 3 种常用子句外，很多命令还有其他的子句，这需要根据命令的功能、格式要求而定，使用时应根据具体情况了解、熟悉，正确地使用。

3. 命令书写规则

Visual FoxPro 6.0 的命令都有相应的语法格式，使用时必须按一定的规则书写、输入。有关命令的书写规则归纳如下：

（1）任何命令必须以命令动词开始。

（2）命令动词与子句之间、各子句之间都以空格分隔。

（3）一个命令行最多包含 8192 个字符（包括所有的空格）。一行书写不完，行尾用分号“;”做续行标志，按 Enter 键后在下一行继续书写、输入。

（4）命令动词及子句中关键字一般不宜用缩略形式，以保持命令的可读性和规范性。

（5）Visual FoxPro 6.0 不区分命令字符的大小写。

（6）除命令动词外，命令中其他部分的排列顺序一般不影响命令功能。

1.5.3　Visual FoxPro 6.0 系统环境的设置

Visual FoxPro 6.0 系统的环境设置决定了系统的操作运行环境和工作方式，设置是否合理、适当，直接影响系统的运行效率和操作的方便性。系统安装时按默认方式进行了相应的设置，用户通过设置系统环境，可添加或删除 Visual FoxPro 6.0 的相关组件，也可对系统当前环境重新调整设置。添加或删除 Visual FoxPro 6.0 组件的操作，要通过系统安装程序来实现，而当前环境的设置可通过相关命令和菜单操作方式来实现。下面简要介绍以菜单方式设置系统环境的操作方法。

在 Visual FoxPro 主窗口中单击【工具】|【选项】菜单项，打开“选项”对话框，如图 1-9 所示。

1. 系统环境设置功能

在“选项”对话框中有 12 个环境设置选项卡，分别可以查看、设置不同类型的系统环境。表 1-12 所列为各选项卡对应的设置功能。

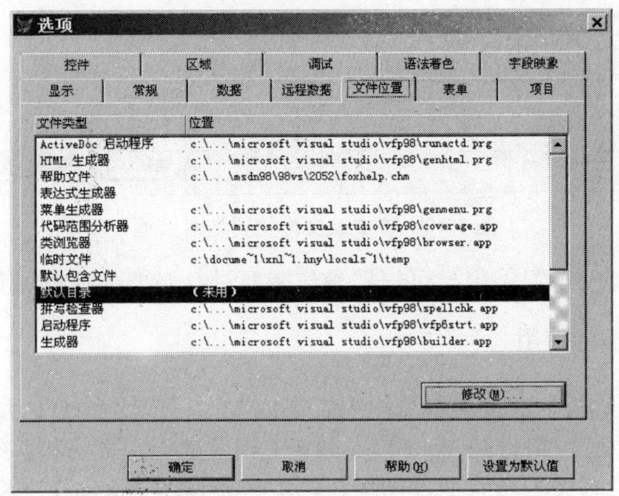

图 1-9　“选项”对话框

表 1-12　“选项”对话框中各选项卡功能表

选项卡	选项卡功能
显示	设置显示界面，确定是否显示状态栏、时钟、命令结果或系统信息
常规	设置数据输入、编程选项、警告声音、日期格式、调色板等相关选项
数据	设置表选项，确定是否使用 Rushmore 优化技术、索引惟一性强制、字符比较方式等选项
远程数据	设置远程数据访问选项，设置远程视图与连接的默认值等选项
文件位置	设置 VFP 系统文件的默认存储位置，以及 VFP 默认操作目录和帮助文件、辅助文件存储位置
表单	表单设计器选项设置，确定网格面积、所用刻度单位、最大设计区域及模板种类等选项
项目	设置项目管理器选项，确定是否使用向导，双击时是否运行或修改文件及源代码管理选项
控件	确定是否使用“表单控件”工具栏中“查看类”按钮所提供的有关可视类库和 OLE 控件选项
区域	确定日期、时间、货币及数字格式
调试	调试器显示及跟踪选项，确定使用什么字体及颜色
语法着色	确定区分程序元素（注释与关键字）所用字体及颜色
字段映像	确定从数据库环境设计器、数据库设计器或项目管理器中向表单拖动表或字段时创建的控件

2. 系统默认目录设置

系统默认目录是 Visual FoxPro 系统进行数据库操作时，表、索引、程序等各种文件的存储位置。文件操作时如不指明路径，系统从该默认目录下查找、存取指定文件。系统以安装目录 C:\Program Files\Microsoft Visual Studio\Vfp98\为默认目录。如要变更设置为 C 盘的“我的文档”目录中，方法是：单击【工具】|【选项】，在图 1-9 所示的“选项”对话框中选择“文件位置”标签，在文件类型列表中选择“默认目录”，再单击“修改”按钮，打开“更改文件位置”对话框，如图 1-10 所示。

选中“使用默认目录”复选框，在文本框中直接输入“我的文档”路径，或单击文本框右侧的“...”按钮，打开“选择目录”对话框，选择相应的目录并单击“确定”即可，指定目录设置为系统新的默认目录。

图 1-10　“更改文件位置”对话框

其他有关系统环境的设置，用户可根据操作需要进行必要的调整和设置。

1.5.4　项目管理器的使用

在 Visual FoxPro 系统中，使用项目组织、集成数据库应用系统中所有相关的文件，形成一个完整的应用系统。所谓项目是 Visual FoxPro 中相关数据、文档和各类文件、对象的集合，亦即项目是与一个应用有关的所有文件的集合。项目管理器是 Visual FoxPro 系统创建、管理项目的工具，用来创建、修改、组织项目中的各种文件，对项目中的程序进行编译和连编，形成一个可以运行的应用程序系统。

1. 创建项目

使用项目前，首先必须创建项目。Visual FoxPro 中项目是以项目文件的形式创建、存储的，项目文件的扩展名为*.PJX。创建项目的操作步骤如下：

（1）单击【文件】|【新建】，打开“新建”对话框，如图 1-11 所示。

（2）在“新建”对话框中选择“项目”，单击“新建文件”按钮，打开“创建”对话框，在“项目文件”文本框中输入项目文件名，如“学生成绩管理”，单击“保存”按钮，生成该项目文件，同时启动项目管理器，如图 1-12 所示。

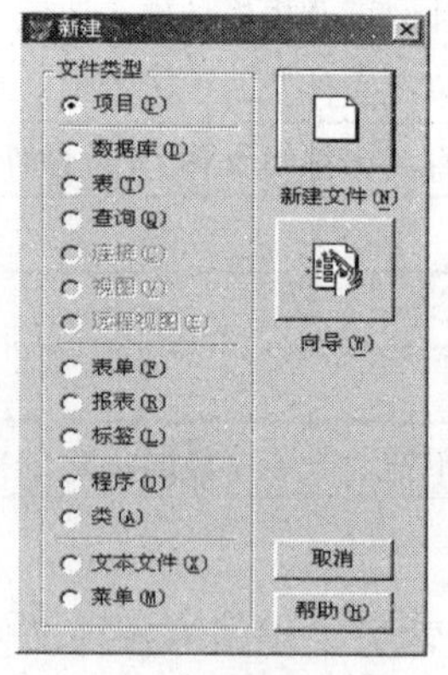

图 1-11　“新建”对话框

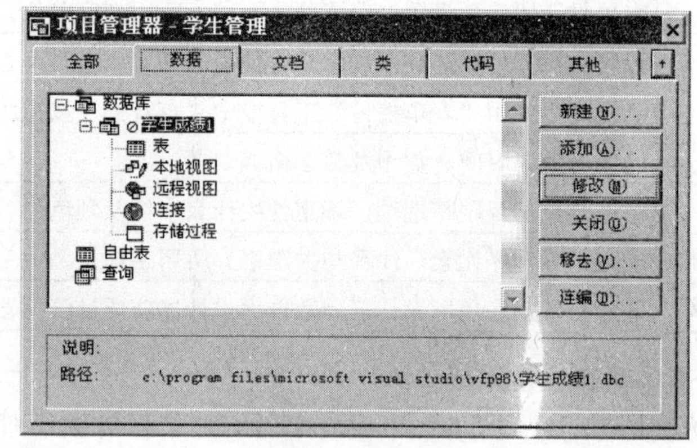

图 1-12　项目管理器

2. 项目管理器的操作

项目管理器提供了一个精心组织的分层结构图，用以组织、管理项目中的各类文件，如同 Windows 的资源管理器。当打开项目管理器时，系统主菜单中会出现“项目”菜单，用户可以使用“项目”菜单或者项目管理器的 6 个选项卡及右侧的 6 个功能按钮，实现对相关文件的操作和管理。

（1）“全部”选项卡：组织、管理项目中的所有文件。

（2）“数据”选项卡：组织、管理项目中的所有数据资源，包括数据库、表、自由表、本地视图、远程视图、查询等。

（3）“文档”选项卡：组织、管理项目中所有利用数据进行操作的文档，包括表单、报表、标签等。

（4）“类”选项卡：组织、管理项目中所有的类和类库。

（5）“代码”选项卡：组织、管理项目中的程序代码文件等。

（6）“其他”选项卡：组织、管理项目中的其他类型文件。

习题一

一、选择题

1．________是________的具体表现形式，________是________有意义的表现。

A）信息、数据、数据、信息　　B）数据库、信息、信息、数据库

C）数据、信息、信息、数据　　D）数据、信息、数据库、信息

2．数据库管理系统的功能不包括________。

A）定义数据库　　B）对已定义的数据库进行管理

C）为定义的数据库提供操作系统　　D）数据通信

3．作为数据库管理系统（DBMS）功能的一部分，________被用来描述数据及其联系。

A）数据定义语言　　B）自含语言

C）数据操作语言　　D）过程化语言

4．数据库应用系统中，应用程序可以分为________和________两大类。

A）操作系统、数据文件　　B）控制程序、菜单程序

C）功能程序、控制程序　　D）菜单程序、数据文件

5．常见的 3 种数据模型是________、________和________。

A）链状模型、关系模型、层次模型　　B）关系模型、环状模型、结构模型

C）层次模型、网状模型、关系模型　　D）链表模型、结构模型、网状模型

6．数据库系统的特点不包括________。

A）数据共享　　B）加强了对数据安全性和完整性保护

C）完全没有数据冗余　　D）具有较高的数据独立性

7．数据操纵语言 DML 根据其实现方法可以分为________和________两大类。

A）自含型语言、宿主型语言　　B）自主型语言、高级语言

C）高级语言、宿主型语言　　D）高级语言、低级语言

8．________是________的特殊形式，________是________的一般形式。

A）关系模型、网状模型、网状模型、关系模型

B）层次模型、网状模型、网状模型、层次模型

C）链状模型、关系模型、关系模型、链状模型

D）环状模型、链状模型、网状模型、关系模型

9．关系模型中，一个关系就是一个________。

A）一维数组　B）一维表　C）二维表　D）三维表

10．在关系模型中，对关系的要求不包括________。

A）关系必须规范化

B）在同一关系中不允许出现完全相同的记录

C）在同一关系中不允许出现完全相同的字段

D）在同一关系中字段必须按顺序排列

11．从关系中找出满足条件的记录的操作称为________。

A）选择　B）投影　C）联接　D）比较

12．从关系中指定若干个字段组成新的关系的操作称为________。

A）选择　B）投影　C）联接　D）关联

13．将两个关系模式的字段名拼接成一个新关系模式的操作称为________。

A）选择　B）投影　C）联接　D）比较

二、填空题

1．一个完整的数据库系统应包括________、________、________、________和________5个部分。

2．数据的概念包括________和________两个方面。

3．DBMS 中数据定义语言的英文缩写是________，数据操纵语言的英文缩写是________。

4．在关系模型中，二维表中每一行的所有数据在关系中称为________。

5．二维表中每一列的所有数据在关系中称为________。

6．关键字是指能惟一确定一个记录的单个________或多个________的组合。

7．域是指不同元组中同一属性的________。

8．Visual FoxPro 命令格式中条件子句“FOR <条件>”的作用，对应关系运算中的________运算。

9．Visual FoxPro 命令格式中字段名表子句“FIELDS <字段名表>”的作用，对应关系运算中的________运算。

10．在 Visual FoxPro 中，JOIN 命令对应关系运算中的________运算。

第2章 Visual FoxPro 中的数据与运算

数据库技术是进行数据处理的有效手段和方法。在数据库系统中，用户通过 DBMS 提供的数据操纵语言 DML，对数据库中各类数据进行相应的操作处理和组织管理。Visual FoxPro 系统是一类应用广泛的关系型数据库管理系统 RDBMS，它为用户提供了多种表示、存储、操作、管理各类数据的方式和方法，使用户能够简便有效地进行数据处理。

本章主要介绍 Visual FoxPro 系统中各种数据类型，以及数据的存储、表示方式和操作运算方法，为用户使用 Visual FoxPro 系统进行数据操作、管理打下基础。用户应掌握几种主要数据类型与取值范围、数据的 4 种表示形式（常量、变量、函数和表达式）、内存变量的基本操作方法、各种表达式的使用方法和常用函数的功能与用法。

2.1 Visual FoxPro 的数据类型

数据是反映现实世界中客观事物属性的记录，它包括两个方面：数据内容与数据形式。数据内容就是数据的值，数据形式就是数据的存储形式和操作使用方式，也称为数据类型。Visual FoxPro 系统为了使用户建立和操作数据库更加方便，将系统中的所有操作和处理的数据分为几种不同数据类型。

2.1.1 字符型

字符型（Character）数据是不具计算能力的文字数据类型，用字母 C 表示。字符型数据包括中文字符、英文字符、数字字符和其他 ASCII 字符，其长度（即字符个数）范围是 0～254 个字符。

2.1.2 数值型

数值型数据是表示数量、可以进行数值运算的数据类型。数值型数据由数字、小数点、正负号和表示乘幂的字母 E 组成，数值精度达 16 位。在 Visual FoxPro 系统中，按存储、表示形式与取值范围不同，数值型数据又分为 4 种不同类型。

1. 数值型

数值型（Numeric）数据由数字、小数点、正负号和字母 E 组成，用字母 N 表示。数值型数据的取值范围是：-0.9999999999E+19～0.9999999999E+20，包括正负号、小数点和字母 E 在内，其长度（数据位数）最大 20 位。通常用于表示实数，如 23、-103.45、1.3E-5（即 1.3×10^{-5}）等。

2. 浮点型

浮点型（Float）数据是数值型数据的一种，用字母 F 表示。它与数值型数据完全等价，只是在存储形式上采用浮点格式，主要是为了得到较高的计算精度。

3. 双精度型

双精度型（Double）数据是具有更高精度的一种数值型数据，用字母 B 表示。它采用固定长度浮点格式存储，占用 8 个字节，其取值范围是：±4.94065645841247E-324～±8.9884656743115E307。

4. 整型

整型（Integer）数据是不包含小数部分的数值型数据，用字母 I 表示。整型数据只用来表示整数，以二进制形式存储，占用 4 个字节。其取值范围是：-21474836～21474836。

2.1.3 日期型

日期型（Date）数据是表示日期的数据，用字母 D 表示。日期的默认格式是{mm/dd/yyyy}，其中 mm 表示月份，dd 表示日期，yyyy 表示年度，固定长度 8 位，如{09/16/2002}表示 2002 年 9 月 16 日这一日期数据。

2.1.4 日期时间型

日期时间型（Date Times）数据是表示日期和时间的数据，用字母 T 表示。日期时间的默认格式是{mm/dd/yyyy hh:mm:ss}，其中 mm、dd、yyyy 的意义与日期型相同，而 hh 表示小时，mm 表示分钟，ss 表示秒数。日期时间型数据也是采用固定长度 8 位，取值范围是：日期为 01/01/0001～12/31/9999，时间为 00:00:00～23:59:59，如{10/01/2002 10:30:30}表示 2002 年 10 月 1 日 10 时 30 分 30 秒这一日期时间数据。

2.1.5 逻辑型

逻辑型（Logic）数据是描述客观事物真假的数据类型，表示逻辑判断的结果，用字母 L 表示。逻辑型数据只有真（.t.或.y.）和假（.f.或.n.）两种，固定长度 1 位。为区别其他数据类型，一般需在表示逻辑值的字母 t、y、f、n 的前后加圆点符“.”。

2.1.6 备注型

备注型（Memo）数据是表示、存放较多字符的数据类型。可以把它看成是字符型数据的特殊形式，用字母 M 表示。

备注型数据没有数据长度限制，仅受限于磁盘空间。它只用于表中字段类型的定义，字段长度固定为 4 位，实际数据存放在与表文件同名的备注文件（.FPT）中，长度根据数据的内容而定。

2.1.7 通用型

通用型（General）数据是存储 OLE（对象链接嵌入）对象的数据类型，用字母 G 表示。通用型数据中的 OLE 对象可以是电子表格、文档、图形图片等。它只用于表中字段类型的定义。通用型数据字段长度固定为 4 位，实际数据长度仅受限于磁盘空间。

OLE 对象的实际内容、类型和数据量则取决于链接或嵌入 OLE 对象的操作方式。如果采用链接 OLE 对象的方式，则表中只包含对 OLE 对象的引用说明，以及对创建该 OLE 对象的应用程序的引用说明；如果采用嵌入 OLE 对象方式，则表中除包含对创建该 OLE 对象的应用程序的引用说明外，还包含 OLE 对象中的实际数据。

2.1.8 货币型

货币型（Currency）数据是为存储美元金额而使用的一种称为货币（Currency）的数据类型，其取值范围是：-922337203685477.5808 ～ 922337203685477.5807，默认保留 4 位小数，占据 8 字节存储空间。货币型数据用字母 Y 表示。

2.1.9 二进制字符型和二进制备注型

这两类数据是以二进制格式存储的数据类型，只能用在表中字段数据的定义。所存储的数据不受代码页改变的影响。

2.1.10 数据类型的应用范围

以上数据类型均可应用于表中字段数据类型的定义，但其中双精度型、浮点型、通用型、整型、备注型、二进制字符型和二进制备注型只能应用于字段，其余则可以用于变量、数组和字段。

2.2 Visual FoxPro 的常量与变量

在 Visual FoxPro 系统中，数据可用常量、变量、数组表示，数据还可以用在字段、记录和对象表示，由它们存储、容纳各种类型的数据。因此，常把这些供数据存储的常量、变量、数组、字段、记录和对象等称为数据存储容器。用户正是利用不同的数据存储容器，在 Visual FoxPro 系统中表示、存储、操作、处理各种类型的数据，实现数据处理的应用。

2.2.1 常量

常量是在命令或程序中可以直接引用、具有具体值的命名数据项，其特征是在整个操作过程中它的值和表现形式保持不变。Visual FoxPro 按照常量取值的数据类型将常量分为 6 种类型。

1. 数值型常量

由数字、小数点和正负号组成，表示整数或实数值，如 100、-21、15.31、-21092.5041 等分别是数值型常量中的整数和实数。

2. 浮点型常量

以浮点格式表示的数值常量。通常用来表示那些绝对值很大或很小、而有效位数不太长的一些数值，对应于日常应用中的科学记数法。

如中国的人口数接近 13 亿，以实数形式表示是 1,300,000,000，以科学记数法的乘幂形式表示是 1.3×10^9。显然用科学记数法形式表示比较简短、方便、适用，对应在 Visual FoxPro 中采用浮点型常量表示为 1.3E+9，其中，1.3 称为尾数，表示有效数字，9 称为阶码，表示幂指数。阶码只能是整数，尾数可以是整数，也可以是小数；尾数与阶码均可正可负。

3. 字符型常量

由任意 ASCII 字符、汉字和汉字字符组成的字符型数据，字符型常量又称为字符串。为与其他类型常量、变量和标识符相区别，Visual FoxPro 要求将字符串中的所有字符用一对双引号“"”或单引号“'”或方括号“[]”作为定界符括起来。

如"I am a student.. "，'中华人民共和国'、[Visual FoxPro 6.0 系统]都是字符串。

注意：双引号、单引号和方括号作为普通字符也可以出现在字符串中，但不再起定界符作用，该字符串必须以另外的定界符括起来，如：[他说："我正在看书，请保持安静！"]串中双引号此时仅是普通字符，而该串的定界符是方括号[]。定界符必须成对匹配、前后一致。

4. 逻辑型常量

逻辑型常量就是表示逻辑判断结果“真”或“假”的逻辑值。逻辑常量只有真和假两种值，分别用（.t.或.y.）和（.f.或.n.）表示真和假。一般应在表示逻辑常量的字母左右加注圆点符“.”以示区别。

5. 日期型常量

日期型常量是表示日期值的数据，其默认格式是{mm/dd/[yy]yy}，如{10/01/02}和{10/01/2002}均表示 2002 年 10 月 1 日这一日期常量值。

6. 日期时间型常量

Visual FoxPro 系统中增加了一种表示日期和时间值的日期时间型常量，其默认格式是{mm/dd/[yy]yy [,] hh:mm:ss[a|p]}。其中 a 和 p 分别表示 AM（上午）和 PM（下午）。

日期值和日期时间值的输入格式与输出格式并不完全相同，特别是输出格式受系统环境设置的影响，用户可根据应用需要进行相应的调整和设置。下面分别介绍系统中与日期格式有关的命令和设置操作。

（1）日期格式中的世纪值。

通常日期格式中用 2 位数表示年份，但涉及到世纪问题就不便区分。Visual FoxPro 提供设置命令对此进行相应设置。

命令格式：

```
SET  CENTURY ON | OFF | TO [nCentury]
```

命令功能：

ON：日期数据显示 10 位，其中年份 4 位，即日期值输出时显示年份值。

OFF：默认值。日期数据显示 8 位，年份 2 位，即日期值输出时不显示年份值。

TO [nCentury]：指定日期数据所对应的世纪值。nCentury 是一个 1～99 的整数，代表世纪数。如果省略了 nCentury，表示恢复为当前系统日期所在的世纪数。如果日期值中是 2 位年份值，系统默认解释为当前系统日期前后 50 年中的某一年份。如当前系统时间是 2002 年，对 2 位年份的解释是 1952 年～2051 年之间的某一年。在这前后 100 年中的起始年份（默认值）是当前系统时间的年份值加 50 的后 2 位数，如当前是 2002 年，则默认起始年份为 52。凡是输入 2 位年份的日期时，年份值大于等于默认起始年份的解释为本世纪，小于默认起始年份的解释为下个世纪。如 90 解释为 1990 年，45 解释为 2045 年。

【例 2-1】调整、设置日期数据的世纪值。

在命令窗口中输入如下命令，观察命令的操作结果：

```
SET CENTURY OFF          && 设置系统状态（2 位年份）
? {10/01/02}             && 系统主窗口显示：10/01/02
SET CENTURY ON           && 设置系统状态（4 位年份）
? {10/01/02}         && 系统主窗口显示：10/01/2002
?DATE()              && 显示当前日期：08/09/2002
SET CENTURY TO 19    && 设置系统世纪数
? {10/01/02}         && 系统主窗口显示：10/01/2002
```

```
? {10/01/92}             && 系统主窗口显示：10/01/1992
```

（2）设置日期显示格式。

用户可以调整、设置日期值和时间值的显示输出格式。既可以用命令方式设置，也可以用菜单方式设置。首先介绍命令设置方式。

命令格式：

```
SET DATE [TO] AMERICAN | ANSI | BRITISH | FRENCH | GERMAN | ITLIAN |
         JAPAN | USA | MDY | DMY | YMD | SHORT | LONG
```

命令功能：设置日期型和日期时间型数据的显示输出格式。系统默认为 AMERICAN 美国格式。

如果日期格式设置为 SHORT 或 LONG 格式，Visual FoxPro 系统将按 Windows 系统设置的短日期格式或长日期格式显示输出日期数据，而且 SET CENTURY 命令的设置被忽略。

各种日期格式设置所对应的日期显示输出格式如表 2-1 所示。

表 2-1　系统日期格式

设置值	日期格式	设置值	日期格式
AMERICAN	mm/dd/yy	USA	mm-dd-yy
ANSI	yy.mm.dd	MDY	mm/dd/yy
BRITISH / FRENCH	dd//mm/yy	DMY	dd//mm/yy
GERMAN	dd.mm.yy	YMD	yy/mm/dd
ITALIAN	dd-mm-yy	SHORT	Windows 短日期格式
JAPAN	yy/mm/dd	LONG	Windows 长日期格式

用命令方式可以设置日期格式，用菜单方式同样也可以设置，操作步骤是：单击 Visual FoxPro 主窗口中的【工具】|【选项】菜单项，打开“选项”对话框后选中“区域”选项卡，单击展开“日期和时间”栏中的“日期格式”下拉列表框，选择其中的某个日期格式，然后单击“确定”按钮确认此格式设置，如图 2-1 所示。按菜单方式设置时，汉语格式实际上就是长格式，此格式符合中国用户的习惯，能够满足大多数用户的应用需要。

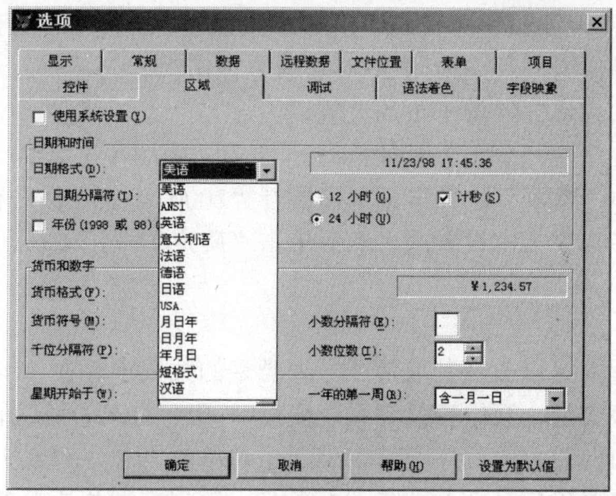

图 2-1　设置系统日期格式

该列表框中的格式与命令中的格式完全对应。除此之外还可进行其他相关设置，如选中“日期分隔符”复选框并指定相应符号，将以该符号作为年月日分隔符；如选中“年份（1998或98）”复选框，相当于 SET CENTURY ON | OFF 命令的作用；如选中“使用系统设置”复选框，则将日期格式设置为 Windows 系统的当前日期格式（即长、短日期格式）；同理选择右侧对应的单选按钮，可设置时间显示是按 12 小时制还是 24 小时制格式。

（3）设置日期 2000 年兼容性。

通常日期型和日期时间型数据的结果与 SET DATE 命令和 SET CENTURY 命令的设置状态及当前系统时间有关。由于系统时间与相应设置不同，同一数据的结果可能有不同的解释。如日期值{10/11/12}可以解释为 1912 年 10 月 11 日、2012 年 10 月 11 日、1912 年 11 月 10 日、1910 年 11 月 12 日或者 2010 年 11 月 12 日等。这显然会导致系统混乱，而且还可能造成 2000 年兼容性错误，影响系统正常、有效的操作运行。

为了避免上述问题，Visual FoxPro 系统增加了一种所谓严格的日期格式。不论哪种设置，按严格日期格式表示的日期型和日期时间型数据，都具有相同的值和表示形式。严格的日期格式如下：

```
{^yyyy-mm-dd[,][hh[:mm[:ss]][a|p]]}
```

“^”符号表明该格式是严格的日期格式，并按照 YMD 的格式解释日期型和日期时间型数据，它是严格日期格式的标志，不可缺少。有效的日期型和日期时间型数据分隔符为：连字符“-”、正斜杠“/”、句点“.”和空格。如{^2002-10-01}、{^2002-10-01 10:30:30a}分别以严格的日期格式表示 2002 年 10 月 1 日及该日上午 10 时 30 分 30 秒这两个日期数据。

Visual FoxPro 系统默认采用严格的日期格式，并以此检测所有日期型和日期时间型数据的格式是否规范、合法。为与早期版本兼容，用户通过命令或菜单设置可以改变这一格式。

命令设置的格式：

```
SET STRICTDATE TO [0 | 1 | 2]
```

命令功能：

0：关闭严格的日期格式检测，即设置日期格式按传统的日期格式。

1：设置严格的日期格式检测（默认值），要求所有日期型和日期时间型数据均按严格的格式。

2：设置与 1 相同，但如果程序代码中出现 CTOD()和 CTOT()函数时，会出现编译错误。这个设置最适合调试时使用，用来检测 2000 年兼容性错误。

省略：恢复系统默认值，等价于 1 的设置。

菜单设置的操作方法是：单击 Visual FoxPro 主窗口中的【工具】|【选项】菜单项，打开“选项”对话框后选中“常规”选项卡，单击展开“2000 年兼容性”栏中的“严格的日期级别”下拉列表框，选择其中某个设置项，然后单击“确定”按钮确认此格式设置。

2.2.2 变量

变量是在操作过程中可以改变其取值或数据类型的数据项。在 Visual FoxPro 系统中，变量分为字段变量、内存变量、数组变量和系统变量 4 类。此外，作为面向对象的程序语言，Visual FoxPro 在进行面向对象的程序设计中引入了对象的概念，对象实质上也是一类变量。

确定一个变量，需要确定其 3 个要素：变量名、数据类型和变量值。

1. 命名约定

在 Visual FoxPro 系统中，将表示、存储数据的常量、变量、数组、字段、记录、对象、表、数据库等，都称为数据容器。所有数据容器均需命名以相互区别，为规范各类对象的命名，Visual FoxPro 系统推荐了若干“命名约定”供用户参考，以提高操作命令与程序的可读性和规范性。需要指出，这些约定只是一些推荐的规则，并非必需，用户可根据需要选择、参照。下面简要介绍相关的命名约定规则。

（1）Visual FoxPro 的一般命名约定。

对于数据容器和一些命令、函数中所需参数的命名，用户应遵循以下一般规则：

- 只使用字母、下划线和数字命名。虽然中文版 Visual FoxPro 允许使用汉字为各类数据容器命名，但一般建议尽量不采用汉字命名，必要时用汉语拼音字母代替，以提高操作效率。
- 命名以字母或下划线开头，除自由表中字段名、索引的 TAG 标识名最多只能有 10 个字符外，其他的命名可使用 1～128 个字符。
- 避免使用 Visual FoxPro 的保留字（命令名、函数名等各种系统预定义项的名称）进行命名，以免造成系统区分、识别的混乱。
- 文件名的命名应遵循操作系统的约定。

（2）字段命名约定。

- 表中字段的命名，推荐按如下格式：

```
TypeName
```

其中：Type 为字段的数据类型，Name 为字段的命名。数据类型用一个小写字母表示，如：cLastName 和 dBirthDay 分别定义了姓名字段（字符型）和出生日期字段（日期型）的字段名。

- 自由表中字段名最多只能包含 10 个字符。
- Type 类型前缀不是必需的，也不能限定变量的取值类型，但作为一种命名习惯，推荐使用。

（3）变量命名约定。

- 变量的命名，推荐按如下格式：

```
TypeName
```

其中：Type 为变量数据类型，Name 为变量的命名。数据类型如前所述，用一个小写字母表示，如 aMonths 表示一个数组变量，cLastName 表示一个字符型变量，dBirthDay 表示一个日期型变量，nCounter 表示一个数值型变量，lFlag 表示一个逻辑型变量。

- Type 类型前缀不是必需的，也不能限定变量的取值类型，但作为一种命名习惯，推荐使用，同时也可以提示用户该变量的取值类型。

2. 字段变量

表由若干记录构成，每个记录都包含若干个数量相同的字段，同一字段在不同记录中分别对应不同的字段值，因此，字段也是变量。与其他变量不同的是，字段变量是定义在表中的变量，随表的存取而存取，因而是永久性变量。字段名就是变量名，变量的数据类型为 Visual FoxPro 中的任意数据类型，字段值就是变量值。

3. 内存变量

内存变量是在内存中定义的、一种单个数据元素的临时性变量。

（1）内存变量的数据类型。

内存变量的数据类型包括：数值型、字符型、逻辑型、日期型和日期时间型。

（2）内存变量的建立。

建立内存变量就是给内存变量赋值。内存变量赋值既可以定义一个新的内存变量，也可改变已有内存变量的值或数据类型。有两个命令可以给内存变量赋值。

命令格式：

STORE <表达式> TO <内存变量表>

命令功能：将<表达式>的值计算出来并赋值给指定内存变量表中的各个内存变量。

内存变量表是多个两两间以逗号分隔的内存变量。

命令格式：

<内存变量> = <表达式>

命令功能：将<表达式>的值计算出来并赋值给指定的内存变量。

【例 2-2】给内存变量赋值。

```
cCN=[中国]                            && 给变量 cCN 赋字符值
STORE '1234567890' TO cNUM            && 给变量 cNUM 赋字符值
STORE (20+30)/2 TO nA1, nA2, nA3      && 给变量 nA1、nA2、nA3 赋相同数值
```

（3）内存变量的显示输出。

可以用两个命令在屏幕上显示输出内存变量的值。

命令格式：

?| ?? <表达式表> [AT <列号>]

命令功能：计算表达式表中各表达式的值，并在屏幕上指定位置显示输出各式的值。

？：先回车换行，再计算并输出表达式的值。

？？：在屏幕上的当前位置，计算并直接输出表达式的值。

<表达式表>：多个以逗号两两分隔的表达式，各表达式的值输出时，以空格分隔；

AT <列号>子句指定表达式值从指定列开始显示输出。AT 的定位只对它前面的一个表达式有效，多个表达式必须用多个 AT 子句分别定位输出，而且可反序定位。

【例 2-3】输出内存变量的值。

```
? 1,2,3                       && 显示 3 个常量的值
?? 1,2,3                      && 显示 3 个常量的值
1 2 31 2 3                    && 两个命令显示的结果
nA1=1                         && 给变量 nA1 赋值并改变原值
nA2=2                         && 给变量 nA2 赋值并改变原值
? nA1 AT 30, nA2 AT 10        && 定位显示两个变量的值
    2         1               && 命令显示的结果
```

4. 数组变量

数组变量是结构化的变量，是一组具有相同名称、以下标相互区分的有序内存变量。一个数组通常都包含多个数据元素。Visual FoxPro 系统中只允许使用一维数组（相当于数列）和二维数组（相当于行列式或矩阵）。

（1）数组元素。

➢ 数组中各有序变量（数据元素）组成数组的成员，称为数组元素。数组元素实质上是一个内存变量，也称数组变量，它们具有相同的变量名，即数组名，彼此以下标

区分。

- 数组元素的名称（变量名）用数组名加下标构成。如 AA(1)、BB(2,3)分别表示一维数组 AA 的第 1 个元素，二维数组 BB 中第 2 行第 3 列的元素。
- 下标必须用圆括号对括，一维数组的元素只有一个下标，二维数组的元素有两个以逗号分隔的下标。
- 下标必须是非负数值，可以是常量、变量、函数或表达式，下标值会自动取整，如 AA(1.5)、AA(nA1)、AA(2+10/3)等。
- 数组元素的数据类型决定于最后赋值的数据类型，不同数组元素的数据类型可以不同。
- 数组元素与普通内存变量一样操作，可以赋值和引用。

（2）数组的定义。

数组必须先定义后使用，定义数组是向系统申请数组元素在内存中的存储空间。

命令格式：

```
DIMENSION | DECLARE  <数组名 1>（<数值表达式 1>[,<数值表达式 2>]）
          [,<数组名 2>（<数值表达式 3>[,<数值表达式 4>]）…]
```

命令功能：定义指定的各个数组。

（3）数组的赋值与引用。

数组元素的赋值与引用，与普通内存变量的规则相同。

【例 2-4】数组的定义、赋值与引用。

```
DIMENSION  aa(2),ab(2,2)                &&  定义两个数组
aa = 100                                &&  给 aa 数组所有元素赋值为 100
ab(1,1) = aa(1)                         &&  引用数 aa 的元素给 ab 数组元素赋值
STORE  .T. TO  ab(1,1)                  &&  给 ab 数组一个元素重复赋逻辑值
ab(1,2) = "中华人民共和国"              &&  给 ab 数组一个元素赋字符值
ab(2,1) = {10/01/02}                    &&  给 ab 数组一个元素赋日期值
ab(2,2) = {^2002-10-01 10:00:00 a}      &&  给 ab 数组一个元素赋严格的日期时间值
? aa(1)+aa(2),ab(2,1)                   &&  系统主窗口显示：200  10/01/02
```

5. 系统变量

系统变量是 Visual FoxPro 系统特有的内存变量，它由 Visual FoxPro 系统定义、维护。系统变量有很多，其变量名均以下划线“_”开始，因此在定义内存变量和数组变量名时，不要以下划线开始，以免与系统变量名冲突。系统变量设置、保存了很多系统的状态、特性，了解、熟悉并充分地运用系统变量，会给数据库系统的操作和管理带来很多方便，特别是开发应用程序时更为突出，学习时可对此多加关注。

6. 内存变量与数组变量的基本操作

严格地说，内存变量与数组变量同属一类变量，对它们的操作基本上完全相同。下面有关内存变量的操作方法，对数组变量同样有效。

（1）变量的显示。

用？/？？命令可以分别显示单个或一组变量的值。有时用户还需要了解变量的其他相关信息，如数据类型、作用范围等，或了解系统变量的信息。Visual FoxPro 系统提供了相应的操作命令。

命令格式：

```
DISPLAY | LIST MEMORY  [LIKE <通配符>] [TO  PRINTER [ PROMPT] |
                        TO FILE <文本文件名>] [NOCONSOLE]
```

命令功能：显示指定变量的信息。

DISPLAY：分屏显示。信息显示满屏后暂停，用户按任意键继续显示。

LIST：连续显示。

LIKE <通配符>：显示符合通配符条件的那些变量的相关信息。

TO PRINTER：显示结果同时打印输出。

PROMPT：打印前打开“打印”对话框，以便设置打印参数。

TO FILE <文本文件名>：将显示结果同时存储到指定的文本文件（*.TXT）中。

NOCONSOLE：不在系统主窗口中显示操作结果。

【例 2-5】显示例 2-4 中定义的数组变量信息。

```
DISPLAY MEMORY LIKE  ??       && 显示变量名是两个字符的所有变量信息
AA               Pub   A
           ( 1)        N    100              (  100.00000000)
           ( 2)        N    100              (  100.00000000)
AB               Pub   A
      (  1,   1)       L    .T.
      (  1,   2)       C    "中华人民共和国"
      (  2,   1)       D    10/01/2102
      (  2,   2)       T    10/01/2002 10:00:00 AM
```

（2）变量的保存。

内存变量与数组变量都是直接在内存定义的临时性变量，退出 Visual FoxPro 系统时全部释放。如果操作、应用时需要重复使用某些变量，每次都要重复定义，势必造成极大的不便，而且对于使用应用程序进行业务处理的普通用户来说，甚至是不太可能的。为此，Visual FoxPro 提供相应命令，用文件形式将某些变量保存起来，以便重复使用。

命令格式：

```
SAVE TO <变量文件名>  [ALL LIKE  <通配符> | ALL EXCEPT <通配符> ]
```

命令功能：将指定变量的信息保存到指定的变量文件（*.MEM）中。

ALL LIKE <通配符>：只保存符合通配符条件的所有变量。

ALL EXCEPT <通配符>：只保存不符合通配符条件的所有变量。

（3）变量的恢复。

需要保存在文件中的变量信息时，必须先恢复到内存后才可使用。

命令格式：

```
RESTORE FROM <变量文件名> [ADDITIVE]
```

命令功能：将指定变量文件（*.MEM）中的变量信息恢复到内存中。

ADDITIVE：省略此项，清除内存所有变量后再恢复文件中变量的信息；加选此项，将变量文件中的变量信息追加到内存现有变量信息中。

（4）变量的清除。

Visual FoxPro 系统对定义内存变量的数量是有限制的，当变量总数超过限制后，不能再定义新的变量，这将影响进一步的应用，而有些变量因种种原因不再需要了，因此应及时清理，尽量减少内存的占用，便于定义其他变量。Visual FoxPro 提供了几个命令，用来清除变量。

命令格式：

```
CLEAR  MEMORY
```

命令功能：清除所有的变量。

命令格式：

```
RELEASE <变量表>
RELEASE  ALL [LIKE  <通配符> | EXCEPT <通配符> ]
```

命令功能：

<变量表>：清除变量表中的各变量。

ALL：清除所有的变量。

LIKE　<通配符>：清除所有符合通配符条件的变量。

EXCEPT <通配符>：清除所有不符合通配符条件的变量。

2.3　Visual FoxPro 的函数

Visual FoxPro 系统中，函数是一段程序代码，用来进行一些特定的运算或操作、支持和完善命令的功能、帮助用户完成各种操作与管理。Visual FoxPro 系统有数百种不同函数，按函数的提供方式，可分为系统（标准）函数和用户自定义函数；按函数运算、处理对象和结果的数据类型，可分为数值型函数、字符型函数、逻辑型函数、日期时间型函数、数据转换函数等；按函数的功能和特点，可分为数据处理函数、数据库操作函数、文件管理函数、键盘和鼠标处理函数、输出函数、窗口界面操作函数、程序设计函数、数据库环境函数、网络操作函数、系统信息函数、动态数据操作函数等。

与数学中的函数一样，Visual FoxPro 的函数由函数名和自变量两部分组成。标准函数是 Visual FoxPro 系统提供的系统函数，其函数名是 Visual FoxPro 的保留字，自定义函数是用户自己定义的函数，函数名由用户指定。自变量必须用圆括号括起来，如有多个自变量，各个变量以逗号分隔。有些函数可省略自变量，或不需自变量，但也必须保留括号。自变量数据类型由函数的定义确定，数据形式可以是常量、变量、函数或表达式等。

函数是一类数据项，除个别（如宏替换）函数外，函数都不能像命令一样单独使用，只能作为命令的一部分进行操作运算。下面分类简要介绍部分常用函数的格式与用法，关于自变量描述中所涉及的各类表达式，均指常量、变量 、函数或表达式形式中的一种。

为简便起见，以下对于函数格式的描述统一采用如下形式：

```
<函数名>( TypeExp1 [, TypeExp2 , …] )
```

其中：Type 是小写字母表示的数据类型，Exp 表示上述任意形式的自变量。

2.3.1　数值函数

数值函数用于数值运算，其自变量与函数都是数值型数据。

1. 取绝对值函数 ABS()

【格式】ABS(<nExp>)

【功能】计算 nExp 的值，并返回该值的绝对值。

【例 2-6】取绝对值函数的应用。

```
? ABS(7-2*4)                    && 系统主窗口显示： 1
? ABS(-50)                      && 系统主窗口显示： 50
```

2. 指数函数 EXP()

【格式】EXP(<nExp>)

【功能】求以 e 为底、nExp 值为指数的幂，即返回 e^x 的值。

【例 2-7】指数函数的应用。

```
? EXP(1)                        && 系统主窗口显示： 2.72
? EXP(-1)                       && 系统主窗口显示： 0.37
```

3. 取整函数 INT()

【格式】INT(<nExp>)

【功能】计算 nExp 的值，返回该值的整数部分。

【例 2-8】取整函数的应用。

```
? INT(100/3), INT(7.6-15)       && 系统主窗口显示： 33    -7
? INT(0.6)                      && 系统主窗口显示： 0
```

4. 上界函数 CEILING()

【格式】CEILING(<nExp>)

【功能】计算 nExp 的值，返回一个大于或等于该值的最小整数。

5. 下界函数 FLOOR()

【格式】FLOOR(<nExp>)

【功能】计算 nExp 的值，返回一个小于或等于该值的最大整数。

【例 2-9】上界函数与下界函数的应用。

```
? CEILING(23.56),FLOOR(23.56)         && 系统主窗口显示：  24   23
? CEILING(-23.56),FLOOR(-23.56)       && 系统主窗口显示： -23  -24
```

6. 自然对数函数 LOG()

【格式】LOG(<nExp>)

【功能】求 nExp 的自然对数，nExp 的值必须为正数。

7. 常用对数函数

【格式】LOG10(<nExp>)

【功能】求 nExp 的常用对数，nExp 的值必须为正数。

【例 2-10】 对数函数的应用。

```
? LOG(2.71828), LOG10(10)       && 系统主窗口显示： 1.00000  1.00
? LOG(4*2), LOG10(2*4)          && 系统主窗口显示： 2.08     0.90
```

8. 平方根函数 SQRT()

【格式】SQRT(<nExp>)

【功能】求非负 nExp 的平方根。

【例 2-11】平方根函数的应用。

```
? SQRT(36)                      && 系统主窗口显示： 6.00
? SQRT(ABS(-36))                && 系统主窗口显示： 6.00
```

9. 最大值函数 MAX()和最小值函数 MIN()

【格式】MAX(<nExp1>,< nExp2>[,< nExp3>…])

MIN(<nExp1>,< nExp2>[,< nExp3>…])

【功能】返回数值表达式中的最大值 MAX()和最小值 MIN()。

【例 2-12】最大值函数和最小值函数的应用。

```
? MAX({12/01/99},{11/30/02})        && 系统主窗口显示： 11-30-02
? MIN(3.72,INT(3.72))               && 系统主窗口显示： 3
```

实际上，MAX()和 MIN()函数能够返回多个同类数据的最“大”值和最“小”值，可比较大小的数据类型有数值型、字符型、日期型和日期时间型。如例中就是返回两个日期的先后（大小）顺序。

10. 求余数函数 MOD()

【格式】MOD(<nExp1>,< nExp2>)

【功能】返回 nExp1 除以 nExp2 的余数。余数的小数位数与 nExp1 相同，符号与 nExp2 相同。

【例 2-13】求余数函数的应用。

```
? MOD(20,3)                 && 系统主窗口显示：  2
? MOD(20.00,-3)             && 系统主窗口显示： -1.00
? MOD(-3,20)                && 系统主窗口显示： 17
```

11. 四舍五入函数 ROUND()

【格式】ROUND(<nExp1>,<nExp2>)

【功能】返回 nExp1 四舍五入的值， nExp2 表示保留的小数位数。

【说明】如果<nExp2>的值非负，表示需保留的十进制小数位；如果<nExp2>的值为负数，其绝对值表示整数部分四舍五入的位数（即小数点前被舍入位数）；如果<nExp2>的值为非整数，先对其取整再四舍五入。

【例 2-14】四舍五入函数的应用。

```
STORE  171.547  TO  A
? ROUND (A,3), ROUND(A,2), ROUND(A,1),ROUND(A,0)
  171.547 171.55  171.5  172              && 主窗口显示结果
? ROUND(A,-3),ROUND(A,-2),ROUND(A,-1),ROUND(A,2.5)
  0  200  170  171.55                     && 主窗口显示结果
```

12. π函数 PI()

【格式】PI()

【功能】返回常量π的近似值。

13. 正弦函数 SIN()

【格式】SIN(<nExp>)

【功能】返回 nExp 的正弦值，nExp 以弧度为单位，函数值域为[-1,1]。

14. 余弦函数 COS()

【格式】COS(<nExp>)

【功能】返回 nExp 的余弦值，nExp 以弧度为单位，函数的值域为[-1,1]。

15. 正切函数 TAN()

【格式】TAN(<nExp>)

【功能】返回 nExp 的正切值，nExp 以弧度为单位，其值为π/2 或-π/2 时，系统返回一个绝对值很大的数。

【例 2-15】π函数及三角函数的应用。

```
? SIN(PI()/3),SIN(PI()/2),SIN(8*PI()/3)  && 系统主窗口显示：0.87 1.00 0.87
? COS(PI()/3),COS(PI()/2),COS(8*PI()/3)  && 系统主窗口显示：0.50 0.00 -0.50
? TAN(PI()/4),TAN(PI()/2),TAN(9*PI()/4)  && 统主窗口显示：1.00(很大的数) 1.00
```

16. 反正弦函数 ASIN()

【格式】ASIN(<nExp>)

【功能】返回 nExp 的反正弦值。自变量值必须在[-1,1]内，函数值为弧度，且值域为[-π/2,π/2]。

17. 反余弦函数 ACOS()

【格式】ACOS(<nExp>)

【功能】返回 nExp 的反余弦值。自变量的值必须在[-1,1]内，函数值为弧度，值域为[-π/2,π/2]。

18. 反正切函数 ATAN()

【格式】ATAN(<nExp>)

【功能】返回 nExp 的反正切值。函数值为弧度，值域为(-π/2,π/2)。

【例 2-16】反三角函数的应用。

```
? ACOS(1/2),ACOS(1),ACOS(-1)          && 系统主窗口显示：0.50  0.00  -0.50
? ACOS(1/2),ACOS(1),ACOS(-1)          && 系统主窗口显示：1.05  0.00  3.14
? ATAN(1/2),ATAN(10),ATAN(-100)       && 系统主窗口显示：0.46  1.47  -1.56
```

19. 符号函数 SIGN()

【格式】SIGN(<nExp>)

【功能】返回 nExp 的符号。自变量为正、负、零，分别返回 1、-1、0。

【例 2-17】符号函数的应用。

```
? SIGN(100),SIGN(-10),SIGN(0)    && 系统主窗口显示： 1  -1   0
```

2.3.2 字符函数

字符函数是处理字符型数据的函数，其自变量或函数值中至少有一个是字符型数据。函数中涉及的字符型数据项均以 cExp 表示。

1. 子串位置函数 AT()

【格式】AT(<cExp1>,< cExp 2>)

【功能】返回串 cExp1 在串 cExp2 中的起始位置。函数值为整数。如果串 cExp2 不包含串 cExp1，函数返回值为零。

【例 2-18】子串位置函数的应用。

```
? AT("Pro","FoxPro")                  && 系统主窗口显示： 4
? AT("字符串","数字表达式")             && 系统主窗口显示： 0
```

2. 取左子串函数 LEFT()

【格式】LEFT(<cExp>,<nExp>)

【功能】返回从 cExp 串中的第一个字符开始，截取 nExp 个字符的子串。

【说明】如果 nExp 值超出 cExp 串的长度，则全取此串；如果 nExp 值不为整数，则自动取整后再取子串；如果小于零，则按 0 处理（即所取子串为空串）。

注意：每个汉字占2个字节。汉字字符串取子串时，如果nExp的值为奇数，可能会出现乱码。

【例2-19】取左子串函数的应用。

```
? LEFT("发展高新技术产业", 20)        && 系统主窗口显示：发展高新技术产业
? LEFT("发展高新技术产业", 12.5)      && 系统主窗口显示：发展高新技术
? LEFT("发展高新技术产业",-10)        && 所取子串为空串，无显示
```

3. 取右子串函数RIGHT()

【格式】`RIGHT(<cExp>,<nExp>)`

【功能】返回从cExp串中右边的第一个字符开始，截取nExp个字符的子串。有关说明同LEFT()函数。

【例2-20】取右子串函数的应用。

```
? RIGHT("发展高新技术产业",10)        && 系统主窗口显示： 新技术产业
? RIGHT("发展高新技术产业",12.58)     && 系统主窗口显示： 高新技术产业
? RIGHT("发展高新技术产业",-10)       && 所取子串为空串，无显示
```

4. 取子串函数SUBSTR()

【格式】`SUBSTR (<cExp>,<nExp1> [,< nExp2>] )`

【功能】返回从串cExp中的第nExp1个字符开始，截取nExp2个字符的子串。

【说明】nExp1表示子串在串cExp中的起始位置，nExp2表示子串长度，如果nExp1+ nExp2超出cExp串的结束位置，或缺省nExp2，则子串开始于cExp串中nExp 1所指的字符，终结于最后一个字符；如果nExp1超过cExp串的长度，则取到一个空串。可用SUBSTR()函数替代LEFT()和RIGHT()函数的功能。

【例2-21】取子串函数的应用。

```
? SUBSTR("社会科学",5, 2)             && 系统主窗口显示： 科
? SUBSTR("中华人民共和国",5, 10)      && 系统主窗口显示： 人民共和国
? SUBSTR("中华人民共和国",5)          && 系统主窗口显示： 人民共和国
```

5. 字符串长度函数LEN()

【格式】`LEN(<cExp>)`

【功能】返回cExp串的字符数（长度），函数值为N型。

【例2-22】字符串长度函数的应用。

```
? LEN("和平和发展")                   && 系统主窗口显示： 10
? LEN("FoxPro")                       && 系统主窗口显示： 6
```

6. 删除字符串前导空格函数LTRIM()

【格式】`LTRIM(<cExp>)`

【功能】删除cExp串的前导空格字符。

【例2-23】删除字符串前导空格函数的应用。

```
? "中华"+"   人民共和国"              && 系统主窗口显示： 中华   人民共和国
? "中华"+LTRIM("   人民共和国")       && 系统主窗口显示： 中华人民共和国
```

7. 删除字符串尾部空格函数RTRIM() | TRIM()

【格式】`RTRIM | TRIM(<cExp>)`

【功能】删除cExp串尾部的空格字符。

【例2-24】删除字符串尾部空格函数的应用。

```
? "中华人民  "+"共和国"          && 系统主窗口显示：  中华人民  共和国
? RTRIM("中华人民  ")+"共和国"   && 系统主窗口显示：  中华人民共和国
```

8．空格函数 SPACE()

【格式】SPACE (<nExp>)

【功能】返回一个包含 nExp 个空格的字符串。

【例 2-25】空格函数的应用。

```
? SPACE(4)+"读者"+SPACE(2*2)+"你好"   && 系统主窗口显示：   读者   你好
```

9．字符串替换函数 STUFF()

【格式】STUFF(<cExp1>,<nExp1>,<nExp2>,<cExp2>)

【功能】从 nExp1 指定位置开始，用 cExp2 串替换 cExp1 串中的 nExp2 个字符。

【说明】cExp2 串和被替换字符个数不一定相等。如果 nExp2≤0，则直接插入；如果 cExp2 为空串，则删除 cExp1 串中 nExp2 个字符；如果 nExp1≤0，则从首字符开始替换。

【例 2-26】字符串替换函数的应用。

```
? STUFF("聪明的中国人民",1,6,"伟大的")        && 主窗口显示：  伟大的中国人民
? STUFF("中国人民万岁",0,0,"伟大的")          && 主窗口显示：  伟大的中国人民万岁
? STUFF("中国人民万岁",-2,-3,"伟大的")        && 主窗口显示：  伟大的中国人民万岁
? STUFF("伟大的中国人民万岁",1,6,"")          && 主窗口显示：  中国人民万岁
```

10．字符复制函数 REPLICATE()

【格式】REPLICATE (<cExp>,<nExp>)

【功能】返回将 cExp 串重复 nExp 次的字符串。

【例 2-27】字符串复制函数的应用。

```
? REPLICATE("你好",MIN(2*3,8/4))      && 主窗口显示：  你好你好
```

11．定义输出格式函数 TRANSFORM()

【格式】TRANSFORM (<eExp>,<cExp>)

【功能】按格式描述式 cExp 指定的格式，输出任意表达式 eExp 的值。

【说明】eExp 是待格式化输出的任意表达式，cExp 是输出格式描述表达式。

【例 2-28】定义输出格式函数的应用。

```
? TRANSFORM (56.78, "$$$$.999")      && 主窗口显示：  $56.780
```

12．大小写转换函数 LOWER()和 UPPER()

【格式】LOWER (<cExp>)
　　　UPPER (<cExp>)

【功能】LOWER()将 cExp 串中的字母全部变成小写字母，UPPER()将 cExp 串中的字母全部变成大写字母，其他字符不变。

【例 2-29】大小写变换函数的应用。

```
? LOWER ("FoxPro")              && 系统主窗口显示：  foxpro
? "Fox"+UPPER("pro")            && 系统主窗口显示：  FoxPRO
```

13．宏替换函数&

【格式】& < cVar >[.< cExp >]

【功能】替换出字符型变量 cVar 中的字符。

【说明】如宏替换后面还有非空 cExp 串，则以“.”表示字符变量 cVar 结束，并将宏替换结果的值与 cExp 串的值连接起来；宏替换函数取代的字符串本身可以包含&函数，从而实

现宏替换的嵌套。

任何宏替换函数值的最大长度不超过 Visual FoxPro 系统允许的最大语句长度。

【例 2-30】宏替换函数的应用。

```
STORE "How are you?" TO Hello
STORE "Hello" TO Salute
? Salute, &Salute                   && 主窗口显示: Hello How are you?
STORE 'XJGL' TO FILE
USE &FILE                           && 相当于 USE XJGL
STORE "广大读者" TO Reader
STORE "欢迎&Reader.批评指导！" TO AB
? AB                                && 主窗口显示: 欢迎广大读者批评指导！
```

【例 2-31】宏替换函数的嵌套。

```
A="&B"
B="C"
C="D"
? A,&A                              && 系统主窗口显示: &B  D
```

2.3.3　日期时间函数

日期时间函数是处理日期型或日期时间型数据的函数，其自变量为日期型表达式 dExp 或日期时间型表达式 tExp。

1. 系统日期函数 DATE()

【格式】DATE()

【功能】返回当前系统日期，此日期由 Windows 系统设置，函数值为 D 型。

2. 系统时间函数 TIME()

【格式】TIME([<nExp>])

【功能】返回当前系统时间，时间显示格式为 hh:mm:ss。若选择了 nExp ，则不管为何值，返回的系统时间都包括秒的小数部分，精确至小数点后两位，函数值为 C 型。

【例 2-32】系统时间函数的应用。

```
? TIME(),TIME(12)             && 系统主窗口显示: 11:01:34 11:01:34.46
```

3. 日期函数 DAY()

【格式】DAY(<dExp>)

【功能】返回 dExp 式中的天数，函数值为 N 型。

【例 2-33】日期函数应用。

```
? DAY({24-06-02})             && 系统主窗口显示:  24
```

4. 星期函数 DOW()和 CDOW()

【格式】DOW(<dExp>)

　　　　CDOW(<dExp>)

【功能】DOW()函数返回 dExp 式中星期的数值，用 1～7 表示星期日～星期六。函数值为 N 型。CDOW() 函数返回 dExp 式中星期的英文名称，函数值为 C 型。

【例 2-34】星期函数应用。

```
? DOW({08-08-02})             && 系统主窗口显示:  5
```

```
? CDOW({08-08-02})          && 系统主窗口显示： Thursday
```

5. 月份函数 MONTH()和 CMONTH()

【格式】MONTH(<dExp>)
CMONTH(<dExp>)

【功能】MONTH()函数返回 dExp 式中的月份数，函数值为 N 型。CMONTH()函数则返回月份的英文名，函数值为 C 型。

【例 2-35】月份函数应用。

```
? MONTH({08-08-02})         && 系统主窗口显示： 8
? CMONTH({08-08-02})        && 系统主窗口显示： August
```

6. 年份函数 YEAR()

【格式】YEAR(<dExp>)

【功能】函数返回 dExp 式中的年份值，函数值为 N 型。

【例 2-36】年份函数的应用。

```
? YEAR(DATE())          && 系统主窗口显示： 2002
```

2.3.4 转换函数

在数据库应用的过程中，经常要将不同数据类型的数据进行相应转换，满足实际应用的需要。Visual FoxPro 系统提供了若干个转换函数，较好地解决了数据类型转换的问题。

1. ASCII 码函数 ASC()

【格式】ASC (<cExp>)

【功能】返回 cExp 串首字符的 ASCII 码值，函数值为 N 型。

【例 2-37】ASCII 码函数的应用。

```
? ASC("AB")                     && 系统主窗口显示： 65
? ASC("abcd")                   && 系统主窗口显示： 97
```

2. ASCII 字符函数 CHR()

【格式】CHR(<nExp>)

【功能】返回以 nExp 值为 ASCII 码的 ASCII 字符，函数值为 C 型。

【例 2-38】ASCII 字符函数的应用。

```
? CHR(65)                       && 系统主窗口显示： A
? CHR(65+32)                    && 系统主窗口显示： a
```

3. 字符日期型转换函数 CTOD()

【格式】CTOD(<cExp>)

【功能】把“××/××/××”格式的 cExp 串转换成对应的日期值，函数值为 D 型。

【例 2-39】字符日期型转换函数的应用。

```
? CTOD("8/1/2002")              && 系统主窗口显示： 08/01/02
? YEAR(CTOD("08/01/2002"))      && 系统主窗口显示： 2002
```

4. 日期字符型转换函数 DTOC()

【格式】DTOC(<dExp >[, 1])

【功能】把日期 dExp 转换成相应的字符串，函数值为 C 型。

【说明】缺省可选项，返回值为 mm/dd/yy；有可选择项，返回值为 yyyymmdd 格式，便于索引查找。

【例 2-40】日期字符型转换函数的应用。

```
? DTOC({^2002/08/01})+"是我的生日！" && 系统主窗口显示： 08/01/02 是我的生日！
? DTOC({^2002/08/01},1)              && 系统主窗口显示： 20020801
```

5. 数值字符型转换函数 STR()

【格式】`STR(<nExp1>[,<nExp2>][,<nExp3>])`

【功能】将 nExp1 的数值转换成字符串形式，函数值为 C 型。

【说明】nExp1 式计算后，按 nExp2 指定的长度转换成字符串。转换的 nExp2 长度包括小数点及小数位数 nExp3。

【例 2-41】数值字符型转换函数的应用。

```
? "计算结果="+STR(10/3, 5, 3)&& 系统主窗口显示： 计算结果=3.333
```

6. 字符数值型转换函数 VAL()

【格式】`VAL (<cExp>)`

【功能】将 cExp 串中的数字转换成对应数值，转换结果取两位小数，函数值为 N 型。

【说明】如果 cExp 串中含有非数字字符，转换时到此字符为此。可转换的数字字符为：0～9 数字、正负号、小数点和表示乘幂的字母 E。

【例 2-42】字符数值型转换函数的应用。

```
STORE  "1.25E3"  TO  C
? 3*VAL(C)              && 系统主窗口显示： 3750.00
? VAL("1.256")          && 系统主窗口显示： 1.26     （结果四舍五入）
? VAL("1A.256")         && 系统主窗口显示：1.00      （遇到非数字则停止）
? VAL("A1.256")         && 系统主窗口显示：0.00      （遇到非数字则停止）
```

2.3.5　测试函数

在数据库应用的操作过程中，用户需要了解数据对象的类型、状态等属性，Visual FoxPro 提供了相关的测试函数，使用户能够准确地获取操作对象的相关属性。

1. 数据类型函数 TYPE()

【格式】`TYPE(<cExp>)`

【功能】返回 cExp 串表示的数据对象的数据类型，返回值是一个表示数据类型的大写字母。C：字符型，D：日期型，N：数值型，L：逻辑型，M：备注型，G：通用型，U：未定义。

【例 2-43】数据类型函数的应用。

```
? TYPE("DATE()"),TYPE("123.45")     && 系统主窗口显示结果：D  N
```

2. 文件查找函数

【格式】`FILE(<cExp>)`

【功能】根据 cExp 串中的指定路径查找文件，如未指定路径，则在默认目录中查找。文件存在，返回逻辑真（.T.）值，否则为逻辑假（.F.）值。

【例 2-44】文件查找函数的应用。

```
? FILE("E:\Foxprow\XJGL.DBF")      && 主窗口显示：  .T.  （表明此文件存在）
? FILE("E:\Foxprow\XJGLB.DBF")     && 主窗口显示：  .F.  （表明此文件不存在）
```

3. 条件测试函数 IIF()

【格式】`IIF(<lExp >,<eExp 1>,<eExp2>)`

【功能】逻辑表达式 lExp 值为真（.T.），返回表达式 eExp1 的值，否则返回表达式 eExp2 的值。eExp1 和 eExp2 可以是任意数据类型的表达式。

【例 2-45】条件测试函数的应用。

```
X=30
Y=20
? IIF(X>20, X+Y, X-Y)            && 系统主窗口显示： 50
? IIF(X<20, X+Y, X-Y)            && 系统主窗口显示： 10
```

4. 表结束标志测试函数 EOF()

【格式】`EOF([<工作区号> | <别名>])`

【功能】测试记录指针是否移到表结束处。如果记录指针指向表中尾记录之后，函数返回真（.T.），否则为假（.F.）。

【说明】<工作区号>|<别名>表示测试的工作区，如缺省，则测试当前工作区；如果所测试的工作区中没有打开数据库文件，EOF()函数返回逻辑假（.F.）。

5. 表起始标识测试函数 BOF ()

【格式】`BOF ([<工作区号> | <别名>])`

【功能】测试记录指针是否移到表起始处。如果记录指针指向表中首记录的前面，函数返回真（.T.），否则为假（.F.）。工作区说明见 EOF()函数。

6. 当前记录号函数 RECNO()

【格式】`RECNO([<工作区号> | <别名>])`

【功能】返回指定工作区中表的当前记录的记录号。对于空表返回值为 1。

7. 当前记录逻辑删除标志测试函数 DELETED()

【格式】`DELETED([<工作区号> | <别名>])`

【功能】测试指定工作区中表的当前记录是否被逻辑删除。如果当前记录有逻辑删除标记，函数返回真（.T.），否则为假（.F.）。

8. 记录数函数 RECCOUNT()

【格式】`RECCOUNT ([<工作区号> | <别名>])`

【功能】返回指定工作区中表的记录个数。如果工作区中没有打开表则返回 0。

9. 记录大小测试函数 RECSIZE()

【格式】`RECSIZE( [<工作区号> | <别名>] )`

【功能】返回指定工作区中表的记录总长度。如果工作区中没有打开表则返回 0。

10. 屏幕列坐标和行坐标函数 COL()和 ROW()

【格式】`COL()`

`ROW()`

【功能】COL ()返回光标的列坐标值，ROW ()返回光标的行坐标值。

11. 打印机列坐标和行坐标函数 PCOL()和 PROW()

【格式】`PCOL()`

`PROW()`

【功能】返回打印机打印头所处位置的列坐标和行坐标。

2.4　Visual FoxPro 的表达式

在 Visual FoxPro 系统中，表达式是由常量、变量、函数及其他数据容器单独或与运算符组成的有意义的运算式。运算符是对数据对象进行加工处理的符号，根据其处理数据对象的数据类型，运算符分为算术（数值）运算符、字符运算符、日期时间运算符、逻辑运算符和关系运算符 5 类相应地，表达式也分为算术表达式、字符表达式、日期时间表达式、逻辑表达式和关系表达式 5 类。常量、变量和函数可以作为表达式的特例。今后涉及到表达式的描述，除特别指明，均可包含这些特殊的形式。

在一个表达式中可能包含多个由不同运算符连接起来的、具有不同数据类型的数据对象，但一般运算符两侧的数据对象必须具有相同数据类型，否则运算将会出错。由于表达式中有多种运算，不同的运算顺序可能得出不同结果，甚至出现运算错误，因此当表达式中包含多种运算时，必须按一定的顺序进行相应运算，才能保证运算的合理性和结果的正确性、惟一性。用户也可以通过给表达式加圆括号的方式，改变其默认运算顺序。在 Visual FoxPro 系统中，各类运算的优先顺序如下：

圆括号>算术和日期运算>字符串运算>关系运算>逻辑运算

同一类运算符也有一定的运算优先顺序，这在各类表达式中分别介绍。如果多个同一级别的运算，则按在表达式中出现的先后顺序进行运算。

2.4.1　算术表达式

算术表达式又称数值表达式，其运算对象和运算结果均为数值型数据。数值运算符的功能及运算优先顺序如表 2-2 所示。表中运算符按运算优先级别从高到低顺序排列。

【例 2-46】数值表达式的应用。

```
a = 100
b = 20
? (a+b)/(a-b),a % -(b-4), 2**-2*10  && 系统主窗口显示：1.5000  -12  2.50
? MOD(12,-5),12 % -5                 && 系统主窗口显示：-3  -3
```

表 2-2　算术运算符

运算符	功能	表达式举例	运算结果	优先级别
()	圆括号	(2-5)*(3+2)	-15	最高
-	取相反数	-(3-8)	5	↑
**、^	乘幂	2**5、3^2	32、9	
*、/	乘、除	2*10、25/5	20、5	
%	取余数	20%5	0	
+、-	加、减	36+19、29-47	55、-18	最低

由此例可见，MOD()函数与取余运算符%的运算功能是相同的。

【例 2-47】计算数学式 $\left(\frac{1}{50}-\frac{1}{60}\right)\times 34.78+20$ 和 $\sqrt{\frac{52+73}{55}}$ 的值。

```
X=(1/50-1/60)*34.78+20          && 表达式赋值给变量 X
Y=((52+73)/55)^0.5              && 表达式赋值给变量 Y
? X,Y                           && 系统主窗口显示：20.12   1.51
? SQRT( (52+73)/55)             && 系统主窗口显示：1.51
```

由此例可见，根式运算既可用表达式完成，也可以用 SQRT()函数完成。

2.4.2 字符表达式

字符表达式是由字符运算符将字符型数据对象连接起来进行运算的式子。字符运算的对象是字符型数据对象，运算结果是字符常量或逻辑常量。表 2-3 为字符运算符的功能。

表 2-3 字符运算符

运算符	功能	表达式举例	运算结果
+	串 1+串 2：两串顺序相连接	'12 '+'56'	'12 56'
-	串 1-串 2：串 1 尾空格移到串 2 尾后再顺序相连接	'12 '-'56'	'1256 '
$	串 1$串 2：串 1 是否为串 2 子串	'1234'$ 'a12345' '1234'$ '34512'	.T. .F.

“+”与“-”都是字符连接运算符，都将两字符串顺序连接，但“+”是直接连接，“-”则将串 1 尾部所有空格移到串 2 尾部后再连接；“$”运算实质上是比较两个串的包含关系，因此有些书籍中将其归于关系运算，其作用是比较、判断串 1 是否为串 2 的子串，如果串 1 是串 2 的子串，运算结果为“真”，否则为“假”。所谓子串，如果串 1 中所有字符均包含在串 2 中，且与串 1 中的排列方式与顺序完全一致，则称串 1 为串 2 的子串。

两个连接运算的优先级别相同，但高于$的比较运算。

【例 2-48】字符表达式的应用。

```
X='北京'                    && 字符串赋值
Y='大学'
? X+Y, X-Y                  && 系统主窗口显示：北京 大学  北京大学
?[123]$[ab123c],'123'$"ab1cd23",'123'$'321' && 系统主窗口显示：.T. .F. .F.
```

2.4.3 日期表达式

由日期运算符将一个日期型或日期时间型数据与一个数值型数据连接而成的运算式称为日期表达式。日期运算符分为“+”和“-”两种，其作用分别是在日期数据上增加或减少一个天数，在日期时间数据上增加或减少一个秒数。两个运算的优先级别相同。两个日期型数据相减，结果为两日期间的天数，两个日期时间型数据相减，结果为二者之间相差的秒数。

【例 2-49】日期型表达式的应用。

```
A = {10/01/02}                  && 日期常量赋值
B = {^2002-10-01 10:30:00}      && 日期时间常量赋值
?  A+5, A-5                     && 系统主窗口显示：10/06/02  09/26/02
?  B+10                         && 系统主窗口显示：10/01/02 10:30:10 AM
?  B-10                         && 系统主窗口显示：10/01/02 10:29:50 AM
```

2.4.4　关系表达式

由关系运算符连接两个同类数据对象进行关系比较的运算式称为关系表达式。关系表达式的值为逻辑值，关系表达式成立则其值为“真”，否则为“假”。关系运算符及其功能如表 2-4 所示。

表 2-4　关系运算符

运算符	功能	表达式举例	结果
<	小于	15<4*6	.T.
>	大于	'A' > '1'	.T.
=	等于	2+4 = 3*5	.F.
<>、#、!=	不等于	5 <> -10	.T.
<=	小于或等于	'abc' <= 'AB'	.F.
>=	大于或等于	{10-10-02}>={10/01/02}	.T.
==	字符串恒同	'abc'=='abcabc'	.F.

关系运算符的优先级别相同。关系表达式运算时，就是比较同类两数据对象的“大小”，对于不同类型的数据，其“大小”或者是值的大小，或者是先后顺序。日期或日期时间数据以日期或时间的先后顺序为序。在 Visual FoxPro 系统中，字符型数据的比较相对复杂，默认规则如下：

（1）单个字符。

单个字符的比较是以字符 ASCII 码的大小作为字符的“大小”，也就是先后顺序。

（2）字符串。

两个字符串进行比较的基本原则是从左到右逐个字符进行比较，但因系统相关设置状态不同，比较的结果与预期的不完全相同。

- 相等比较：用运算符＝进行两串比较时，或者到达右端串的末尾字符为止（当 SET EXACT OFF 时），或者当到达两串的末端为止（当 SET EXACT ON 时），以判断两串是否相等，系统默认为 SET EXACT OFF。
- 恒同比较：用运算符 ==进行两串的恒同比较时，不论 SET EXACT 的设置如何，只有当两串长度相同，字符相同，排列一致时才成立。
- 大小比较：用运算符<或>进行两串比较时，比较到第 1 个不相同字符为止，否则，长度较长的串较“大”。
- 其他比较：除上述运算符之外的其他运算符<>、<=和>=的比较，均可看作是两个运算符以逻辑“或”的关系构成的复合运算，即：<>相当于>或<；>=相当于>或=；<=相当于<或=，只要其中一个运算成立，运算即成立。
- SET ANSI 的影响：字符的比较运算还受 SET ANSI 设置的影响。当 SET ANSI ON 时，系统将在短串后加空格与长串的长度相等时进行比较；而当 SET ANSI OFF 时，短串不加空格，比较到短串结束为止。系统默认为 SET ANSI OFF。

（3）汉字。

系统默认按汉字的拼音排列汉字的顺序，也就是以汉字的拼音顺序比较“大小”，因此，汉字比较实质上是以字母的顺序进行比较，但 Visual FoxPro 系统可以设置汉字按笔画排列顺序，因而，汉字的“大小”就决定其笔画数的多少。

用菜单设置汉字排列顺序方式的操作步骤为：单击【工具】|【选项】命令，打开“选项”对话框，在“数据”选项卡的“排序序列”下拉列表框中选择 Stroke 项并单击“确定”按钮，系统将按汉字的笔画数进行汉字的排序、比较运算。

【例 2-50】字符型数据的关系表达式应用。

```
? 'abc'='1bc','abc'='a1b','abc'='ab1'  && 系统主窗口显示：.F.  .F.  .F.
A = 'abc'
B = A+A
? A<B,A=B,A>B,A<>B,A<=B,A>=B    &&系统主窗口显示：.T. .F. .F. .T. .T. .F.
? B<A,B=A,B>A,B<>A,B<=A,B>=A    &&系统主窗口显示：.F. .T. .F. .F. .T. .T.
SET EXACT ON
? A<B,A=B,A>B,A<>B,A<=B,A>=B    &&系统主窗口显示：.T. .F. .F. .T. .T. .F.
? B<A,B=A,B>A,B<>A,B<=A,B>=A    &&系统主窗口显示：.F. .F. .T. .T. .F. .T.
?  '丁一 '< 丁二'                 && 系统主窗口显示：.F.
 (将系统设置为按汉字笔画排序方式)
?  '丁一 '< 丁二'             && 系统主窗口显示：.T.
```

2.4.5 逻辑表达式

由逻辑运算符将逻辑型数据对象连接而成的式子称为逻辑表达式。逻辑表达式的运算对象与运算结果均为逻辑型数据。表 2-5 为逻辑运算符的功能。逻辑运算符前后一般要加圆点“.”标记，以示区别。

表 2-5 逻辑运算符

运算符	功能	优先级别
()	圆括号	最高
.NOT.或！	逻辑非	|
.AND.	逻辑与	|
.OR.	逻辑或	最低

对于各种逻辑运算，其运算规则可由逻辑运算真值表确定，表 2-6 所示就是逻辑运算真值表。

表 2-6 逻辑运算真值表

A	B	A .AND.B	A .OR. B	.NOT.A
.T.	.T.	.T.	.T.	.F.
.T.	.F.	.F.	.T.	.F.
.F.	.T.	.F.	.T.	.T.
.F.	.F.	.F.	.F.	.T.

在 Visual FoxPro 系统中，经常需要与一种特殊的“数据”空值 NULL（或.NULL.）打交

道。如数组变量定义而未赋值时，所有数组变量的默认值为 NULL，字段可根据需要允许或限制其取空值。空值对于逻辑运算的影响如表 2-7 所示。

表 2-7　NULL 值对逻辑运算的影响

逻辑运算	A=.T.	A=.F.	A=.NULL.
A .AND.　NULL	.NULL	.F.	.NULL.
A　.OR.　NULL	.T.	.NULL.	.NULL.
.NOT.　A	.F.	.T.	.NULL.

对于两个逻辑型数据，一般不用比较的方式来确定它们之间的关系，而是直接运用逻辑运算的方式进行处理。如对表中记录实施选择运算时，是用 FOR <条件>或 WHILE <条件>进行逻辑判断，其中<条件>就是一个关系表达式或逻辑表达式。对于以逻辑型字段进行逻辑判断的情况，一般不用关系表达式而直接用逻辑表达式。如“性别”是一个逻辑型字段，并约定“真”表示男性，“假”表示女性。那么判断某记录对应人员是否为男性，用 FOR 性别，而不用 FOR 性别=.T.，判断是否为女性，用 FOR .NOT. 性别，不用 FOR 性别=.F.。

【例 2-51】逻辑表达式的应用。

```
A = .T.
B = .F.
? A .AND. B,A .OR. B,.NOT. A, .NOT. B  && 系统主窗口显示：.F. .T. .F. .T.
? .NOT. A .AND. B .OR. B               && 系统主窗口显示：.F.
? .NOT. (A .AND. B) .OR. B             && 系统主窗口显示：.T.
? .NOT. A .AND. (B .OR. B)             && 系统主窗口显示：..F.
? .NOT.( A .AND. B .OR. B)             && 系统主窗口显示：.T.
? 1>2 , .NOT. 1>2                      && 系统主窗口显示：.F. .T.
? 1>2 .OR. 3+2<=10*7                   && 系统主窗口显示：.T.
```

在 Visual FoxPro 系统中进行数据操作、处理，大都要涉及到有关函数或表达式的运用，因此，对于函数和表达式的运用得当与否，在一定程度上反映了用户的应用水平，学习时需引起重视。

习题二

一、选择题

1．Visual FoxPro 的表中的字段是一种________。

A）常量　　B）变量　　C）函数　　D）运算符

2．Visual FoxPro 中的变量可以分为两类，它们分别是________。

A）内存变量和字段变量　　B）局部变量和全局变量

C）逻辑变量和日期变量　　D）字符型变量和数值型变量

3．备注型字段的数据内容存放在扩展名为________的文件中。

A）.FPT　　B）.DBF　　C）.MEM　　D）.TXT

4．可以比较大小的数据类型包括________。

A）数值型、字符型、日期型、逻辑型　B）数值型、字符型、日期型

C）数值型、字符型　D）数值型

5．在 Visual FoxPro 中，可以在同类数据之间进行减“-”运算的数据类型是________。

A）数值型、字符型、逻辑型　B）数值型、字符型、日期型

C）数值型、日期型、逻辑型　D）逻辑型、字符型、日期型

6．在 Visual FoxPro 中，内存变量的类型是________。

A）在使用内存变量前定义的　B）由变量名规定的

C）由数据输入语句决定的　D）赋值时决定的

7．Visual FoxPro 中使用的内存变量和字段变量分别存放于________中。

A）计算机主机和硬盘　B）内存储器和外存储器

C）外存储器和硬盘　D）内存储器和表

8．设 A="111"，B="222"，下列表达式值为假的是________。

A）.NOT. (A= =B) .OR. (A $ B)　B）.NOT. (B $ A) .AND. (A <> B)

C）.NOT. (A >= B)　D）.NOT. (A <> B)

9．设 A=[5*8+9]，B=6*8，C="6*8"，在下列表示形式中，只有________是合法表达式。

A）A+B　B）B+C　C）A+C　D）C−B

10．在下列 Visual FoxPro 表达式中，运算结果一定是逻辑值的是________。

A）字符表达式　B）数值表达式　C）关系表达式　D）日期表达式

11．下列表达式中不符合 Visual FoxPro 语法要求的是________。

A）04/05/99　B）T+t　C）1234　D）2X>15

12．假定已经执行了命令 M = [28+2]，再执行命令？ M，屏幕将显示________。

A）30　B）28+2　C）[28＋2]　D）30.00

13． 在下列表达式中，结果为真的是________。

A）"BEI" $ "BEIJING"　B）"BEI"　$ "BEFORE"

C）"BEFORE" $ "E"　D）"BEIJING" $ "BEI"

14．函数 CHR(65)的结果是________。

A）66　B）65　C）A　D）B

15．书写函数时除________外，都必须有圆括号。

A）宏代替函数　B）标准函数　C）自定义函数　D）字符函数

16．函数 SUBSTR("12345678",3,2)的结果是________。

A）23　B）34　C）12　D）6

17．打开一个空表， EOF()和 BOF()函数的结果是________。

A）.T.和.T.　B）.F.和.F.　C）.T.和.F.　D）不确定

二、填空题

1．数学表达式 $\sqrt{ab} + \ln x - e^x$ 对应的 Visual FoxPro 表达式是________。

2．在 Visual FoxPro 中，数据类型有________。

3．函数 VAL('A/7')和 ASC('NEXT')的结果分别________和________。

4．执行 k=[A=10]命令后，函数 TYPE(K)和 TYPE('K')的值分别是________和________；再执行 A=-10 命令后，上述两函数值分别是________和________。

5．函数 IIF((LEN(SPACE(3)))>2,1,-1)的值是________。

6．一个表达式中同时出现数值运算、逻辑运算、比较关系运算和函数时，各类运算的优先级由高到低的次序是________。

第 3 章　数据库的基本操作

设计一个数据库应用管理系统，首要的工作是确定所管理的对象，依据所管理的对象设计数据库文件。数据库文件是构成数据库应用管理系统的重要部分。

本章将以一个数据库文件为例，按照全国计算机等级考试大纲的要求，详细介绍建立数据库文件的步骤和方法以及对表的其他各种基本操作。其中表的建立，记录的添加、编辑、修改，表记录的排序、索引及查询是本章的重点，记录指针定位是本章的难点。

3.1　建立数据库与表

数据库的创建是开发与编辑数据库软件的基础。建立起一个数据库的基本框架是十分重要的。而表又是数据库的基础组成部分。是处理数据和建立关系型数据库及应用程序的基本单元。数据库是表的集合。从 Visual FoxPro 3.0 开始引入了真正意义上的数据库概念。把一个二维表定义为表，把若干个关系比较固定的表集中起来放在一个数据库中管理，在表间建立关系，设置属性和数据有效性规则使相关联的表协同工作。数据库文件具有.dbc 扩展名，其中可以包含一个或多个表、关系、视图和存储过程等。

一个 Visual FoxPro 表或.dbf 文件，能够存在以下两种状态之一：与数据库相关联的数据库表，与数据库不关联的自由表。二者的绝大多数操作相同且可以相互转换。相比之下，数据库表的优点要多一些。当一个表是数据库的一部分时，它就可以具有以下特性：

- 长表名和表中的长字段名
- 表中字段的标题和注释
- 默认值、输入掩码和表中字段格式化
- 表字段的默认控件类
- 字段级规则和记录级规则
- 支持参照完整性的主关键字索引和表间关系
- INSERT、UPDATE 或 DELETE 事件的触发器

3.1.1　建立数据库

建立数据库的方法有很多种，这里主要介绍其中的 3 种：命令方式、菜单方式和利用项目管理器方式。

1. 命令方式

【格式】CREATE DATABASE [<数据库文件名>|?]

【功能】建立一个新的扩展名为.DBC 的数据库文件并打开此数据库。

【说明】<数据库文件名>指定生成的数据库文件，若省略扩展名，则默认为.DBC，同时也自动建立相关联的数据库备注文件，扩展名为.DCT，关联的索引文件扩展名为.DCX。如果未指定数据库文件名或用“？”代替数据库名，Visual FoxPro 系统会弹出“创建”对话框，以

便用户选择数据库建立的路径和输入数据库名。保存后该数据库文件被建立，并且自动以独占方式打开该数据库。

现在用命令方式建立 student.dbc 数据库，其步骤如下：

（1）启动 Visual FoxPro 系统后，在系统命令窗口中输入：

```
Create database student
```

（2）按下回车键后，在默认路径下就建立了 student.dbc 数据库，光标回到命令窗口，在常用工具栏上出现当前数据库名。用 DISPLAY DATABASE 命令可以显示当前数据库的库名、路径、版本及表的信息，如图 3-1 所示。用 MODIFY DATABASE 命令可以打开数据库设计器，如图 3-2 所示。

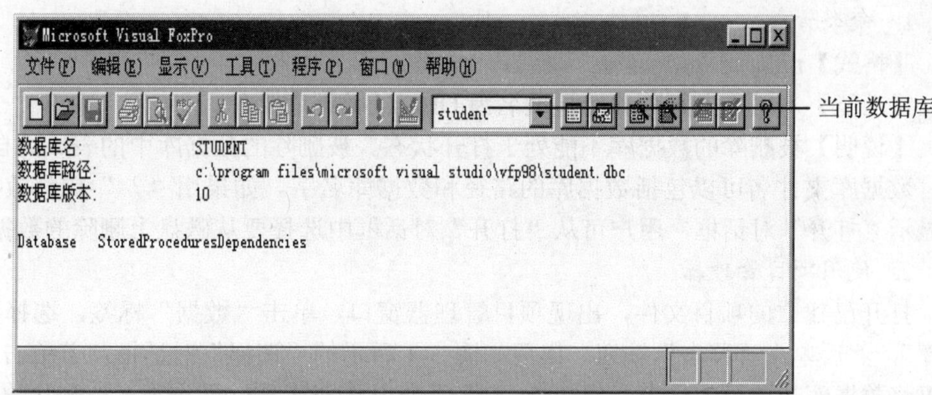

图 3-1　DISPLAY DATABASE 内容

图 3-2　数据库设计器

（3）将鼠标指向工具栏右击，选择“数据库设计器”，则窗口上会弹出如图 3-3 所示的“数据库设计器”工具栏，对数据库的常用操作都可以通过选择工具按钮来完成。

图 3-3　“数据库设计器”工具栏

2. 菜单方式

用菜单方式建立数据库的具体步骤如下：

（1）选择【文件】|【新建】，出现“新建”对话框。

（2）选择“数据库”单选按钮，再单击“新建文件”按钮，出现“创建”对话框。

（3）在“创建”对话框中输入文件名，单击“保存”按钮，系统自动打开数据库文件，并且将数据库设计器也自动打开。

3．利用项目管理器建立数据库

打开已建立的项目文件，出现项目管理器窗口，选择“数据”标签的“数据库”，然后单击“新建”按钮。出现新建数据库对话框，单击“新建数据库”按钮，出现“新建”对话框，选择数据库的路径并输入数据库名后单击“保存”按钮，完成数据库的建立，并打开该数据库设计器。

3.1.2 删除数据库

1．命令方式

【格式】DELETE DATABASE <数据库文件名 |? >

【功能】从磁盘上删除一个扩展名为.DBC 的数据库文件。

【说明】被删除的数据库不能处于打开状态。被删除的数据库中的表成为自由表。

数据库文件名可以包括数据库的路径和数据库名字。如果用“？”代替数据库文件名，将显示“打开”对话框，用户可从“打开”对话框中选择要从磁盘上删除的数据库的名字。

2．使用项目管理器

打开已建立的项目文件，出现项目管理器窗口，单击“数据”标签，选择要删除的“数据库”，然后单击“移去”按钮。出现如图 3-4 所示的“选择”对话框，若单击“移去”按钮则仅将数据库从项目中移去，若单击“删除”将从磁盘上删除数据库。被删除的数据库中的表成为自由表。

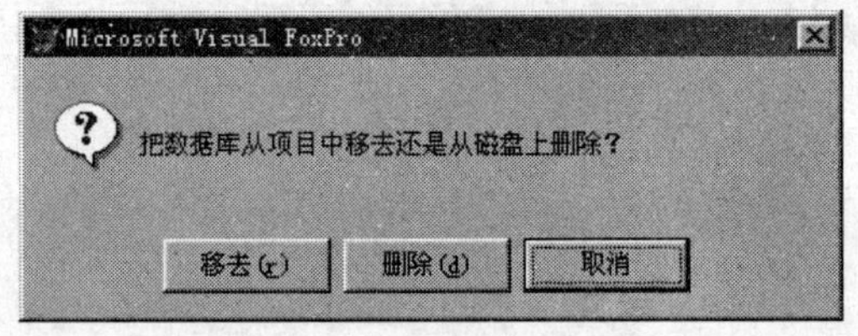

图 3-4 “选择”对话框

3.1.3 打开数据库

1．命令方式

【格式】OPEN DATABASE [<数据库文件名> | ?] [EXCLUSIVE|SHARED

【功能】将磁盘上一个扩展名为.DBC 的指定数据库文件打开。

【说明】打开一个数据库文件，同名的.DCT 相关的数据库备份文件与.DCX 相关的索引文件也一起被打开。

数据库打开后，在“常用”工具栏中可以看见当前正在使用的数据库名，同时当数据库设计器为当前窗口时，系统菜单上出现【数据库】菜单项。

<数据库文件名>：指定要打开的数据库名。如果用户省略<数据库文件名>或用“？”代替数据库名。系统会显示“打开”对话框。

EXCLUSIVE：以独占方式打开数据库，如果用户以独占模式打开数据库时，其他用户将

不可能访问它，并且如果试图访问它时，将会得到一错误信息。

SHARED：以共享模式打开数据库。如果用户以共享模式打开数据库时，其他用户也可以访问它。

如果用户没有使用 EXCLUSIVE 或 SHARED 时，当前的 SET EXCLUSIVE 设置将决定数据库的打开模式。

注意：在数据库被打开的情况下，它所包含的所有表可以使用。但是，表并没有被真正打开，用户要打开它，仍要用 USE 命令。

用户不能打开其他用户以独占方式打开的数据库。

2. 菜单方式

（1）选择【文件】|【打开】，出现“打开”对话框。

（2）选择数据库文件所在的文件夹，将文件类型选择为“数据库（.dbc）”。

（3）选择所要打开的数据库文件名，单击“确定”按钮。

3. 利用项目管理器打开数据库

打开已建立的项目文件，出现项目管理器窗口，选择“数据”标签，选择要打开的数据库名，然后单击“打开”按钮。

3.1.4　数据库的关闭

数据库文件操作完成后或暂时不用时，必须将其关闭，保存在外部存贮器中以确保数据的安全。关闭数据库文件有以下两种方式：

（1）命令方式。

【格式】`CLOSE [ALL|DATABASE]`

【功能】关闭当前打开的数据库。

【说明】ALL 用于关闭所有对象，如数据库、表、索引、项目管理器等。

DATABASE 关闭当前数据库和数据库表；如果当前没有打开的数据库，则关闭所有打开的自由表、工作区内所有的索引和格式文件。

（2）利用项目管理器关闭数据库。

打开已建立的项目文件，出现项目管理器窗口，选择“数据”标签，选择“数据库”下面需要关闭的数据库名，然后单击“关闭”按钮。在“常用”工具栏上的当前数据库下拉列表框中该数据库名消失，同时在项目管理器中“关闭”按钮变成“打开”按钮。

3.1.5　建立表结构

前面我们已经知道表有两种：数据库表和自由表。如果建表时数据库是打开的，则建立的表为当前数据库表，否则，建立自由表。

无论建立哪种表，其方法都相同。一个表由表结构和表记录两部分组成。表结构描述了数据存放形式以及存贮的顺序，确定了表的字段，就完成了对表结构的定义；表记录是表所要保存的数据主体，数据由记录组成，字段是构成记录的基本单元。建立一个表文件首先第一步就是建立表结构，然后再输入表记录。

建立表结构的方法有很多，在这里主要讲述 3 种方法：命令方式、菜单方式和使用项目管理器的方式。

1．命令方式

【格式】CREATE [<表文件名>｜?]

【功能】建立一个新的、扩展名为.DBF 的表文件。

【说明】<表文件名>指定生成的表文件名，若缺省扩展名，则默认为.DBF。

如果使用“？”或未指定表文件名，Visual FoxPro 系统会弹出“创建”对话框，以便用户输入表名。

现在用命令方式来建立本章所用的 stud.dbf 表。表内容如表 3-1 所示。

表 3-1 学生信息表（stud）

学号	姓名	性别	班级名	系别代号	地址	出生日期	是否团员	照片	备注
011110	李建国	男	计 0121	01	湖北武汉	09/28/84	.T.		
011103	李宁	女	电 0134	02	江西九江	05/06/85	.F.		
011202	赵娜	女	英 0112	03	广西南宁	02/21/84	.F.		
021204	孙亮	男	电 0134	02	湖南长沙	09/08/86	.T.		
011111	赵琳	女	计 0121	01	江苏南京	11/18/85	.T.		
021405	罗宇波	男	英 0112	03	江苏南通	12/12/85	.F.		

用命令方式建立表的具体步骤如下：

（1）如果没有打开 STUDENT 数据库，先打开它。如果创建自由表，该步可略去。

（2）在命令窗口中输入 CREATE STUD 后回车，系统打开“表设计器”对话框，如图 3-5 所示。

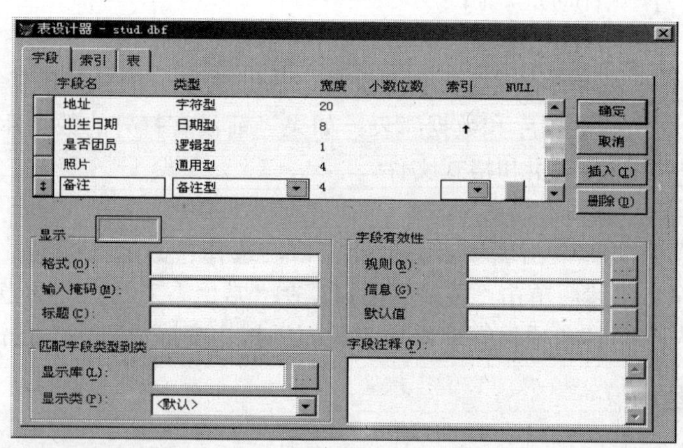

图 3-5 所定义的 stud.dbf 表结构

（3）在“字段名”文本框中输入第一个字段名“学号”，在“类型”下拉列表框中，选择字段的类型为字符型，在宽度输入框中输入 10 或单击右边的微调按钮至 10。

（4）将输入光标定位在第二个字段的字段名上，用同样的方法依次输入各个字段的字段名、类型、宽度和小数位数。

（5）将所有字段的参数确定好之后，单击“确定”或按快捷键 Ctrl+W 存盘。系统会 打开提示窗口，询问用户是否立即输入记录，选择“是”立即开始输入记录，选择“否”不输入记录，光标返回命令窗口，只建立表结构。

“表设计器”对话框中包含“字段”、“索引”、“表”3 个选项卡。

1）“字段”选项卡：适用于建立表结构，确定表中每个字段的字段名、字段类型、字段宽度和小数位数等。

● 字段名：是某字段的名字。在表中必须是惟一的，字段名必须以汉字、字母和下划线开头，由汉字、字母、数字和下划线组成，对于数据库表支持长字段名，字段名最多为 128 个字符，自由表不支持长字段名，字段名最多为 10 个字符。当数据库表转化为自由表时截去超长部分的字符。字段名不能使用系统的保留字。

● 类型：表示该字段中存放数据的类型。一个字段即二维表中的一列，其中的数据应具有共同的属性。若存放的是一些符号，不进行数值运算，则定义为字符型；若需要进行数值运算，则根据数值表示的实际意义，选择数值型、货币型、浮点型、双精度型、整型中的一种。对描述日期的字段，可根据需要定义为日期型或日期时间型。对取值只有两种情况，为“真”或为“假”的数据定义为逻辑型。若存储的字符超过 254 个，为节省存储空间可定义为备注型。若要保存图片或 OLE 对象，可定义为通用型。备注型和通用型字段的信息都没有直接存放在表文件中，而是存放在一个与表文件同名的.FPT 文件中。

● 宽度：表示该字段所允许存放数据的最大宽度，由数据的最大宽度决定，过大浪费存储空间，过小数据溢出。字符型字段的最大宽度为 254 个字符，数值型字段和浮点型字段的宽度为 20 位，逻辑型字段的宽度固定为 1，日期型字段的宽度固定为 8，通用型字段和备注型字段的宽度固定为 4。

● 小数位数：只对数值型字段和浮点型字符等数值类型有效，允许最大宽度为 20。在计算数值型字段和浮点型字段的宽度时，小数点本身也算作一个字符。数值型字段的小数位数由数据的精度决定位数。

若建立的是数据库表，则下面还有显示、字段有效性等框。

➢　字段的显示属性

● 格式：控制字段在浏览窗口、表单、报表等显示时的样式。格式字符及功能如表 3-2 所示。

表 3-2　字段的显示格式字符

字符	功能	字符	功能
A	字母字符，不允许空格和标点符号	R	显示文本框的格式掩码，但不保存到字段中
D	使用当前的 SET DATA 格式	T	删除前导空格和结尾空格
E	英国日期格式	!	字母字符转换成大写
K	光标移至该字段选择所有内容	^	用科学计数法表示数值数据
L	数值字段显示前导 0	$	显示货币符号

● 输入掩码：控制输入该字段的数据的格式。掩码字符及功能如表 3-3 所示。

● 标题：若表结构中字段名用的是英文，则可以在标题中输入汉字，这样显示该字段值时就比较直观了。没有设置标题，则将表结构中的字段名作为字段的标题。

表 3-3 字段的显示掩码字符

字符	功能	字符	功能
X	任意字符	*	左侧显示*
9	数字字符和+-号	.	指定小数点位置
#	数字字符、+-号和空格	,	用逗号分隔整数部分
$	指定位置显示货币符号	$$	货币符号与数字不分开显示

➢ 字段有效性

● 规则：限制该字段的数据的有效范围。如定义的“性别”字段为字符型，但性别只有“男”或“女”，则可以在选择“性别”字段时，在规则中输入：性别="男".OR.性别="女"。这样当给“性别”字段输入记录值时就只能输入“男”或“女”。

● 信息：当向设置了规则的字段输入不符合规则的数据时，就会将所设置的信息显示出来。

● 默认值：当向表中添加记录时，系统向该字段预置值。如大学生中大部分为男生，则可以在“性别”字段中输入默认值“男”。这样，输入记录时只有女生才需要改变默认值，可以减少输入。字段有效性的设置如图 3-6 所示。

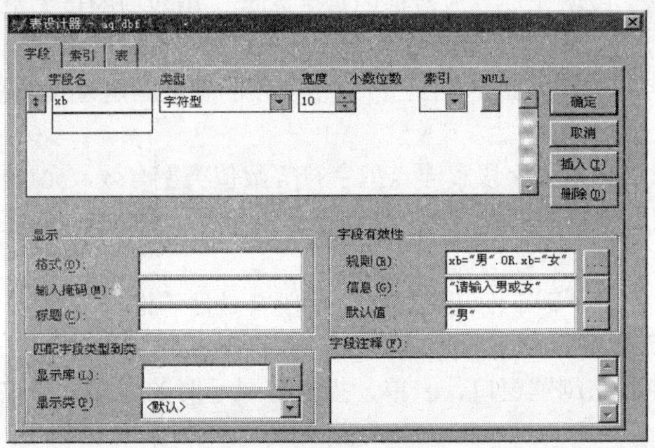

图 3-6 字段有效性的设置

2）表选项卡：字段选项卡上主要介绍的是字段属性，它控制了字段值的输入，表选项卡则对表的记录属性进行描述，控制记录数据。

在这里主要介绍记录有效性和触发器。

➢ 记录有效性

● 规则：指定记录的有效条件，满足该条件，数据才能输入到表中，它确定的是该记录各字段值之间的总体数据关系是否有错。

● 信息：当记录的数据不符合规则时，由系统显示给用户的提示信息。

➢ 触发器

当对记录进行操作时，若设置了触发器，则对触发器设置的条件表达式进行验证，若其值为真.T.，则允许进行相关操作，否则，拒绝操作。

● 插入触发器：当向表中插入或追加记录时，判断其表达式的值，为“真”允许插入或

追加，为“假”不允许插入或追加。

● 更新触发器：当要修改记录时，判断其表达式的值，为“真”允许修改，为“假”不允许修改。

● 删除触发器：当要删除表中记录时，判断其表达式的值，为“真”允许删除，为“假”不允许删除。

以上 3 类触发器也可以用相应的命令实现：

```
CREATE TRIGGER ON 表名 FOR INSERT AS 触发条件表达式
CREATE TRIGGER ON 表名 FOR UPDATE AS 触发条件表达式
CREATE TRIGGER ON 表名 FOR DELETE AS 触发条件表达式
```

2. 菜单方式

选择【文件】|【新建】，打开“新建”对话框，选择“表”，单击“新建文件”出现“创建”对话框，确定需要建立表的路径和表名，单击“保存”按钮后，出现如图 3-5 所示“表设计器”对话框。其他步骤同命令方式。

3. 用项目管理器新建表

打开已建立的项目文件，出现项目管理器窗口，选择“数据”选项卡中的“数据库”下的表，然后单击“新建”按钮。出现“新建表”对话框，选择“新建表”，出现“创建”对话框，确定需要建立表的路径和表名，单击“保存”按钮后，出现如图 3-5 所示的“表设计器”对话框。其他步骤同命令方式。

3.1.6　输入表记录

如果在刚建好表结构时，在系统提示是否立即输入记录的对话框中选择“是”可直接进入输入记录窗口。如果选择了“否”，再想输入表记录时就要以追加方式输入了。

现在以学生信息表（stud.dbf）为例，分别说明采用命令方式和菜单方式向表文件中输入记录的具体操作方法。

1. 命令方式

【格式】APPEND [BLANK]

【功能】在当前已打开表的末尾追加一条或多条记录。

【说明】BLANK：表示在表末尾追加一条空记录，并自动返回命令窗口，此时系统并不弹出编辑窗口。

命令方式输入表记录的具体步骤如下：

（1）在命令窗口输入命令：

```
USE STUD  &&打开表
APPE      &&或 EDIT
```

（2）回车后，显示如图 3-7 所示的记录输入窗口。

在此窗口中，用户可以输入每条记录各字段的数据。系统已将各字段的字段名列出，字段右边是一条蓝色区域或方框，用户可以在此位置输入数据。

输入记录时，如果输入的数据没有达到字段宽度，按回车键或向下光标键或 Tab 键结束该字段的输入，进入下一字段；如果输入的数据达到字段宽度，光标自动移动到下一字段起始位置，同时发出响声提醒用户，不需要再按回车键。

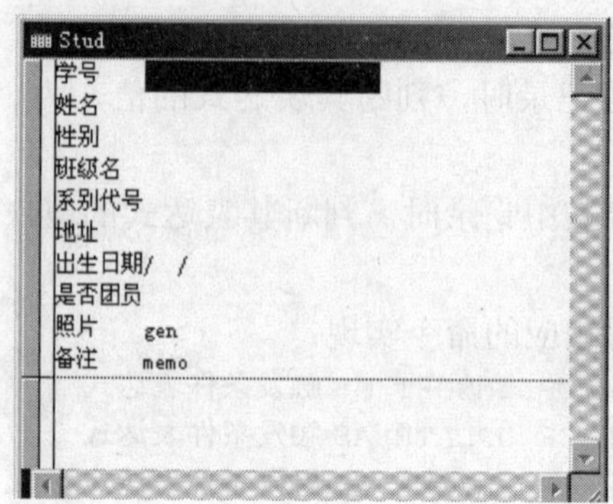

图 3-7 记录输入窗口

输入的数据必须与字段类型一致，否则系统将不接受。对于逻辑型字段，输入的数据应为 T、t、F、f、Y、y、N、n 这些有效的字符；对于日期型字段，系统具有 10 种格式，系统默认格式为美国格式“mm/dd/yy”，mm 表示月份，dd 表示日期，yy 表示年份，它们中间由“/”分隔，分隔符由系统自动提供，不需用户输入，输入的数字应在正常范围内；对于数字型字段，输入的应是正负号、数值和小数点。否则系统会响铃，并在屏幕下部显示出错原因，请求重新输入。

当表中含有通用型字段时，双击 gen 处或当光标在 gen 处时按 Ctrl+PgDn 键，进入另一空白录入画面以供用户利用链接和嵌入（OLE）技术编辑通用型字段，单击主菜单中的【编辑】|【插入对象】或【粘贴】，可以插入各类对象类型，如图 3-8 所示为在通用字段处嵌入一幅照片。最后按 Ctrl+W 键存盘返回；按 Esc 键不保存返回。存盘返回后，系统会将 gen 改写为 Gen，表示已输入通用型字段。

输入备注型字段时，双击 memo 处或当光标在 memo 处时按 Ctrl+PgDn 键，双击 memo 处，便进入另一屏空白画面供录入（如图 3-9 所示），此时可以输入大段的文字信息，当输入完后按 Ctrl+W 键存盘返回，按 Esc 键放弃存盘返回。存盘返回后，系统会将 memo 的首字母改写为大写的 Memo，表示该记录的备注型字段已输入备注型内容。

图 3-8 通用型字段编辑窗口

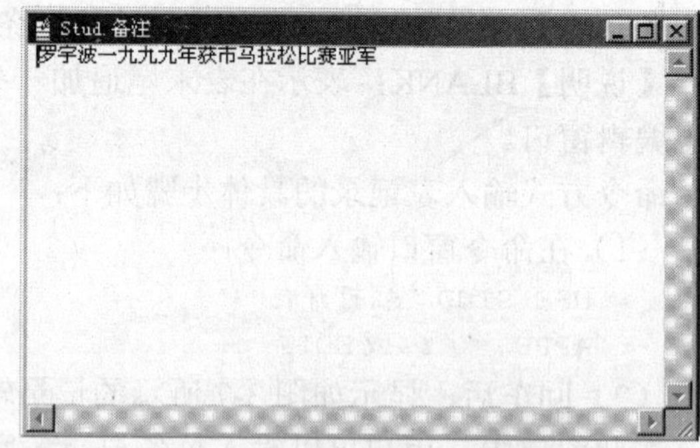

图 3-9 备注型字段编辑窗口

通用型字段和备注型字段信息被保存在.FPT 备注文件中，备注文件与表文件同名，如上述备注文件为 stud.fpt。

每输完一个字段，按 Tab 键、回车键或上下移动键跳到下一字段。

（3）当一条记录输入完成后，自动进入下一条记录输入状态，屏幕状态行显示的记录号递增 1。重复上述过程输入下一条记录，直至没有记录需要再输入为止，按 Ctrl+W 键将输入的数据保存到表文件中。

2. 菜单方式

使用菜单方式向学生成绩表 STUD.DBF 中录入记录数据，具体步骤如下：

（1）打开表 STUD.DBF。

（2）选择【显示】|【浏览】命令，系统弹出记录浏览窗口，显示当前表中的记录，同时系统主菜单中增加“表”菜单项。

（3）选择【表】|【追加新记录】命令，用户可以输入追加记录的各个字段，具体输入操作与命令输入方式相同，在此不再重复。

3.1.7　表的打开与关闭

1. 表的打开

表文件建好后，以文件的形式保存在磁盘上，在进行各种操作之前，首先必须打开表。打开表的过程实质上就是将表从磁盘调入内存，这样就可以对表中的数据进行各种操作。系统在任何时刻都只能对内存中的表进行访问。

（1）命令方式。

【格式】USE [[<盘符>][<路径>]<[数据库名!]表文件名 | ?>

【功能】打开指定磁盘的指定路径下的表和相关的索引文件。

【说明】<盘符>和<路径>：指定表文件所在的驱动器及路径，若省略盘符和路径参数，则打开当前盘、当前路径下的表文件。

[数据库名！]表文件名：指定打开指定数据库中的表文件。若未指定数据库名，则在当前数据库中查找，没有则在自由表中查找。两者同名，则打开数据库中的表。

如果表文件中含有通用型、备注型字段，同名的.FPT 文件也同时打开。

若不指定表文件名而使用“?”，系统会弹出“使用”对话框，以便用户指定打开表的文件名。

【例 3-1】打开在 E 盘 VFP 子目录中的 STUD.DBF 表。

```
USE E:\VFP\STUD
```

（2）用项目管理器。

在项目管理器中选中需要打开的表，选择“浏览”或“修改”都能直接打开表且进行浏览或修改，关闭浏览或修改窗口后，该表仍处于打开状态。

2. 表的关闭

表文件操作完成后，或暂时不用时，必须将其关闭，保存到外部存贮器中以确保数据的安全。关闭表就是将表文件从内存中调出，保存在磁盘上。关闭表文件有以下几种方式：

（1）打开另一个表文件。

如果工作区中已打开有表文件，当打开另一表文件时，系统将自动将先前打开的表文件关闭。

（2）使用不带任何选项的 USE 命令。

【格式】USE

【功能】关闭当前已打开的表文件。

（3）使用 CLEAR 命令。

【格式】CLEAR ALL

【功能】关闭所有工作区中已打开的表文件、索引文件、格式文件及备注文件等，同时释放所有的内存变量，并选择工作区 1 为当前工作区。

（4）使用 CLOSE 命令。

【格式 1】CLOSE ALL

【功能】关闭各种类型文件，并选择工作区 1 为当前工作区。

【格式 2】CLOSE DATABASES

【功能】关闭所有已打开的数据库文件、表文件、索引文件、格式文件及备注文件等，并选择工作区 1 为当前工作区。

（5）退出 Visual FoxPro 系统。

【格式】QUIT

【功能】退出 Visual FoxPro 系统，并关闭所有打开的文件，返回操作系统。

（6）在数据工作窗口中关闭。

在数据工作窗口中选择要关闭的表文件，然后单击“关闭”按钮，系统将关闭所选择的表文件。

3.1.8 表的删除

1. 删除自由表

【格式】DELETE FILE [表文件名|？]

【功能】将指定的表文件从磁盘上删除。

【说明】如果删除的表文件存在有与之相关的.fpt 备注文件和（.cdx 或.idx）索引文件，则同时删除这些文件。

删除一个表文件时，应保证该表文件是处于关闭状态的。

要删除的表文件如果不是在默认的路径下，则文件名应指明路径。

表文件名不能包含通配符。

若不指定文件名或使用“?”，系统会弹出“删除”对话框，选择要删除的表文件路径、文件类型及文件名后，单击“删除”按钮。

2. 删除数据库表

先将数据库表从数据库中移去，然后再用删除自由表的方法进行删除。

移去数据库表的命令如下：

【格式】REMOVE TABLE [表文件名|？][DELETE][RECYCLE]

【功能】从当前数据库中移去一个表。

【说明】表文件名：准备从数据库中移去的表文件名。

选择？将出现“移去”对话框，从中选择一个要从当前数据库中移去的表。

选择 DELETE 在移去数据库表的同时，从磁盘上删除。

选择 RECYCLE 在移去数据库表的同时，不会立即从磁盘上删除，而是放入回收站中。

3. 在项目管理器中删除表

在项目管理器中选中需要删除的表，单击“移去”按钮或选择主菜单中的【项目】|【移

去文件】命令，出现一个“选择”对话框，若“移去”按钮，则将表文件移出项目文件，若单击“删除”按钮，则将表文件从磁盘上删除。

3.2　表字段的基本操作

3.2.1　表结构的显示

在表的使用过程中，要经常查看表的结构和记录，以随时了解表的变化情况。

【格式】LIST | DISPLAY STRUCTURE [TO PRINT [PROMPT] | TO [FILE] [<文件名>]]

【功能】显示或打印当前表文件的结构。

在执行以上命令时，如果系统中没有已打开的表文件，系统提示输入文件名。用 LIST 命令，所有信息连续显示，信息较多时，屏幕停止在最后一屏；用 DISPLAY 命令，如果信息较多则分屏显示，敲任意键继续显示下一屏。

选项[TO PRINT [PROMPT]]决定信息输出到打印机，若选择参数[PROMPT]，则打印前会弹出“打印设置”对话框，以便用户设置有关打印参数；选项[TO [FILE] [<文件名>]]决定信息输出到文件，FILE 可忽略。如无任何选项，则默认输出到屏幕。

注意：在将信息输出到打印机或文件时，系统同时将信息输出到屏幕。

【例 3-2】显示表 STUD.DBF 的结构。

```
USE STUD
LIST STRUCTURE
```

系统主窗口显示如下运行结果：

```
表结构：     C:\PROGRAM FILES\MICROSOFT VISUAL STUDIO\VFP98\STUD.dbf
数据记录数：          6
最近更新的时间：      07/26/02
备注文件块大小：      64
代码页：              936
字段  字段名      类型      宽度    小数位    索引    排序    nulls
  1   学号        字符型     10      否
  2   姓名        字符型      8      否
  3   性别        字符型      2      否
  4   班级名      字符型     10      否
  5   系别代号    字符型      2      否
  6   地址        字符型     20      否
  7   出生日期    日期型      8      否
  8   是否团员    逻辑型      1      否
  9   照片        通用型      4      否
 10   备注        备注型      4      否
** 总计 **                   70
```

需要指出的是，最后一行显示出的记录字节数是所有字段宽度之和再加 1。这额外的一个字节是用来存放记录的删除标记“*”的。

3.2.2 表结构的修改

表结构的改变有时会引起表记录的变化，所以在一般情况下不要轻易进行修改。但在确实需要时也可以进行修改。无论进行何种修改，使用的命令都是一个。

1. 命令方式

【格式】`MODIFY STRUCTURE`

【功能】将当前已打开的表文件的表设计器打开进行修改。

【说明】要修改表结构必须要先打开需要修改结构的表文件。如果当前工作区中没有已打开的数据库，执行此命令时系统会弹出“打开”对话框，以便用户选择需要修改表结构的文件名及路径等信息，用户选择完成后，系统将弹出“表设计器”对话框。

主要有增加、修改、删除和移动几种操作。

（1）增加字段：将光标移至需要插入位置的字段上，单击“插入”按钮或按快捷键 Alt+I，在该位置上出现一个新字段，原位置以下的各字段均下移一行。确定增加字段的字段名、字段类型、字段宽度等参数，单击“确定”按钮即可。

（2）修改字段：将光标定位在需要修改的地方，编辑修改，完成后单击“确定”按钮即可。

（3）删除字段：将光标移至需删除的字段上，单击“删除”按钮或按快捷键 Alt+D，在该位置上的字段被删除，原位置以下各字段均上移一行。单击“确定”按钮即可。

（4）移动字段：将光标移至需要移动位置的字段上，用鼠标拖动字段名前的按钮，出现一个虚框，当虚框出现在目标位置上时松开鼠标，移动完成，单击“确定”按钮即可。

无论是何种修改，单击“确定”按钮后，由于表结构的变化要影响表记录数据，所以都会出现如图 3-10 所示的对话框。

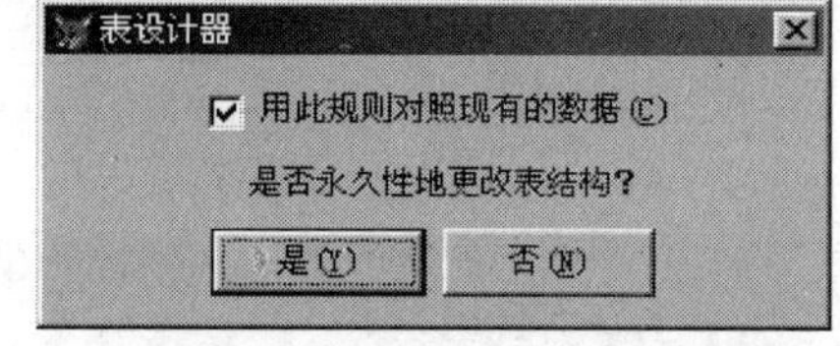

图 3-10 修改表结构的确定对话框

单击“是”，光标返回至命令窗口，修改有效，表记录中的数据根据新结构进行保存；单击“否”，不保留新的表结构，本次修改无效。

使用 MODIFY STRUCTURE 命令要注意以下几点：

- 执行 MODIFY STRUCTURE 命令时，Visual FoxPro 系统首先建立一个备份文件。表文件（.DBF）的备份文件的扩展名为.BAK，备注文件（.FPT）的备份文件的扩展名为.TBK，结构修改完成后，Visual FoxPro 再自动将备份文件中的数据添加到新修改的表的结构记录中。
- 在 MODIFY STRUCTURE 命令的执行期间，如果强行退出，有可能丢失数据。
- 如果同时修改字段名和它的类型，Visual FoxPro 将不能正确地送回原来的数据而造成数据的丢失。在这种情况下，应先修改字段名，退出 MODIFY STRUCTURE 并存盘，然后再使用该命令修改字段的类型。
- 如果在修改字段名的同时插入或删除了字段，会引起字段位置发生变化，有可能造成数据丢失。但是，在插入或删除字段的同时却可以修改字段的宽度或字段的类型，MODIFY STRUCTURE 将根据字段名正确地从备份文件中传送数据。

- 如果修改表结构完成后出现了数据丢失现象，或者对其不满意，可利用备份文件将表恢复到修改前的状态，方法是先将新的表文件删除掉，再将备份文件的扩展名.BAK 改为表文件扩展名.DBF，将备注备份文件扩展名.TBK 改为备注文件的扩展名.FPT。

2. 利用数据库设计器

在数据库设计器中选中需要修改的表文件，再选择主菜单中的【数据库】|【修改】命令，具体的修改方法同命令方式。

3. 利用项目管理器

在项目管理器中选中需要修改的表文件，再选择主菜单中的【项目】|【修改】命令或单击项目管理器中的“修改”按钮。

3.3　表记录的基本操作

3.3.1　表记录的显示

1. 命令方式

【格式】`LIST | DISPLAY [FIELDS <字段名表>][<范围>] [FOR<条件表达式>] [WHILE <条件表达式>][OFF][NOCONSOLE] [TO PRINTER [PROMPT] | TO FILE<文件名>]`

【功能】将当前表文件的记录按照指定的选项进行显示。

【说明】DISPLAY 命令与 LIST 命令的功能相似，数据的输出形式也完全相同，它们之间的不同之处主要在于：如果显示结果超过一屏，DISPLAY 每显示一屏就暂停一次，按任键显示下一屏，而 LIST 命令则不暂停，而是继续向前滚动显示。当表文件的数据记录较多时，用 DISPLAY 命令较为方便。

还有一点不同之处就是，如果同时缺省<范围>和 <条件>子句，DISPLAY 命令只显示当前的一条记录，而 LIST 命令则是取默认值 ALL 而显示全部记录。

FIELDS <字段名表>：用来指定显示的字段。

<范围>：用来指定显示哪些记录，“范围”有以下 4 种表示方法：

- ALL：所有记录。
- NEXT　N：从当前记录开始，后面的 N 条记录（包括当前记录）。
- RECORD N：第 N 条记录。
- REST：当前记录后的全部记录（包括当前记录）。

FOR<条件表达式>：指定对表文件中指定范围内满足条件的记录进行操作。

WHILE<条件表达式>：也是指定对表文件中指定范围内满足条件的记录进行操作，但是，当第一次遇到不满足条件的记录时，停止继续往后搜索。

WHILE<条件表达式>若与 FOR<条件表达式>同时使用，则 WHILE 项优先；若两者都不选用，则显示<范围>中指定的全部记录。

OFF：表示不显示记录号；若不选此项，则在各记录前显示记录号。

NOCONSOLE：表示禁止输出到桌面、Visual FoxPro 主窗口和活动的用户自定义窗口。

TO PRINTER [PROMPT] | TO FILE<文件名>：将信息输出到打印机或文件。

【例 3-3】显示表 STUD.DBF 的全部记录。

```
USE STUD
LIST                              && 或 LIST ALL 或 DISPLAY ALL
```

系统主窗口显示如下运行结果：

记录号	学号	姓名	性别	班级名	系别代号	地址	出生日期	是否团员	照片	备注
1	011110	李建国	男	计 0121	01	湖北武汉	1984-9-28	.T.	gen	memo
2	011103	李宁	女	电 0134	02	江西九江	1985-5-6	.F.	gen	memo
3	011202	赵娜	女	英 0112	03	广西南宁	1984-2-21	.F.	gen	memo
4	021204	孙亮	男	电 0134	02	湖南长沙	1986-9-8	.T.	gen	memo
5	011111	赵琳	女	计 0121	01	江苏南京	1985-11-18	.T.	gen	memo
6	021405	罗宇波	男	英 0112	03	江苏南通	1985-12-12	.F.	Gen	Memo

【例 3-4】显示男生的记录。

```
USE STUD
DISPLAY FOR 性别='男' FIELDS 学号,姓名,性别,班级名,系别代号
```

系统主窗口显示如下运行结果：

记录号	学号	姓名	性别	班级名	系别代号
1	011110	李建国	男	计 0121	01
4	021204	孙亮	男	电 0134	02
6	021405	罗宇波	男	英 0112	03

【例 3-5】显示表 STUD.DBF 中所有记录的学号、姓名和性别。

```
USE STUD
LIST FIELDS 学号, 姓名, 性别
```

系统主窗口显示如下运行结果：

记录号	学号	姓名	性别
1	011110	李建国	男
2	011103	李宁	女
3	011202	赵娜	女
4	021204	孙亮	男
5	011111	赵琳	女
6	021405	罗宇波	男

【例 3-6】显示 STUD.DBF 中 1985 年出生的同学的学号、姓名、性别及出生日期。

```
USE STUD
LIST FIELDS 学号,姓名,性别,出生日期 FOR YEAR(出生日期)=1985
```

系统主窗口显示如下运行结果：

记录号	学号	姓名	性别	出生日期
2	011103	李宁	女	1985-5-6
5	011111	赵琳	女	1985-11-18
6	021405	罗宇波	男	1985-12-12

【例 3-7】显示首记录之后 3 条记录中的学号、姓名、性别和出生日期字段，不显示记录号。

```
USE STUD
LIST FIELDS 学号, 姓名, 性别,出生日期 NEXT 3 OFF
```

系统主窗口显示如下运行结果：

```
学号        姓名      性别      出生日期
011110      李建国     男       1984-9-28
011103      李宁       女       1985-5-6
011202      赵娜       女       1984-2-21
```

2. 菜单方式

（1）打开表。

（2）选择【显示】|【浏览】命令，系统弹出记录浏览窗口，显示当前表中的记录。这时还可以选择【显示】|【浏览】或【编辑】来改变显示方式。

3. 利用项目管理器

在项目管理器中，选择需要显示的表文件，单击“浏览”按钮或选择主菜单中的【项目】|【浏览】命令，系统弹出记录浏览窗口，显示当前表中的记录。

3.3.2　记录指针的定位

记录号用于标识数据记录在表文件中的物理顺序。

记录指针是一个指示器，它始终指向当前表文件中正在进行操作处理的那条记录，此记录被称为当前记录。如果要对某条记录进行处理，必须移动记录指针，使其指向该记录。在任意时刻指针只能指向惟一的一条记录。

记录指针定位是指将指针指向表文件内待操作的记录。对记录进行修改、删除等操作时，记录指针必须指向该记录。

记录指针定位有绝对定位、相对定位和查询定位 3 种。在这里暂时只讲前两种，查询定位在讲到查询时再详细介绍。

1. 绝对定位

【格式】[GO | GOTO] <[RECORD] <数值表达式 1> [IN <数值表达式 2> | IN <字符表达式>]

【功能】将记录指针绝对定位到<数值表达式 1>指定的记录上。

<数值表达式 1>：记录的物理记录号。

IN <数值表达式 2> | IN <字符表达式>：指定操作表所在的工作区；若缺省，则对当前工作区表操作。工作区的概念在后面再详细介绍。

绝对定位与是否打开索引文件没有关系。

【例 3-8】绝对定位命令的用法。

```
USE STUD
GOTO 2
? RECNO()                          && 系统主窗口显示为 2
 GO 3
? RECNO()                          && 系统主窗口显示为 3
4
? RECNO()                          && 系统主窗口显示为 4
```

2. 相对定位

【格式 1】SKIP [<数值表达式 1>] [IN <数值表达式 2> | <字符表达式>]

【功能】记录指针从当前记录向前（或向后）移动若干个记录。

【说明】<数值表达式 1>：表示移动的记录个数。若数值表达式的值为负值，表示向前移动记录；否则，表示向后移动记录。如果缺省此项，则表示向后移动 1 个记录。

如果记录指针已经移过文件的最后一个记录，则 RECNO()函数返回的值等于文件中的记录总数加 1，EOF()函数返回逻辑真（.T.）值。

【格式 2】`GO|GOTO <|TOP | BOTTOM>`

【功能】将记录指针移动到表文件的首记录或尾记录。

TOP：将记录指针移动到表文件的首记录。

BOTTOM：将记录指针移动到表文件的最后一条记录。

相对定位与是否打开索引文件有关。如果打开了索引，则记录指针按索引文件中的顺序移动，否则按表文件中的物理顺序移动。

【例 3-9】相对定位的用法。

```
USE STUD
SKIP 4
? RECNO()                      && 系统主窗口显示为 5
SKIP -3
? RECNO()                      && 系统主窗口显示为 2
SKIP 8                         && 超出了记录总数 6
? RECNO()                      && 系统主窗口显示为 7
? EOF()                        && 系统主窗口显示为.T.，表示记录指针指向文件尾部
index on 学号 to stud
go top                         && 系统主窗口显示为 2
```

3.3.3　删除记录

表记录的删除也是表维护的一项经常性的工作，因为删除意味着数据的消失，所以对记录的删除操作要比较慎重，删除可分为逻辑删除和物理删除两种操作。逻辑删除还可以恢复，而物理删除则不可恢复。

1. 逻辑删除记录

逻辑删除就是给指定的记录作删除标记“*”。

（1）命令方式。

【格式】`DELETE [<范围>] [FOR <条件>] [WHILE <条件>]`

【功能】对当前表中指定范围内满足条件的记录作删除标记“*”。

【说明】DELETE 命令仅仅是在要删除的记录前加上一个删除标记“*”，并不是真正地从表文件中将该记录删除掉。可以用 LIST 或 DISP 命令显示带删除标记的记录。

<范围>、FOR<条件>、WHILE<条件>等各项选项意义同前；如果同时缺省<范围>和 <条件>子句，则仅仅删除当前的记录。

【例 3-10】删除 STUD.DBF 中所有男同学的记录。

```
USE STUD
DELETE FOR 性别="男"
LIST FIELDS 学号,姓名,性别,班级名,系别代号,地址,出生日期,是否团员
```

系统主窗口显示结果如下：

记录号　学号　　姓名　性别　班级名　系别代号　地址　　出生日期　　是否团员

```
1 *011110   李建国   男   计 0121   01   湖北武汉   1984-9-28    .T.
2  011103   李宁     女   电 0134   02   江西九江   1985-5-6     .F.
3  011202   赵娜     女   英 0112   03   广西南宁   1984-2-21    .F.
4 *021204   孙亮     男   电 0134   02   湖南长沙   1986-9-8     .T.
5  011111   赵琳     女   计 0121   01   江苏南京   1985-11-18   .T.
6 *021405   罗宇波   男   英 0112   03   江苏南通   1985-12-12   .F.
```

（2）菜单方式。

利用菜单方式逻辑删除记录的具体操作步骤如下：

1）打开表文件。

2）选择【显示】|【浏览】命令，系统弹出记录浏览窗口，显示当前表中的记录。主菜单上增加【表】菜单项。

3）选择【表】|【删除记录】命令，出现如图 3-11 所示的“删除”对话框。

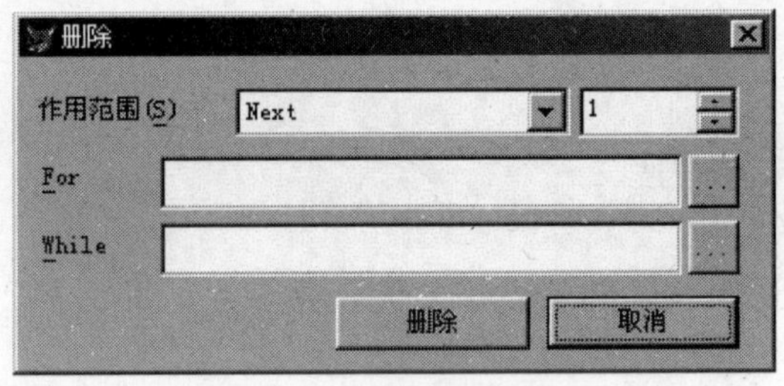

图 3-11　“删除”对话框

4）单击“删除”对话框中 For 文本框后的按钮或 While 文本框后的按钮，系统弹出表达式生成器，用户可以在表达式框中输入一个逻辑表达式，如性别="男"，单击“确定”按钮完成条件表达式的输入。

5）在“作用范围”下拉列表框中选择范围，如 ALL。

6）单击“删除”对话框中的“删除”按钮，系统将完成对指定范围内满足指定条件的记录的逻辑删除。

【例 3-11】利用菜单方式删除 STUD.DBF 表中的计 0121 班所有学生记录。

打开 STUD.DBF 表文件，按上述步骤，选择范围为 All，For 条件表达式为：班级名="计 0121"，然后单击“删除”按钮完成指定记录的逻辑删除。

```
LIST 学号,姓名,班级名
```

系统主窗口显示如下运行结果：

```
记录号   学号       姓名     班级名
  1     *011110    李建国   计 0121
  2      011103    李宁     电 0134
  3      011202    赵娜     英 0112
  4      021204    孙亮     电 0134
  5     *011111    赵琳     计 0121
  6      021405    罗宇波   英 0112
```

2. 隐藏逻辑删除记录

【格式】SET DELETED ON | OFF

【功能】将表文件中已逻辑删除的记录隐藏，就像真正删除了一样。

【说明】表文件中被逻辑删除的记录只是在该记录上加一个删除标记，当 SET DELETED 设置为 OFF 时，对该表文件的各种操作，对被删除的记录同样有效。当 SET DELETED ON 时，可使对表文件中数据的各种操作，一般均不包括有删除标记的记录，但下列情况例外：命令的记录范围是当前记录或 RECORD(n) 时；INDEX 或 REINDEX 命令不受 SET DELETED 的影响，始终处理带删除标记的记录。

SET DELETED 的默认状态是 OFF。

【例 3-12】隐藏上题中 STUD.DBF 的标记删除记录。

```
USE STUD
SET DELETED ON
LIST 学号,姓名
```

系统主窗口显示运行结果如下：

记录号	学号	姓名
2	011103	李宁
3	011202	赵娜
4	021204	孙亮
6	021405	罗宇波

3. 恢复逻辑删除记录

恢复逻辑删除是将被逻辑删除的记录恢复为正常记录，即去掉“*”号。

（1）命令方式。

【格式】`RECALL [<范围>] [FOR <条件>] [WHILE <条件>][NOOPTIMIZE]`

【功能】将当前表文件中指定范围内满足条件的已作删除标记“*”的记录恢复，即去掉这些删除记录的删除标记，使之成为正常记录。

【说明】RECALL 命令与 DELETE 命令相对应，它可以去掉已被逻辑删除的记录的删除标记“*”。

<范围>、FOR<条件>、WHILE<条件>等各项选项意义同前；如果同时缺省<范围>和 <条件>子句，则仅仅恢复当前记录。

【例 3-13】恢复 STUD.DBF 中删除的所有记录。

```
USE STUD
RECALL ALL
LIST
```

系统主窗口显示如下运行结果：

记录号	学号	姓名	性别	班级名	系别代号	地址	出生日期	是否团员	照片	备注
1	011110	李建国	男	计 0121	01	湖北武汉	1984-9-28	.T.	gen	memo
2	011103	李宁	女	电 0134	02	江西九江	1985-5-6	.F.	gen	memo
3	011202	赵娜	女	英 0112	03	广西南宁	1984-2-21	.F.	gen	memo
4	021204	孙亮	男	电 0134	02	湖南长沙	1986-9-8	.T.	gen	memo
5	011111	赵琳	女	计 0121	01	江苏南京	1985-11-18	.T.	gen	memo
6	021405	罗宇波	男	英 0112	03	江苏南通	1985-12-12	.F.	Gen	Memo

（2）菜单方式。

利用菜单方式恢复逻辑删除的记录的具体操作步骤如下：

1）打开表文件。

2）选择【显示】|【浏览】命令，系统弹出记录浏览窗口，显示当前表中的记录。主菜单上增加【表】菜单项。

3）选择【表】|【恢复记录】命令，出现类似图 3-11 所示的对话框。其他操作与“删除”对话框的操作相同。

4. 物理删除记录

物理删除是将当前表文件中被逻辑删除的记录全部清除。

（1）命令方式。

【格式】PACK [MEMO][DBF]

【功能】将当前表文件中所有带删除标记“*”的记录全部真正地删除掉。

【说明】若选用 MEMO 选项，PACK MEMO 将压缩与表文件同名的备注文件中的无用空间，但并不删除表文件中作了删除标记的记录。

若选用 DBF 选项，而不用 MEMO 选项，则只删除表文件中作了删除标记的记录，而不压缩相应的备注文件。

若不带任何选项，PACK 命令将删除数据库文件中作了删除标记的记录，同时压缩相应的备注文件。

注意：执行该命令后被删除的记录将不能被恢复，因此使用时应特别小心。

【例 3-14】将 STUD.DBF 中的学号为“021405”的记录进行物理删除。

```
USE STUD
DELETE FOR 学号="021405"
PACK
LIST
```

系统主窗口显示如下运行结果：

记录号	学号	姓名	性别	班级名	系别代号	地址	出生日期	是否团员	照片	备注
1	011110	李建国	男	计 0121	01	湖北武汉	1984-9-28	.T.	gen	memo
2	011103	李宁	女	电 0134	02	江西九江	1985-5-6	.F.	gen	memo
3	011202	赵娜	女	英 0112	03	广西南宁	1984-2-21	.F.	gen	memo
4	021204	孙亮	男	电 0134	02	湖南长沙	1986-9-8	.T.	gen	memo
5	011111	赵琳	女	计 0121	01	江苏南京	1985-11-18	.T.	gen	memo

注意：最后一条记录被物理删除，为了以后的练习，可以再次追加该条记录。

（2）菜单方式。

利用菜单方式物理删除表记录的具体步骤如下：

1）打开表文件。

2）选择【显示】|【浏览】命令，系统弹出记录浏览窗口，显示当前表中的记录。主菜单上增加【表】菜单项。

3）选择【表】|【彻底删除】命令，出现如图 3-12 所示的“确认”对话框。

4）单击“是”按钮，完成物理删除过程。

注意：用户也可以在 EDIT、CHANGE、BROWSE 窗口中，按 Ctrl+T 键对当前记录作（或取消）删除标记，也可以单击记录最左边的删除标记栏作（或取消）删除标记。

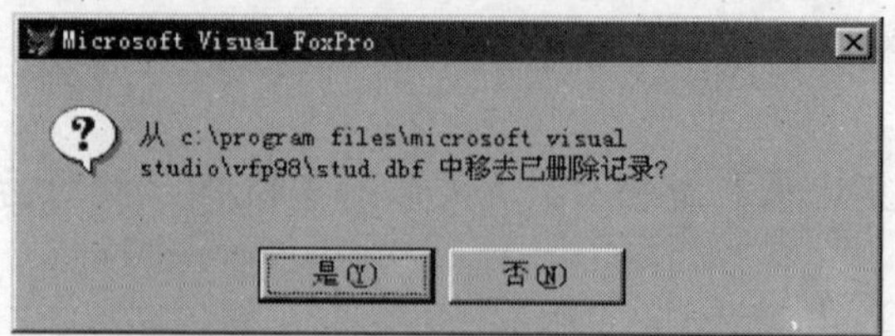

图 3-12　物理删除提示窗口

5. 删除全部记录

【格式】ZAP

【功能】将当前打开的表文件中的所有记录完全删除掉。

【说明】执行该命令之后，将只保留表文件的结构，而不再有任何数据存在。这种删除无法恢复，因此，为防止用户发生错误操作而删除有用的表文件记录，执行该命令时，系统会弹出如图 3-13 所示 ZAP 提示窗口，以确认是否删除全部记录，单击“是”按钮清除所有记录，单击“否”按钮放弃 ZAP 操作。

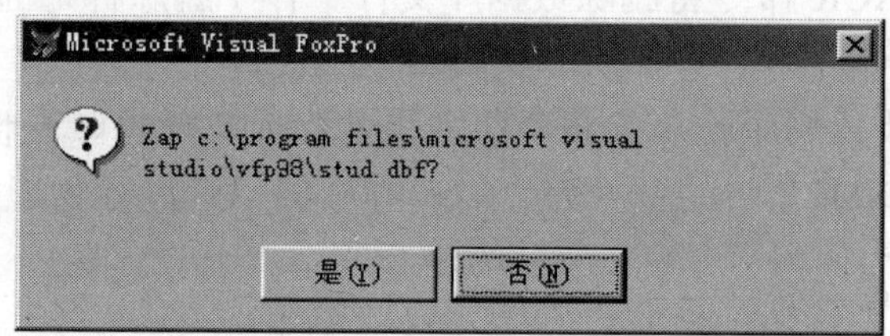

图 3-13　ZAP 提示窗口

3.3.4　修改记录

在表的使用维护过程中，有大量的工作是对数据记录的修改、编辑与更新，通常可以采用编辑修改、浏览修改和替换修改 3 种方式。

1. 编辑修改

【格式】EDIT / CHANGE [FIELDS <字段名表>] [<范围>] [FOR <逻辑表达式 1>] [WHILE <逻辑表达式 2>]

【功能】按照给定条件编辑修改当前打开的表文件的记录。

【说明】系统执行此命令后，弹出如图 3-14 所示的 Edit（或 Change）编辑修改窗口。

用户可以利用编辑键对相应的记录内容进行编辑。对于备注型字段和通用型字段，可先将光标移到该字段上，然后按 Ctrl+PgDn 键或双击此字段，即弹出备注型字段或通用型字段编辑窗口，编辑完成后按 Ctrl+W 键或双击窗口左上角图标，保存修改并退回至数据记录编辑窗口；若按 Esc 键则放弃修改并退回至数据记录编辑窗口。

数据记录编辑完成后，按 Ctrl+W 键或 Ctrl+End 键或双击该窗口左上角图标，即将编辑修改结果存盘并返回命令窗口；若按 Esc 键则放弃修改并返回至命令窗口。

该命令的各项可选项的含义如下：

[FIELDS <字段名表>]：若选择此选项，则只列出字段名表中的字段，且显示顺序同字段名表中的顺序；若未选择此选项，将显示表中的所有字段，显示顺序同表中的字段顺序。

[<范围>]：若未选择此选项，则 EDIT/CHANGE 命令的范围为全部记录。

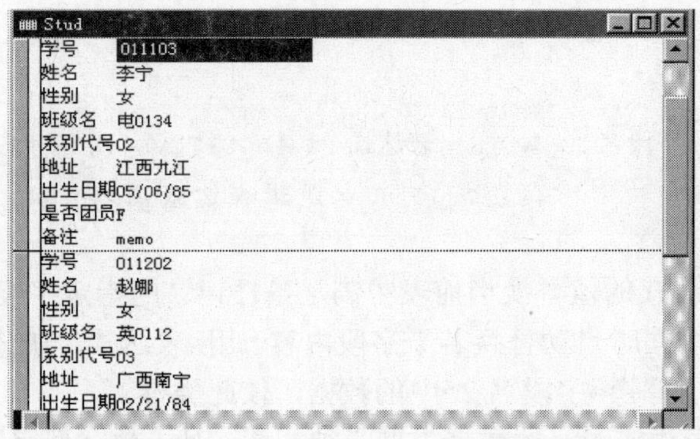

图 3-14　Edit（或 Change）编辑修改窗口

[FOR <逻辑表达式 1>]和[WHILE <逻辑表达式 2>]：同前面其他命令所述，在此不再重复叙述。

【例 3-15】修改 STUD.DBF 中计 0121 班学生的学号、姓名和性别等信息。

```
USE STUD
EDIT FIELDS 学号,姓名,性别 FOR 班级名="计 0121"
```

全部修改完毕，使用 Ctrl+End 键或 Ctrl+W 键保存所有修改的结果。

2. 浏览修改

（1）命令方式。

【格式】BROWSE [FIELDS <字段名表>] [FOR <逻辑表达式 1>]

【功能】显示当前表的记录内容，以供编辑修改。

【说明】系统执行 BROWSE 命令后，弹出如图 3-15 所示的 Browse 编辑窗口，用户可以用编辑键进行编辑修改，其编辑方法同 EDIT 命令和 CHANGE 命令。编辑结束后，按 Ctrl+W 或 Ctrl+End 键存盘退出 Browse 编辑窗口，或者按 Ctrl+Q 键或 Esc 键放弃存盘退出 Browse 窗口。

学号	姓名	性别	班级名	系别代号	地址	出生日期	是否团员	照片	备注
011110	李建国	男	计0121	01	湖北武汉	09/28/84	T	gen	memo
011103	李宁	女	电0134	02	江西九江	05/06/85	F	gen	memo
011202	赵娜	女	英0112	03	广西南宁	02/21/84	F	gen	memo
021204	孙亮	男	电0134	02	湖南长沙	09/08/86	T	gen	memo
011111	赵琳	女	计0121	01	江苏南京	11/18/85	T	gen	memo
021405	罗宇波	男	英0112	03	江苏南通	12/12/85	F	Gen	Memo

图 3-15　Browse 编辑修改窗口

BROWSE 命令的功能很强，有兴趣的同学可以查找有关书籍或在线帮助。

（2）菜单方式。

利用菜单方式进行浏览修改的操作步骤如下：

1）打开表。

2）选择【显示】|【浏览】命令，系统弹出记录浏览窗口。

3）在编辑修改窗口中编辑修改数据内容，完成后按 Ctrl+W 键存盘退出 Browse 窗口。

3. 替换修改

（1）命令方式。

【格式】
```
REPLACE <字段名 1> WITH <表达式 1> [ADDITIVE][, <字段名 2> WITH <表达式 2>
[ADDITIVE]] … [<范围>][FOR <逻辑表达式 1>] [WHILE <逻辑表达式 2>]
[NOOPTIMIZE]
```

【功能】用指定表达式的值替换当前表中满足条件记录的指定字段的值。

【说明】此命令可以同时自动替换若干字段内容。用<表达式 1>的值替换<字段名 1>中的数据，用<表达式 2>的值替换<字段名 2>中的数据，依此类推。

<字段名 N> 和 <表达式 N> 的数据类型必须相同。对于数字型字段，当<表达式 N>的值大于字段宽度时，将截去小数点部分，并对小数部分作四舍五入运算；如果结果仍然放不下，则采用科学计数法，但数值的精度会有所降低；如果还放不下，则将该字段的内容用星号“*”替换，表示溢出。

ADDITIVE：此选项仅在替换备注型字段时才使用，表示将表达式的值追加在原备注字段内容之后。缺省此选项，用表达式的值替换原备注字段内容。

如果同时缺省<范围>和<条件>子句，则 REPLACE 命令只对当前记录进行修改。

【例 3-16】修改 STUD.DBF 中的“学号”字段数据。

```
USE STUD
REPLACE 学号 WITH "20"+学号 ALL
LIST FIELDS 学号,姓名,性别,班级名
```

系统主窗口显示如下运行结果：

记录号	学号	姓名	性别	班级名
1	20011110	李建国	男	计 0121
2	20011103	李宁	女	电 0134
3	20011202	赵娜	女	英 0112
4	20021204	孙亮	男	电 0134
5	20011111	赵琳	女	计 0121
6	20021405	罗宇波	男	英 0112

若将修改后的学号改正过来：

```
REPLACE 学号 WITH SUBS(学号,3,6) ALL
LIST FIELDS 学号,姓名,性别,班级名
```

系统主窗口显示如下运行结果：

记录号	学号	姓名	性别	班级名
1	011110	李建国	男	计 0121
2	011103	李宁	女	电 0134
3	011202	赵娜	女	英 0112
4	021204	孙亮	男	电 0134
5	011111	赵琳	女	计 0121
6	0021405	罗宇波	男	英 0112

（2）菜单方式。

利用菜单方式实现替换修改时，其具体操作步骤如下：

1）打开表文件，选择【显示】|【浏览】命令。

2）选择【表】|【替换字段】命令，弹出图 3-16 所示的“替换字段”对话框。

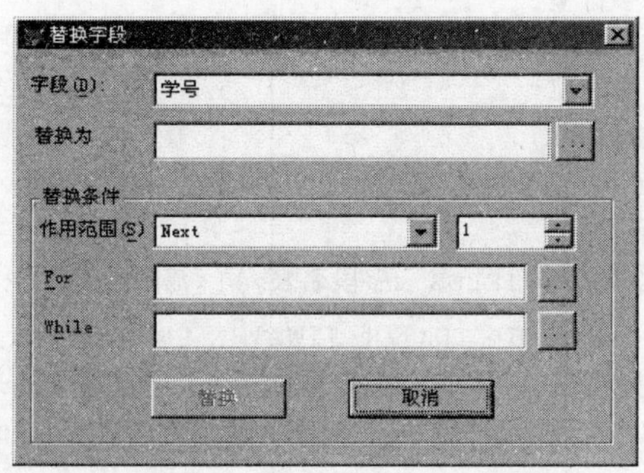

图 3-16　“替换字段”对话框

3）单击字段下拉按钮选择要进行替换操作的字段名，在“替换为”显示栏中输入替换表达式，再选择“替换条件”显示框中的范围、条件。

4）单击“替换”按钮，系统将自动完成替换操作。

3.3.5　表的复制

1. 表结构的复制

【格式】COPY STRUCTURE TO <文件名> [FIELDS <字段名表>][[WITH] CDX | [WITH] PRODUCTION]

【功能】复制当前表文件的结构作为新表文件的结构。

【说明】命令执行前，需复制的表文件必须是打开的（否则系统会弹出“打开”对话框请求输入表文件名），执行后，生成的新表文件只有结构。

FIELDS 选项中<字段名表>确定新表文件结构的字段名，<字段名表>中的字段必须是原表文件中具有的字段名。若省略该选项，则原样复制当前表文件的结构。新表文件名不能与被复制的当前表文件同名。

选项[WITH] CDX 和[WITH] PRODUCTION 的功能是相同的，当原表文件中有一个结构索引文件时，可以使用这两项中的任一项，该命令会自动为新表文件建一个结构复合索引文件，它与原结构索引文件有相同的标识和索引表达式。

【例 3-17】用复制命令将 STUD.DBF 中的学号、姓名、性别、出生日期等 4 个字段构成一个新表文件 STUD1.DBF 的结构。

```
USE STUD
COPY STRUCTURE TO STUD1 FIELDS 学号,姓名,性别,出生日期
USE STUD1
LIST STRUCTURE
```

系统主窗口将显示如下结果：

```
表结构:         C:\PROGRAM FILES\MICROSOFT VISUAL STUDIO\VFP98\STUD1.dbf
数据记录数:     0
最近更新的时间:  07/26/02
代码页:         936
```

字段	字段名	类型	宽度	小数位	索引	排序	nulls
1	学号	字符型	10				否
2	姓名	字符型	8				否
3	性别	字符型	2				否
4	出生日期	日期型	8				否
** 总计 **			29				

2. 表文件的复制

【格式】COPY TO <文件名>[FIELDS <字段名表>][<范围>] [FOR <逻辑表达式 1>][WHILE <逻辑表达式 2>][[WITH] CDX] | [[WITH] PRODUCTION]

【功能】将当前打开的表文件全部或部分复制到一个新生成的表文件中。

【说明】新生成表文件结构中的字段顺序由 FIELDS 选择项<字段名表>确定，缺省表示新表的结构与原表的结构完全相同，新表文件中的记录由<范围>选择项以及<条件>选择项确定。同时缺省<范围>、<条件>表示将原表的全部记录都复制到新表中。若命令中<范围>、<条件>和<字段名表>都缺省，则表示将原表进行备份。

<文件名> 指定新生成的表文件。若当前原表文件中有备注型字段，则相应的备注文件（.FPT 文件）将同时被复制。新表文件名不能与被复制的原表文件同名，省略盘符和路径表示在当前盘当前目录下生成新表文件。

【例 3-18】复制 STUD.DBF 中所有女同学的记录到 STUD2.DBF 中。

```
USE STUD
COPY TO STUD2 FOR 性别="女"
USE STUD2
LIST
```

系统主窗口显示如下运行结果：

记录号	学号	姓名	性别	班级名	系别代号	地址	出生日期	是否团员	照片	备注
1	011103	李宁	女	电 0134	02	江西九江	1985-5-6	.F.	gen	memo
2	011202	赵娜	女	英 0112	03	广西南宁	1984-2-21	.F.	gen	memo
3	011111	赵琳	女	计 0121	01	江苏南京	1985-11-18	.T.	gen	memo

3. 表记录保存为文本文件

【格式】COPY TO <文件名>[FIELDS <字段名表>][<范围>] [FOR <逻辑表达式 1>][WHILE <逻辑表达式 2>]<TYPE SDF | DELIMITED [WITH <定界符>| WITH BLANK | WITH TAB]>

【功能】将当前打开的表记录全部或部分保存到一个文本文件中。

【说明】文本文件结构中的字段顺序由 FIELDS 选择项<字段名表>确定，缺省表示将表中记录的全部字段值保存到文本文件中，<范围>选择项以及<条件>选择项确定哪些记录的字段值保存到文本文件中。同时缺省<范围>、<条件>表示将原表的全部记录的字段值都保存到文本文件中。

[TYPE]：当用户生成的新文件不是 DBF 格式文件时，可以用 TYPE 选项指定新文件的格式，系统会自动产生不同格式的新文件，并为新文件加上相应的扩展名。TYPE 文件类型包括下列几种：

- SDF：复制为 SDF（System Data Format）格式的 ASCII 文本文件，默认扩展名为.TXT。
- DELIMITED [WITH <定界符> WITH BLANK | WITH TAB]：复制为带分隔符的 ASCII 文本文件，默认扩展名为.TXT。

SDF 和 DELIMITED 格式均复制文本文件，但两者有一定区别：SDF 是将表文件的每一条记录复制到 SDF 文本文件中，在每一行中，字段与字段间没有分隔符，每一行以回车换行结束。字段在 SDF 文件中的宽度是固定的，等于源表文件中该字段的定义宽度。在 SDF 文件中，表文件中的字符型字段和数值型字段原样存储，即字符型左对齐存储，不足部分在右边填以空格；数值型则以右对齐方式存储，不足部分在左边填以空格。日期型数据以 YYYYMMDD 格式存储。逻辑型数据以 T 或 F 存储。SDF 文本文件不接受备注型字段和通用型字段。

DELIMITED 文件带定界符格式文本文件，也是将源表文件中的每一条记录作为一行存储，每行以回车换行结尾。但记录的各字段间以分隔符隔开，各字段的宽度为字段值的实际宽度。

字段间的分隔符默认为“,”号，字符型字段的定界符为双引号。用户可以用 WITH <定界符>WITH BLANK | WITH TAB 指定分隔符，WITH <定界符>表示用指定的<定界符>为字符型字段的定界符；WITH BLANK | WITH TAB 则指定空格或 Tab 键作为字段间的分隔符。若使用 WITH BLANK，则字符型字段不再有定界符。

注意：该命令和表文件的复制命令实际上是同一个命令，是复制为表文件还是文本文件，看是否带 TYPE 子句。

【例 3-19】复制 STUD.DBF 中的记录内容到 SSTUD.TXT（SDF 格式）、DSTUD.TXT（DELIMITED 格式）和 ESTUD.TXT（以空格为分隔符的 DELIMITED 格式）中。

```
USE STUD
COPY TO SSTUD SDF
TYPE SSTUD.TXT
```

系统主窗口显示如下运行结果：

```
c:\program files\Microsoft visual studio\vfp98\sstud.txt  07/26/02     1
   011110    李建国  男计 0121         01 湖北武汉            19840928T
   011103    李宁    女电 0134         02 江西九江            19850506F
   011202    赵娜    女英 0112         03 广西南宁            19840221F
   021204    孙亮    男电 0134         02 湖南长沙            19860908T
   011111    赵琳    女计 0121         01 江苏南京            19851118T
   021405    罗宇波  男英 0112         03 江苏南通            19851212F
   COPY TO DSTUD DELIMITED
   TYPE DSTUD.TXT
```

系统主窗口显示如下运行结果：

```
c:\program files\Microsoft visual studio\vfp98\dstud.txt 07/26/02  1
   "011110","李建国","男","计 0121","01","湖北武汉",09/28/1984,T
   "011103","李宁","女","电 0134","02","江西九江",05/06/1985,F
   "011202","赵娜","女","英 0112","03","广西南宁",02/21/1984,F
   "021204","孙亮","男","电 0134","02","湖南长沙",09/08/1986,T
   "011111","赵琳","女","计 0121","01","江苏南京",11/18/1985,T
   "021405","罗宇波","男","英 0112","03","江苏南通",12/12/1985,F

   COPY TO ESTUD DELIMITED WITH BLANK
   TYPE ESTUD.TXT
```

系统主窗口显示如下运行结果：

```
c:\program files\Microsoft visual studio\vfp98\estud.txt 07/26/02 1
    "011110" "李建国" "男" "计0121" "01" "湖北武汉" 09/28/1984 T
    "011103" "李宁" "女" "电0134" "02" "江西九江" 05/06/1985 F
    "011202" "赵娜" "女" "英0112" "03" "广西南宁" 02/21/1984 F
    "021204" "孙亮" "男" "电0134" "02" "湖南长沙" 09/08/1986 T
    "011111" "赵琳" "女" "计0121" "01" "江苏南京" 11/18/1985 T
    "021405" "罗宇波" "男" "英0112" "03" "江苏南通" 12/12/1985 F
```

3.3.6 表记录的追加

维护数据库的一项经常性的操作就是根据需要随时向表文件中添加记录，添加记录包括追加记录、插入记录和利用其他文件追加。追加记录在前面已经介绍，在这里就介绍后面两种方法。

1. 从另一个表文件中追加记录

【格式】APPEND FROM <文件名 | ?> [FIELDS <字段名表>][FOR <逻辑表达式>]

【功能】从指定的表文件中读入数据，并添加到当前表文件的末尾。

【说明】<文件名>是指取得数据的表文件名。如果未指定扩展文件名，系统默认其扩展名为.DBF。

数据的追加是从命令指定的表文件中追加到当前表文件中，所以，应先将需要追加记录的表文件打开，设置为当前表，然后再使用该命令进行追加。

追加原则是同名原则，即将数据来源表中的字段与当前表的字段进行比较，同名则将符合条件的记录的值追加过来。若数据来源表中缺少某些字段，则当前表中该字段值为空。

追加数据记录时，若两个表文件的同名字段的宽度不相同，一般情况下，若当前表的字段宽度大于数据来源表的字段宽度，记录能正常追加，对字符型数据后面加空格，对数值型数据前面加“0”，但若当前表的字段宽度小于数据来源表的字段宽度，记录不能正常追加，数据失去原来的意义。对字符型数据截去后面多余字符，对数值型数据进行小数部分的四舍五入，仍不够根据当前表的宽度用“*”号填充，表示溢出。

2. 从另一个文本文件中追加记录

（1）命令方式。

【格式】APPEND FROM <文件名 | ?> [FIELDS <字段名表>][FOR <逻辑表达式>] [[TYPE] SDF |[DELIMITED [WITH TAB | WITH <定界符> | WITH BLANK]]

【功能】从指定类型的文本文件中读入数据，并添加到当前表文件的末尾。

【说明】<文件名>是指获取数据的文本文件名。文本文件中的每一行追加为一条记录。可以在文本文件中输入文本，但要保证文本格式相同，再利用此命令追加为记录。

注意：数据文件若是由 COPY TO 命令生成的且定义了文本文件的分隔符，则追加记录时也应用相同的分隔符。因为系统以每个分隔符作为字段值的分隔符。这样才能保证数据能正确还原。

（2）菜单方式。

利用菜单方式实现追加记录时，其具体操作步骤如下：

1）打开表文件。

2）选择【显示】|【浏览】命令。

3）选择【表】|【追加记录】命令，弹出如图 3-17 所示的“追加来源”对话框。

图 3-17　“追加来源”对话框

4）单击类型下拉按钮选择用来追加记录的数据文件的类型，在“来源于”显示栏中输入数据来源文件的路径和文件名，再选择“选项”显示框中的字段、条件。确定后返回追加来源窗口。

5）单击“确定”按钮，系统将满足条件的记录完成追加操作。

3. 插入记录

【格式】INSERT [BEFORE] [BLANK]

【功能】在当前表文件的指定位置插入新记录或空记录。

【说明】INSERT 是在当前记录之后插入新记录；INSERT BEFORE 是在当前记录之前插入新记录；INSERT BLANK 是在当前记录之后插入空记录。

若表文件建立了索引，则插入的新记录按索引值进行排列。

【例 3-20】在表 STUD.DBF 的第 2 号记录前插入一条新记录，在第 4 号记录后插入一条新记录。

```
USE STUD
GOTO 2
INSERT BEFORE                    && 在 2 号记录前插入一条新记录
GOTO 5                           && 因已插入了一条新记录，原 4 号现为 5 号
INSERT                           && 在 4 号记录后插入一条新记录
```

3.3.7　文件管理命令

Visual FoxPro 除了表文件之外，还有其他多种类型的文件，系统对各类文件提供了通用的管理手段，其功能类似于 DOS 的文件管理命令，但必须注意它们之间的区别。

1. 显示文件目录

【格式】DIR | DIRECTORY [ON <盘符>][[LIKE] [<路径>] [<通配符>]][TO PRINTER [PROMPT] | TO FILE <文件名>]

或

LIST | DISPLAY FILES [ON <盘符>] [LIKE <通配符>][TO PRINTER [PROMPT] | TO FILE <文件名>]

【功能】显示磁盘文件目录信息。

【说明】该命令类似于 DOS 操作系统的 DIR 命令。

ON<盘符>：指定所显示文件目录所在的驱动器符号，缺省此项为当前盘。

[LIKE] [<路径>] [<通配符>]：<路径>指定显示文件所在路径；通配符指定显示的文件形式，类似于 DOS 操作系统中的通配符，“?”通配一个字符，“*”通配多个字符。缺省此项时，显示当前路径下的所有表文件的信息，显示内容包括：表文件名、记录数、最后更新日期、文件长度、总的表文件数及剩余的磁盘空间等。

【例 3-21】DIR 命令的应用。

```
DIR                              && 显示当前盘当前路径下所有表文件的信息
```

系统主窗口显示下列运行结果：

```
表 Table/DBF 文件              # 记录      最近更新       大小
   A2.DBF                       6       07/26/02       981
   COUSER.DBF                   5       07/26/02       548
   DEP.DBF                      3       07/26/02       430
   FOXUSER.DBF                 59       07/26/02       3353
   LABELS.DBF                  86       07/26/02       6622
   SC.DBF                      14       07/26/02       617
   SC2.DBF                      0       07/26/02       328
   STUD.DBF                     6       07/26/02       1042
   STUD1.DBF                   54       07/26/02       2131
   STUD11.DBF                   4       07/26/02       2017
   共有    18069 个字节在 10 个文件中.
   磁盘中剩余 2147155968 个字节.
```

2. 文件改名

【格式】RENAME <文件名 1> TO <文件名 2>

【功能】将<文件名 1>改为<文件名 2>。

【说明】该命令类似于 DOS 操作系统的 REN 命令。

改名之前文件必须关闭，正在使用的文件不能改名。如果有备注文件，对表文件改名时，不要忘记为相应的.FPT 文件改名，否则打不开改名后的表。

【例 3-22】将 STUD.DBF 改名为 GL.DBF。

```
USE
RENAME STUD.DBF TO GL.DBF
RENAME STUD.FPT TO GL.FPT
```

3. 文件删除

【格式】ERASE [<文件名> | ?]

或

DELETE FILE [<文件名> | ?]

【功能】从磁盘上删除指定的文件。

【说明】此命令类似于 DOS 操作系统的 DEL 命令。

如果选择参数?或缺省文件名选项，系统将弹出 Open 对话框，供用户选择所需删除的文件。

为防止误操作，该命令不默认扩展名，所以<文件名>必须用全称，<文件名>不能使用通配符，如果<文件名>不在目录下，则需指定路径。同时，此命令也不能删除已打开的文件。

【例 3-23】删除当前目录下的.BAK 文件。

```
DIR *.BAK
```

系统主窗口显示如下运行结果：

```
ABC.BAK              STUD.BAK             XSCJ.BAK

共有 2444 个字节在3个文件中.
磁盘中剩余2147155968 个字节.

ERASE ABC.BAK
ERASE STUD.BAK
DELETE FILE XSCJ.BAK
DIR *.BAK
```

系统主窗口显示如下运行结果：

```
没有文件

共有   0 个字节在 0 个文件中.
磁盘中剩余2147155968 个字节.
```

4. 文件复制

【格式】COPY FILE <文件名 1> TO <文件名 2>

【功能】对各类文件进行复制

【说明】此命令类似于 DOS 操作系统的 COPY 命令。

<文件名 1>和<文件名 2>必须给出全名，不能使用通配符；不能复制已打开的文件；当复制含有备注型字段或已建立索引的表文件时，必须复制相应的备注文件和索引文件。

【例 3-24】将 STUD.DBF 改名为 STUDBAK.DBF 并复制到 A:盘上。

```
COPY FILE STUD.DBF TO A:STUDBAK.DBF
COPY FILE STUD.FPT TO A:STUDBAK.FPT          && 复制.FPT 备注文件
DIR A:STUD*.*
```

系统主窗口显示如下运行结果：

```
A:STUDBAK.DBF          A:STUDBAK.FPT
共有    1370 个字节在 2 个文件中.
磁盘中剩余2147155968 个字节.
```

5. 显示文本文件

【格式】TYPE <文件名 1> [AUTO] [WRAP] [TO PRINTER [PROMPT] | TO FILE <文件名 2>] [NUMBER]

【功能】显示或同时打印文本文件。

【说明】此命令类似于 DOS 操作系统的 TYPE 命令。

文本文件是指非结构式文件，即没有任何内部控制符的 ASCII 码文件。例如命令文件.PRG、屏幕格式文件.FMT 和文本文件.TXT。

<文件名 1>和<文件名 2>：必须带扩展名，不能使用通配符，且不能是打开的文件。

AUTO：选择此选项时，打开自动缩进功能。

WRAP：选择此选项时，打开自动换行功能，即当行尾的单词太长而当前行显示不完时，自动转到下一行显示。

NUMBER：在每一行前加上行号。

6. 调用外部命令

如果觉得 Visual FoxPro 的文件管理命令不方便，可以调用 DOS 的有关命令。

【格式】RUN | ! [/N [K]] <MS-DOS 命令 | 程序名>

【功能】执行 MSDOS 的系统命令。

【说明】此命令直接完成外部程序的功能。使用本命令必须有足够的内存空间，否则会产生“内存不足”的错误。另外，不能运行重新组织磁盘的程序，如 CHKDSK。

/N [K]：指定运行外部命令时所安排的内容大小，如/120K，不能使用字符 N。

3.4 排序与索引

表文件中的数据记录是按其输入时的先后顺序排列存放的。但是在数据处理应用中，表往往十分庞大，为了高效方便地存取数据，往往要求表记录以一定的顺序排放或显示，因此，必须按用户要求对表文件进行重新组织。Visual FoxPro 提供了两种方法重新组织数据，即排序和索引。

排序是从物理上对表进行重新整理，按照指定的关键字段来重新排列表中数据记录的顺序，并产生一个新的表文件。由于新表的产生既费时间又浪费空间，实际中很少用，在此只介绍概念。

索引是从逻辑上对表进行重新整理，按照指定的关键字段来建立索引文件。一个表文件可以建立多个索引文件，但对于打开的表文件，任何时侯只有一个索引文件起作用，此索引文件称为主控索引。索引在实际中应用很广，是本节的重点。

3.4.1 表的排序

【格式】SORT TO <新文件名> ON <字段 1> [/A | /D] [/C] [, <字段 2> [/A | /D] [/C] ...] [ASCENDING | DESCENDING] [<范围>] [FOR <逻辑表达式 1>] [WHILE <逻辑表达式 2>][FIELDS <字段名表>]

【功能】对当前打开的表，按指定的字段进行排序，生成新的表文件。

【说明】排序的结果存入由 TO<新文件名>指定的表文件中，其默认扩展名为.DBF。

<字段 1>和<字段 2>：用作排序的关键字段，其类型只能是数字型、字符型和日期型。当使用多字段排序时，将按命令中字段的先后依次排序，即先按<字段 1>中值的大小排序，若值相同，再按<字段 2>中值的大小排序，依此类推。

/A | /D：/A 表示升序，/D 表示降序。数字型按数字大小排序，西文字符以其 ASCII 码值的大小排序，汉字按机内码顺序排序，日期则以日期前后为序，在前者为小。

/C：表示排序中不区分大小写。/C 可以与/A 或/D 连用，分别表示为/AC 或/CD。

ASCENDING | DESCENDING：用于不带/A 或/D 选项的所有字段，ASCENDING 表示升序，DESCENDING 表示降序，/A 或/D 及 ASCENDING | DESCENDING 全部省略时，默认为升序。

<范围>：表示用于排序的记录范围，缺省为 ALL。

FIELDS <字段名表>：指定加入到排序文件中的字段，缺省为打开表文件的全部字段。<字段名表>可以包含其他工作区中打开的表文件的字段，但必须加前缀。

排序产生的新表与当前表是两个独立的表文件，当前表的记录修改不会影响排序表中的记录值，两表不能达到同步。

该命令执行后，当前表不变，产生的新表不会自动打开。

【例 3-25】将 STUD.DBF 按性别进行降序排列

```
USE STUD
SORT TO STUD2 ON 性别/D
USE STUD2
LIST FIELDS 学号,姓名,性别,班级名,系别代号,地址,出生日期,是否团员
```

系统主窗口显示如下运行结果：

记录号	学号	姓名	性别	班级名	系别代号	地址	出生日期	是否团员
1	011103	李宁	女	电 0134	02	江西九江	1985-5-6	.F.
2	011202	赵娜	女	英 0112	03	广西南宁	1984-2-21	.F.
3	011111	赵琳	女	计 0121	01	江苏南京	1985-11-18	.T.
4	011110	李建国	男	计 0121	01	湖北武汉	1984-9-28	.T.
5	021204	孙亮	男	电 0134	02	湖南长沙	1986-9-8	.T.
6	021405	罗宇波	男	英 0112	03	江苏南通	1985-12-12	.F.

3.4.2　表的索引

1. 索引及索引文件的概述

利用 Sort 排序命令可以根据需要对表文件进行任意排序，但对于不同的排序要求，要建立许多排序文件，这些文件内容相同，仅仅是记录的排列顺序不同，因而造成大量的数据冗余，并且容易造成数据的不一致。因而，在实际应用中并不常用排序方式，而是采用索引来进行表整理。

索引是以索引文件的形式存在的，它根据指定的索引关键字表达式建立。索引文件可以看成索引关键字的值与记录号之间的对照表，关键字可以是一个字段，也可以是几个字段的组合。在建立索引文件时，把表所有记录的索引关键字表达式的值按指定顺序排序，并把每个索引关键字表达式值与该值在表中所对应的记录对应起来，保存在索引文件中。

索引文件必须与原表一起使用，查询时根据索引关键字表达式的值先在索引文件中找到某字段所在的记录号，然后再到表里直接定位。这样的查找方式使顺序查找和随机查找都有较高的效率。打开索引文件时，将改变表中记录的逻辑顺序，但是并不改变表中记录的物理顺序。

一个表文件可建立多个索引文件，也可同时打开多个索引文件，但在同一时间内只有一个索引起作用，这个索引称为主控索引。

需要建立索引的字段通常是当前表的关键字段或数据库表中其他表的关键字段。

Visual FoxPro 系统中支持两种不同的索引文件类型：单索引文件和复合索引文件。

单索引文件是根据一个索引关键字表达式（或关键字）建立的索引文件，文件扩展名为.IDX，它可以用 INDEX 命令的各种形式建立。单索引文件分为标准和压缩两种类型。

复合索引文件是指索引文件中可以包含多个索引，文件的扩展名为.CDX。一个复合索引文件可以包含多个索引，每个索引与单索引文件类似，也可以根据一个索引关键字表达式（或关健字）建立。每一个索引均有一个特殊的标识名（TAG），标识名由字母或下划线开头，由

字母、数字或下划线组成，长度不超过 10 个字符。用户可以利用标识名来使用标识，向复合索引文件中追加标识。复合文件中标识的数目仅受内存和磁盘空间的限制。

复合索引文件又有两种：独立复合索引文件和结构复合索引文件。

结构复合索引文件是由 Visual FoxPro 自动命名的，与相应的表文件同名，扩展名为.CDX。当 Visual FoxPro 打开一个表时，便自动查找一个结构复合索引文件，如果找到便自动打开，该索引文件随表文件同时打开和同时关闭。

独立复合索引文件不与表文件同名，扩展名为.CDX。在打开表时不会自动打开此索引文件，由命令指定打开。

索引可分为下列 4 种类型：

（1）主索引。

主索引是一个永远不允许在指定字段和表达式中出现重复值的索引。它也是在数据库表的永久关联中创建参照完整性时主表和被引用表使用的索引。每一个表只能建立一个主索引，只有数据库表才能建立主索引。

（2）候选索引。

候选索引也是一个不允许在指定字段和表达式中出现重复值的索引。数据库表和自由表都可以建立候选索引，一个表可以建立多个候选索引。

主索引和候选索引都存储在.CDX 结构复合索引文件中，不能存储在独立复合索引文件和单索引文件中，因为主索引和候选索引都必须与表文件同时打开和同时关闭。

（3）惟一索引。

系统只在索引文件中保留第一次出现的索引关键字值，对于重复的记录值允许保存在表文件中，但不保留在惟一索引文件中。数据库表和自由表都可以建立惟一索引

（4）普通索引。

是一个最简单的索引，允许关键字值的重复出现，适合用来进行表中记录的排序和查询，也适合于一对多永久关联中“多”的一边（子表）的索引。数据库表和自由表都可以建立普通索引。且普通索引和惟一索引可以存储在独立复合索引文件和单索引文件中。

2. 索引文件的建立

（1）命令方式。

【格式】`INDEX ON <索引关键字表达式> TO <单索引文件> | TAG <标识名>[OF <独立复合索引文件名>] [FOR <逻辑表达式>] [COMPACT][ASCENDING | DESCENDING][UNIQUE][ADDITIVE]`

【功能】对当前表文件按指定的关键字建立索引文件。

【说明】<索引关键字表达式>：指定建立索引文件的关键字表达式，可以是单一字段名，也可以是多个字段组成的字符型表达式，表达式中各字段的类型只能是数值型、字符型、日期型和逻辑型。

当表达式是单个字段名时，字段类型不用转换；否则数值型的字段用 STR 函数转换成字符型，日期型的字段用 DTOC 函数转换成字符型，逻辑型的字段用 IIF 函数转换成字符型，然后利用字符的连接运算组成<索引关键字表达式>。

<单索引文件>：指定要建立的单索引文件名。

TAG <标识名>：此选项只对建立复合索引文件时有效，指定建立或追加标识的标识名。

OF <独立复合索引文件>：指定独立复合索引文件名。若有此选项，表示在指定的独立复合索引文件中追加一个标识，若指定的独立复合索引文件不存在，系统将自动建立指定的文件。若没有此选项，表示在结构复合文件中追加一个标识，若结构复合索引文件不存在，系统将自动建立结构复合索引文件。

FOR <逻辑表达式>：表示只对满足条件的记录建立索引。

COMPACT：此选项只对单索引文件有效，表示建立压缩索引文件。

ASCENDING|DESCENDING：ASCENDING 表示按升序建立索引，DESCENDING 表示按降序建立索引。缺省时，按升序建立索引。单索引文件不能选用 DESCENDING 选项，但可以用 SET INDEX 命令和 SET ORDER 命令指定为降序。

UNIQUE：表示建立的是惟一索引，即对于索引关键字表达式值相同的记录只有第一条记录的关键字值被保留在索引文件中。可以通过环境设置命令 SET UNIQUE ON | OFF 来确定是否进行惟一索引，系统默认为 OFF，如果设置为 ON，不论是否有 UNIQUE 选项，都是建立惟一索引。

ADDITIVE：表示保留以前打开的索引文件。否则，除结构复合索引文件外，以前打开的其他索引文件都将被关闭。

新建的索引文件自动打开，并开始起作用。

【例 3-26】对 STUD.DBF 表文件建立出生日期单索引文件 STUD.IDX。

```
USE STUD
INDEX ON 出生日期 TO STUD
```

【例 3-27】对表文件 STUD.DBF 建立一个基于出生日期字段的结构复合索引文件。

```
USE STUD
INDEX ON 出生日期 TAG 出生日期 DESCENDING
LIST 学号,姓名,性别,班级名,系别代号,地址,出生日期
```

系统主窗口显示如下运行结果：

记录号	学号	姓名	性别	班级名	系别代号	地址	出生日期
4	021204	孙亮	男	电 0134	02	湖南长沙	1986-9-8
6	021405	罗宇波	男	英 0112	03	江苏南通	1985-12-12
5	011111	赵琳	女	计 0121	01	江苏南京	1985-11-18
2	011103	李宁	女	电 0134	02	江西九江	1985-5-6
1	011110	李建国	男	计 0121	01	湖北武汉	1984-9-28
3	011202	赵娜	女	英 0112	03	广西南宁	1984-2-21

【例 3-28】在表文件 STUD.DBF 的结构复合索引文件中按学号和姓名各追加一个标识。

```
USE STUD
INDEX ON 学号 TAG 学号
```

【例 3-29】在表文件 STUD.DBF 的结构复合索引文件中先按性别再按学号追加一个标识。

```
USE STUD
INDEX ON 性别+学号 TAG 性别学号
```

【例 3-30】在表文件 STUD.DBF 中先按性别再按是否团员建立一个独立复合索引文件 SXBTY.CDX。

```
USE STUD
INDEX ON 性别+IIF(是否团员,'团员','非团员') TAG 性别团员 OF SXBTY
```

（2）菜单方式。

利用菜单方式建立索引文件的具体步骤如下：

1）打开表文件（如 STUD.DBF）。

2）选择【显示】|【表设计器】命令，打开“表设计器”对话框，选择“索引”标签，如图 3-18 所示。

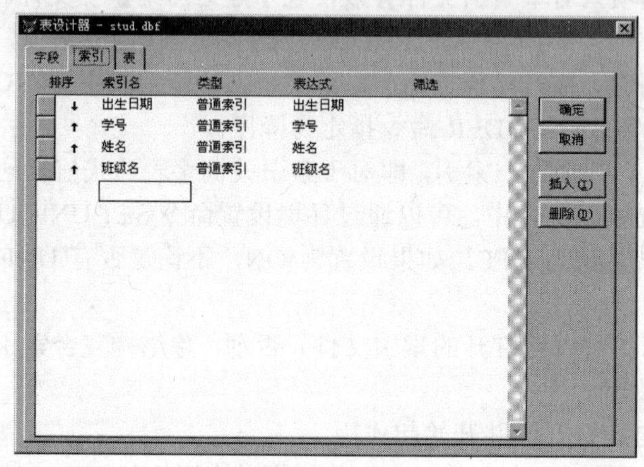

图 3-18 索引选项卡

3）在索引名中输入索引标识名，在类型的下拉列表框中确定一种索引类型，在表达式中输入索引关键字表达式，在筛选中输入确定参加索引的记录条件，在排序序列下默认的是“升序”按钮，单击可改变为“降序”按钮。

4）确定好各项后，单击“确定”，关闭表设计器，同时索引建立完成。

同样的方法也可以将以前建立的索引调出，利用表设计器上的“插入”或“删除”按钮进行插入或删除操作。

注意：用表设计器建立的索引都是结构复合索引文件。

3. 索引文件的打开

【格式 1】USE <文件名> [INDEX <索引文件名表|?>][ORDER <数值表达式 2> | <单索引文件> | [TAG] <标识名> [OF <复合索引文件名>][ASCENDING | DESCENDING]]

【功能】打开指定的表文件及相关的索引文件。

【说明】INDEX <索引文件名表>|?：表示打开的索引文件；如果选择“?”，则系统将出现“打开”对话框，供用户选择索引文件名；如果<索引文件名表>中的第一个索引文件是单索引文件，则它是主索引文件，若第一个索引文件是复合索引文件，则表文件的记录将以物理顺序被访问。

<索引文件名表>：指定要打开的索引文件，索引文件中的文件扩展名可以省略，但如果存在同名的单索引文件和复合索引文件，必须带扩展名。

<索引文件名表>中的单索引文件和复合索引文件的标识有一个惟一的编号，编号最小值为 1，编号规则为：先将单索引文件按它们在<索引文件名表>中的顺序编号，再将结构复合索引文件按标识产生的顺序连续编号，最后将独立复合索引文件中的标识先按它在<索引文件名表>中的顺序，再按标识产生的顺序连续编号。

[ORDER]：指定主索引。选择此选项时，主索引文件将不是<索引文件名表>中的第一个单索引文件，而是此选项指定的单索引文件或标识。[ORDER]子句中各选项的含义如下：

- <数值表达式 2>指定主索引的编号，若<数值表达式 2>的值为 0，表示不设主索引。
- <单索引文件>指定的单索引文件设置为主索引。
- [TAG] <标识名> [OF <复合索引文件名>]：表示将<复合索引文件名>中的指定标识作为主索引。[OF <复合索引文件名>]缺省表示为结构复合索引文件。
- ASCENDING | DESCENDING：表示主索引被强制以升序或降序索引；缺省此选项，主索引按原有顺序打开。

【格式 2】`SET INDEX TO [<索引文件名表> ] [ORDER <数值表达式> | <单索引文件名> | [TAG] <标识名> [OF <复合索引文件名>] [ASCENDING | DESCENDING]][ADDITIVE]`

【功能】在已打开表文件的前提下，打开相关索引文件。

【说明】ADDITIVE：表示保留以前打开的索引文件。否则，除结构复合索引文件外，以前打开的其他索引文件都将被关闭。

其他选项功能同前所述。

4. 索引文件的关闭

【格式 1】`USE`

【功能】关闭当前工作区中打开的表文件及所有索引文件。

【格式 2】`SET INDEX TO`

【功能】关闭当前工作区中打开的所有单索引文件和独立复合索引文件。

【格式 3】`CLOSE INDEXS`

【功能】关闭当前工作区中打开的所有单索引文件和独立复合索引文件。

【说明】当表未关闭时，结构复合索引文件无法被关闭。

5. 改变主索引

【格式】`SET ORDER TO [<数值表达式 1> | <单索引文件名> | [TAG] <标识名> [OF <复合索引文件名>] [IN <数值表达式 2> | <字符表达式>] [ASCENDING | DESCENDING]]`

【功能】重新指定打开的索引文件中的主索引。

【说明】<数值表达式 1>的值为指定主索引的编号。

如果<数值表达式 1>的值为 0 或缺省，则恢复表文件的原始顺序，使所有打开的索引文件都无效。

其他参数同前面所述。

【例 3-31】打开 STUD.DBF 表文件及其相关索引文件，并指定结构复合索引文件中的姓名为主控索引。

```
USE STUD INDE STUD.IDX ORDER TAG 姓名
LIST 学号,姓名,性别,班级名,系别代号,地址,出生日期,是否团员,备注
```

系统主窗口显示如下结果：

记录号	学号	姓名	性别	班级名	系别代号	地址	出生日期	是否团员	备注
1	011110	李建国	男	计 0121	01	湖北武汉	1984-9-28	.T.	memo
2	011103	李宁	女	电 0134	02	江西九江	1985-5-6	.F.	memo
6	021405	罗宇波	男	英 0112	03	江苏南通	1985-12-12	.F.	Memo

```
4   021204  孙亮   男  电0134  02  湖南长沙  1986-9-8    .T.  memo
5   011111  赵琳   女  计0121  01  江苏南京  1985-11-18  .T.  memo
3   011202  赵娜   女  英0112  03  广西南宁  1984-2-21   .F.  memo
```

【例 3-32】打开 STUD.DBF 表及其相关索引文件，改变主控索引文件。

```
USE STUD INDEX STUD.IDX
LIST 学号,姓名,性别,出生日期
```

系统主窗口显示如下运行结果：

记录号	学号	姓名	性别	出生日期
3	011202	赵娜	女	1984-2-21
1	011110	李建国	男	1984-9-28
2	011103	李宁	女	1985-5-6
5	011111	赵琳	女	1985-11-18
6	021405	罗宇波	男	1985-12-12
4	021204	孙亮	男	1986-9-8

```
SET ORDER TO 4
LIST 学号,姓名,性别,班级名,系别代号,地址,出生日期,是否团员,备注
```

系统主窗口显示如下运行结果：

记录号	学号	姓名	性别	班级名	系别代号	地址	出生日期	是否团员	备注
1	011110	李建国	男	计0121	01	湖北武汉	1984-9-28	.T.	memo
4	021204	孙亮	男	电0134	02	湖南长沙	1986-9-8	.T.	memo
6	021405	罗宇波	男	英0112	03	江苏南通	1985-12-12	.F.	memo
2	011103	李宁	女	电0134	02	江西九江	1985-5-6	.F.	memo
5	011111	赵琳	女	计0121	01	江苏南京	1985-11-18	.T.	memo
3	011202	赵娜	女	英0112	03	广西南宁	1984-2-21	.F.	memo

```
SET ORDER TO                             && 使所有索引均无效
LIST 学号,姓名,性别,班级名,系别代号,地址,出生日期,是否团员,备注
```

系统主窗口显示如下运行结果：

记录号	学号	姓名	性别	班级名	系别代号	地址	出生日期	是否团员	备注
1	011110	李建国	男	计0121	01	湖北武汉	1984-9-28	.T.	memo
2	011103	李宁	女	电0134	02	江西九江	1985-5-6	.F.	memo
3	011202	赵娜	女	英0112	03	广西南宁	1984-2-21	.F.	memo
4	021204	孙亮	男	电0134	02	湖南长沙	1986-9-8	.T.	memo
5	011111	赵琳	女	计0121	01	江苏南京	1985-11-18	.T.	memo
6	021405	罗宇波	男	英0112	03	江苏南通	1985-12-12	.F.	memo

6. 索引文件的更新

当表中的记录被修改时，系统会自动更新所打开的索引文件，及时反映数据的变化。对于没有打开的索引文件，索引不能自动更新。为避免使用旧的索引文件导致错误，应该使用重新索引命令更新已经建立的索引文件。

（1）命令方式。

【格式】REINDEX [COMPACT]

【功能】重新建立已索引过的索引文件。

【说明】COMPACT：表示将标准的单索引文件变为压缩的单索引文件。

【例 3-33】将表 STUD.DBF 的索引文件重新索引。

```
USE STUD
SET INDEX TO STUD.IDX
REINDEX
```

（2）菜单方式。

菜单方式的具体操作步骤如下：

1）打开表文件。

2）选择【显示】|【浏览】命令。

3）选择【表】|【重新建立索引】命令，系统自动根据各索引表达式重新建立索引。

7. 索引的删除

（1）标识的删除。

【格式】DELETE TAG <标识名 1> [OF <复合索引文件名 1>][, <标识名 2> [OF <复合索引文件名 2>]] …

或

DELETE TAG ALL [OF <复合索引文件名>]

【功能】从指定的复合文件中删除标识。

【说明】OF <复合索引文件名>：指定复合索引文件名，如果缺省，则为结构复合索引文件。

（2）单索引文件的删除。

【格式】DELETE FILE <单索引文件名>

【功能】删除指定的单索引文件。

【说明】关闭的索引文件才能被删除，文件名必须带扩展名。

【例 3-34】删除表文件 STUD.DBF 的单索引文件 STUD.IDX 及结构复合索引文件中的所有标识。

```
DELETE FILE STUD.IDX
USE STUD
DELETE TAG ALL
DIR *.IDX
```

系统主窗口显示如下运行结果：

```
None

DIR *.CDX
```

系统主窗口显示如下运行结果：

```
STUD.CDX            SXBTY.CDX
```

8. 索引文件的转换

（1）单索引文件复制到复合索引文件。

【格式】COPY INDEXES <单索引文件名表> | ALL [TO <复合索引文件名>]

【功能】将当前表文件已打开的所有单索引文件或<单索引文件名表>中所列的单索引文件，复制到指定的复合索引文件中。

【说明】TO <复合索引文件名>：指定的复合索引文件名缺省为结构复合索引文件。索引标识名为原单索引文件名。

ALL：表示将所有的单索引文件复制到指定的复合索引文件中

复制前必须打开指定的单索引文件。

（2）复合索引文件复制到单索引文件。

【格式】COPY TAG <标识名> [OF <复合索引文件名>] TO <单索引文件名>

【功能】将复合索引文件中指定的索引标识复制到单索引文件。

【说明】TO <复合索引文件名>：指定的复合索引文件名，缺省为结构复合索引文件。

【例 3-35】打开表文件 STUD.DBF，按姓名建立单索引文件姓名.IDX，按出生日期建立单索引文件出生日期.IDX，并复制到结构复合索引文件中。

```
USE STUD
INDEX ON 姓名 TO 姓名
INDEX ON 出生日期 TO 出生日期
SET INDEX TO 姓名,出生日期
COPY INDEXES 姓名,出生日期
DIR *.CDX
```

系统主窗口显示如下运行结果：

```
STUD.CDX            SXBTY.CDX
```

【例 3-36】打开表文件 STUD.DBF，将结构复合索引文件中的姓名、出生日期标识复制到单索引文件 STUD1.DBF 和 STUD2.DBF 中。

```
USE STUD
COPY TAG 姓名 TO STUD1
COPY TAG 出生日期 TO STUD2
DIR *.IDX
```

系统主窗口显示如下运行结果：

```
STUD1.IDX        STUD2.IDX        出生日期.IDX        姓名.IDX
```

3.5　查询

在数据资源的管理过程中，使用最频繁的操作莫过于查询满足一定条件的一系列数据，从而为日常决策提供足够的判断依据，离开了查询的数据库仅仅是一组数据的罗列。对表记录的查询系统提供了两类查询命令：顺序查询和索引查询。

在前面介绍定位时，省略了条件定位，查询操作实际上就是起到了条件定位的作用。

3.5.1　顺序查询

1. 命令方式

【格式】LOCATE FOR<逻辑表达式 1>[<范围>][WHILE <逻辑表达 2>]

【功能】在表指定范围中查找满足条件的记录。

【说明】LOCATE 命令在表指定范围中查找满足条件的第一条记录。

<逻辑表达式 1>：表示所需满足的条件。

<范围>：指定查找范围，缺省时为 ALL，即在整个表文件中查找。

找到第一条满足条件的记录后，记录指针指向该记录，并将函数 FOUND()（用于检测是否找到满足条件的记录）置为.T.；否则，记录指针指向<范围>的底部或文件结束标志，并且

将函数 FOUND()置为.F.，并在状态栏给出提示信息“已到定位范围末尾”。

如果没有打开索引文件，查找按记录号顺序进行。若打开了索引，则查找按索引顺序进行。

该命令的最大特点是可以在没有进行排序或索引的无序表中进行任意条件的查询，这是索引查询做不到的，但在大型表中查询速度和效率也是最低的。

CONTINUE 命令：LOCATE 找到第一条满足条件的记录后，可以用 CONTINUE 继续查找下一个满足条件的记录。

CONTINUE 命令必须在 LOCATE 命令之后使用，否则出错。

【例 3-37】在 STUD.DBF 中查找学号前 4 位为 0111 的同学记录。

```
USE STUD
LOCATE FOR 学号="0111"
? FOUND()                              && 系统主窗口显示结果为.T.
DISPLAY 学号,姓名,性别,班级名,系别代号,地址,出生日期,是否团员,备注
```

系统主窗口显示结果如下：

```
记录号  学号    姓名   性别  班级名  系别代号  地址     出生日期    是否团员  备注
  1   011110  李建国  男   计0121    01    湖北武汉  1984-9-28    .T.    memo
```

```
CONTINUE
DISPLAY 学号,姓名,性别,班级名,系别代号,地址,出生日期,是否团员,备注
```

系统主窗口显示结果如下：

```
记录号  学号    姓名  性别  班级名  系别代号  地址     出生日期    是否团员  备注
  2   011103  李宁   女   电0134    02    江西九江  1985-5-6     .F.    memo
```

```
CONTINUE
DISPLAY 学号,姓名,性别,班级名,系别代号,地址,出生日期,是否团员,备注
```

系统主窗口显示结果如下：

```
  5   011111  赵琳   女   计0121    01    江苏南京  1985-11-18   .T.    memo
CONTINUE
```

在状态栏给出提示信息“已到定位范围末尾”。

2. 菜单方式

利用菜单方式实现顺序查找定位的具体步骤如下：

1）打开表文件。

2）选择【显示】|【浏览】命令。

3）选择【表】|【转到记录】|【定位】命令，出现如图 3-19 所示的“定位记录”对话框。

4）在“作用范围”下拉列表框中选择查询范围，在 FOR 或 WHILE 框中输入查询条件，单击“定位”按钮，系统将指针定位于符合条件的第一条记录上。

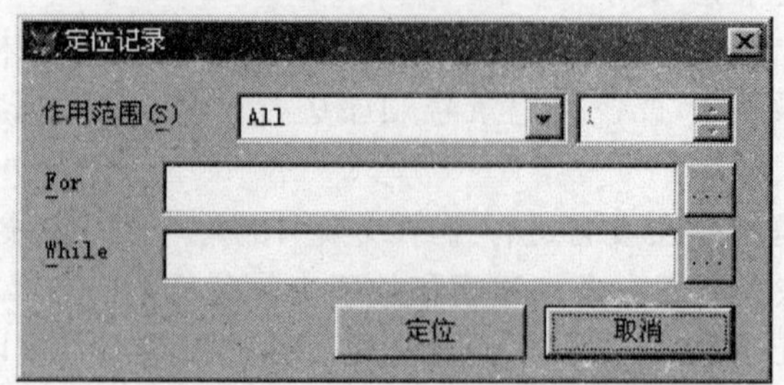

图 3-19 “定位记录”对话框

3.5.2 索引查询（FIND、SEEK）

LOCATE 命令用于按条件进行顺序定位，无论索引文件是否打开都可使用。打开索引文件后，还可以用 FIND 命令和 SEEK 命令进行快速检索。

1. FIND 命令

【格式】FIND <字符串>/<数值常量>

【功能】在表文件的主控索引中查找关键字值与<字符串>或<数值常量>相匹配的第一个记录。

【说明】系统必须在查询内容上建立索引且已设置为主控索引。

当查找到匹配的记录时，记录指针指向该记录，RECNO()函数为匹配记录的记录号，测试函数 FOUND()的值为.T.，找不到时，记录指针指向表尾部，函数 FOUND()为.F.，函数 EOF()为.T.。

<字符串>可用字符变量代替，但需要用宏代换函数&转换，若为字符常量且不含前导和后续空格，则可以省略定界符（如单引号或双引号）。

如果有多个与关键字匹配的记录，则记录指针只定位于其中第一个记录。由于是在索引文件中查询，若存在相同关键字段值的记录，则一定排列在一起，想查询到后面的若干条也满足条件的记录，用 SKIP 命令顺序移动指针即可。

如果用 SET EXACT ON 命令，则匹配必须是精确的，即 FIND 命令中的查询内容必须与记录的关键字段值完全相等。如果用 SET EXACT OFF 命令，则匹配可以是不精确的，即只要 FIND 命令中的查询内容与记录的关键字段值的左侧相等即可。

【例 3-38】打开表文件 STUD.DBF，查找姓“赵”的学生的记录。

```
USE STUD
SET ORDER TO 姓名
FIND 赵
? FOUND(), RECNO()                  && 主窗口显示.T.          5
DISPLAY
```

系统主窗口显示结果如下：

```
记录号  学号    姓名  性别  班级名  系别代号  地址      出生日期    是否团员  照片  备注
5     011111  赵琳   女   计0121    01    江苏南京  1985-11-18    .T.     gen   memo
```

```
SKIP
DISPLAY
```

```
记录号  学号    姓名  性别  班级名   系别代号  地址      出生日期    是否团员  照片  备注
   3   011202  赵娜   女   英0112    03     广西南宁  1984-2-21    .F.     gen   memo
```

2. SET NEAR 命令

【格式】SET NEAR ON | OFF

【功能】指定查找不成功时的记录指针指向。

【说明】SET NEAR ON 表示如果未找到匹配记录，记录指针指向最接近匹配的记录，函数 FOUND()和 EOF()均为.F.。

SET NEAR OFF 表示如果未找到匹配记录，记录指针指向表尾部，函数 FOUND()为.F.，EOF()为.T.。

系统默认为 SET NEAR OFF。

【例 3-39】打开表文件 STUD.DBF，查找系别代号为 01 的记录。

```
USE STUD
INDEX ON 系别代号 TO 系别
FIND 01
? FOUND(), RECNO()                    && 主窗口显示：.T.      1
DISPLAY 学号,姓名,系别
```

系统主窗口显示如下结果：

```
记录号   学号     姓名    系别代号
  1    011110   李建国     01
```

```
SKIP
DISPLAY 学号,姓名,系别
```

系统主窗口显示如下结果：

```
记录号   学号     姓名    系别代号
  5    011111   赵琳      01
```

3. SEEK 命令

【格式】SEEK <表达式>

【功能】在表文件的主索引中查找关键字值与<表达式>值相匹配的第一个记录。

【说明】SEEK 命令可以查找字符型、数值型、日期型、逻辑型表达式的值。

SEEK 命令中的表达式必须有定界符，以确定表达式的类型。

SEEK 命令的使用要求必须按要查询的关键字段进行索引，若该索引文件存在则将其打开且设置为主控索引。索引文件中的<索引表达式>与命令中的<表达式>的数据类型必须一致。

如果有多个与关键字匹配的记录，则记录指针只定位于其中第一个记录。由于是在索引文件中查询，若存在相同关键字段值的记录，则一定排列在一起，想查询到后面的若干条也满足条件的记录，用 SKIP 命令顺序移动指针即可。

如果用 SET EXACT ON 命令，则匹配必须是精确的，即 SEEK 命令中的查询内容必须与记录的关键字段值完全相等。如果用 SET EXACT OFF 命令，则匹配可以是不精确的，即只要 SEEK 命令中的查询内容与记录的关键字段值的左侧相等即可。

【例 3-40】用 SEEK 命令在 STUD.DBF 中查找记录。

```
USE STUD
INDEX ON 是否团员 TAG 是否团员
SET ORDER TO 姓名
SEEK "孙"
? FOUND(),RECNO()                  && 主窗口显示：  .T.    4
DISPLAY 学号,姓名,性别,班级名,系别代号,地址,出生日期,是否团员,备注
```

系统主窗口显示如下运行结果：

```
记录号   学号    姓名   性别   班级名   系别代号  地址      出生日期    是否团员  备注
  4    021204  孙亮    男   电0134     02    湖南长沙   1986-9-8     .T.     memo
SET ORDER TO 出生日期
SEEK {^1985-12-10}+2
? FOUND(),RECNO()                  && 主窗口显示：.T.    6
DISPLAY 学号,姓名,性别,出生日期,备注
```

系统主窗口显示如下运行结果：

```
记录号   学号     姓名    性别    出生日期         备注
  6    021405  罗宇波    男    1985-12-12      Memo
```

3.6 数据统计与计算

Visual FoxPro 提供了统计记录个数、对数值型字段按记录求和、求平均值及统计等命令和对数据分组求和生成汇总表的命令

3.6.1 统计记录数

【格式】COUNT [<范围>] [FOR <逻辑表达式 1>] [WHILE <逻辑表达式 2>] [TO <内存变量>]

【功能】用于统计当前表中指定范围内满足条件的记录个数。

【说明】除非指定了<范围>或 FOR/WHILE <条件>，否则将计算所有记录个数，如选择了 TO <内存变量>，则可将计算结果保存在<内存变量>中，否则统计结果只在屏幕上显示。

若选择了 SET TALK OFF，将不显示统计结果。

若 SET DELETE OFF，则加删除标志的记录将被计算。

【例 3-41】统计 STUD.DBF 中的男同学记录个数和表记录总数。

```
USE STUD
COUNT FOR 性别="男" TO A
COUNT TO B
? A,B
```

系统主窗口显示如下运行结果：

```
3        6
```

3.6.2 求和

【格式】SUM [<表达式表>] [<范围>] [FOR <条件>] [WHILE <条件>] [TO <内存变量表> | TO ARRAY <数组>] [NOOPTIMIZE]

【功能】对指定范围内满足条件的记录按指定的各个表达式分别求和。

【说明】<表达式表>由数值型字段组成，允许字段间进行四则运算，若省略<表达式表>，则对当前表的所有数值型字段求和。

To <内存变量>：将求和的结果按顺序存入各内存变量。<内存变量表>中的变量个数不得少于<表达式表>中表达式的个数。

TO ARRAY <数组>：将求和的结果存储到指定数组中。

其余各选项同 Count 命令。

【例 3-42】有一表文件 GZGL.DBF，内容如下：

Record#	姓名	性别	车间	基本工资	岗位工资	奖金	工资总额
1	张小红	女	金工一	645	340	120	1105
2	李建军	男	金工一	690	370	130	1190
3	孙爱国	男	金工一	580	340	120	1040
4	吴晓英	女	金工一	540	360	110	1010
5	张　斌	男	金工二	670	400	140	1210
6	赵　娜	女	金工二	570	330	110	1010
7	赵明明	男	金工二	560	300	100	960
8	李　菲	女	机修	650	350	150	1150
9	苏汉胜	男	机修	600	340	100	1040
10	罗　丹	女	工具	600	350	130	1080
11	李会明	男	工具	670	350	120	1140

对表文件 GZGL.DBF 中的基本工资、岗位工资、奖金和工资总额求和，并将结果存储到数组 A 中。

```
USE GZGL
SUM TO ARRAY A
```

系统主窗口显示如下运行结果：

基本工资	岗位工资	奖金	工资总额
6775.00	3830.00	1330.00	11935.00

3.6.3　求平均值

【格式】`AVERAGE [<表达式表>] [<范围>] [FOR <逻辑表达式 1>] [WHILE <逻辑表达式 2>] [TO <内存变量表> | TO ARRAY <数组>] [NOOPTIMIZE]`

【功能】对当前表文件中指定范围内满足条件的记录按指定的数值型字段计算平均值。

【说明】缺省<范围>和<条件>，则对全部记录求平均值；如不指定<数值型表达式表>，则对所有数值型字段求平均值。其他选项同 Sum 命令。

【例 3-43】分别计算表文件 GZGL.DBF 中的男女各项收入的平均值。

```
USE GZGL
AVER FOR 性别="男" TO ARRAY B
```

系统主窗口显示如下运行结果：

基本工资	岗位工资	奖金	工资总额
628.33	350.00	118.33	1096.67

```
AVER FOR 性别="女" TO ARRAY C
```

系统主窗口显示如下运行结果：

```
基本工资      岗位工资      奖金      工资总额
601. 00       346.00       124.00    1071.00
```

3.6.4　综合计算

【格式】CALCULATE <表达式表> [<范围>] [FOR <逻辑表达式 1>] [WHILE <逻辑表达式 2>] [TO <内存变量表> | TO ARRAY <数组>]

【功能】对当前表文件中指定范围内满足条件的记录进行指定的计算工作。

【说明】<表达式表>可以是表 3-4 中函数的任意组合。

表 3-4　CALCULATE 命令可包含的函数及其含义

函数	含义	函数	含义
AVG(数值表达式)	求算术平均值	NPV(<expN1>,<expN2>[, <expN3>])	求净现值
CNT()	求记录个数	STD(数值表达式)	求标准偏差
MAX(表达式)	求最大值	SUM(数值表达式)	求和
MIN(表达式)	求最小值	VAR(数值表达式)	求均方差

【例 3-44】计算表文件 GZGL.DBF 中的人数、奖金收入的平均值和最大值、工资总额的最大值和平均值。

```
USE STUD
CALC CNT(),AVG(奖金),MAX(奖金),AVG(工资总额),MAX(工资总额) TO X1,X2,X3,X4,X5
```

系统主窗口显示如下运行结果：

```
CNT()     AVG(奖金)     MAX(奖金)     AVG(工资总额)     MAX(工资总额)
  11       120.91        150.00         1085.00           1210.00
```

3.6.5　分类汇总

【格式】TOTAL TO <汇总文件名> ON <关键字段> [FIELDS <字段名表>] [<范围>] [FOR <逻辑表达式 1>] [WHILE <逻辑表达式 2>] [NOOPTIMIZE]

【功能】按关键字段对当前表文件的数值型字段进行分类汇总，形成一个新的表文件。

【说明】当前表必须在关键字上排序或索引。

汇总结果存入一个由本命令建立的新表<汇总文件名>中，其结构与当前表的结构完全相同，汇总记录个数由<关键字段>的值确定，将当前表文件中关键字段值相同的记录分成一类，每一种分类在该库文件中只产生一个记录。记录顺序按索引或排序排列，各记录中的汇总字段值为汇总后的和，而非汇总字段值为每一类别中第一条记录的值。备注型字段被自动舍去。

参加汇总的数值型字段由 FIELDS<字段名表>指定，如缺省，则对当前表的所有数值型字段进行汇总。

如果表结构中字段宽度不足以容纳汇总结果，系统将自动修改汇总表中该字段的宽度，以能存放下汇总的结果。

【例 3-45】有一表文件 GZGL.DBF，内容如下：

Record#	姓名	性别	车间	基本工资	岗位工资	奖金	工资总额
1	张小红	女	金工一	645	340	120	1105
2	李建军	男	金工一	690	370	130	1190
3	孙爱国	男	金工一	580	340	120	1040
4	吴晓英	女	金工一	540	360	110	1010
5	张　斌	男	金工二	670	400	140	1210
6	赵　娜	女	金工二	570	330	110	1010
7	赵明明	男	金工二	560	300	100	960
8	李　菲	女	机修	650	350	150	1150
9	苏汉胜	男	机修	600	340	100	1040
10	罗　丹	女	工具	600	350	130	1080
11	李会明	男	工具	670	350	120	1140

对表文件 GZGL.DBF 按“车间”分类汇总。

```
USE GZGL
INDEX ON 车间 TAG 车间
TOTAL ON 车间 TO GZCJ
TOTAL TO GZCJ ON 车间
USE GZCJ
LIST
```

系统主窗口显示如下运行结果：

记录号	姓名	性别	车间	基本工资	岗位工资	奖金	工资总额
1	罗　丹	女	工具	1270	700	250	2220
2	李　菲	女	机修	1250	690	250	2190
3	张　斌	男	金工二	1800	1030	350	3180
4	张小红	女	金工一	2455	1410	480	4345

对表文件 GZGL.DBF 按“性别”分类汇总。

```
USE GZGL
INDEX ON 性别 TAG 性别
TOTAL TO GZXB ON 性别
USE GZXB
LIST
```

系统主窗口显示如下运行结果：

记录号	姓名	性别	车间	基本工资	岗位工资	奖金	工资总额
1	李建军	男	金工一	3770	2100	710	6580
2	张小红	女	金工一	3005	1730	620	5355

3.7　多表的操作

至此所讲述的对表的操作都是在一个工作区中进行的，每个工作区最多只能打开一个表文件，用 USE 命令打开一个新的表，同时也就关闭了前面已打开的表。在实际应用中，用户常常需要同时打开多个表文件，以便对多个表文件的数据进行操作。为了解决这一问题，Visual FoxPro 引入了工作区的概念。例如，在多个表之间进行数据传递。让一个表与另一个表之间发生关联、将几个表按某种条件合并为一个新的表文件等。Visual FoxPro 允许用户在表间建立临时关系和永久关系。

3.7.1 工作区与多个表

1. 工作区和当前工作区

工作区是 Visual FoxPro 在内存中开辟的一块区域，用于存放打开的表。Visual FoxPro 系统最多能同时使用 32767 个工作区，每个工作区可以且只能打开一个表文件。

在每一个工作区中各有一个记录指针指向该区表文件的当前记录，使得各区的表文件可独立操作。Visual FoxPro 系统中，虽然可以在不同工作区打开多个表文件，但在任何时刻只能对一个工作区进行操作，这个工作区称为当前工作区或主工作区，又称活动工作区。当前工作区上打开的文件为当前表文件，又称主表文件。在当前表文件进行操作时，可以引用其他工作区的表文件内容，但不影响其他工作区表文件的数据。

2. 选择当前工作区

Visual FoxPro 采用工作区号和工作区别名来区分各个工作区，用户利用工作区号和别名来选择、更改当前工作区。这 32767 个工作区的区号分别用 1～32767 表示。对应地，这些工作区也分别称为：1 号工作区、2 号工作区、……、32767 号工作区。系统启动后，系统自动选择 1 号工作区为当前工作区，所以以前对表文件的所有操作都是在 1 号工作区中进行的。

除了标号外，工作区还有自己的别名。系统为每个工作区规定了一个固定的别名，称为系统别名。用户也可为工作区定义一个别名，称为用户别名。

（1）工作区的系统别名。

Visual FoxPro 为每个工作区规定了一个固定的系统别名，对应于 1～10 号工作区，它们的系统别名分别为 A～J。1 号工作区也称为 A 工作区，2 号工作区也称为 B 工作区，依此类推。对应于 11～32767 号工作区，它们的系统别名分别为 W11～W32767，11 号工作区称为 W11 工作区。

（2）工作区的用户别名。

每个工作区打开的表都有一个别名，当用命令 USE<表文件名>打开表时，系统默认表的别名就是该表的主文件名。如果用户为工作区自定义一个别名，可使用 USE 命令。

【格式】USE<表文件名>[ALIAS<别名>][NOUPDATE]

其中有 ALIAS 选择项时，<别名>就是用户为当前工作区定义的用户别名；若省略可选项时，系统将取表的主文件名作为该表文件的别名，并且是在当前工作区中打开表文件。

<别名>是用英文字母或下划线开头，由字母、数字、下划线组成，其命名规则与文件名的命名规则相同。当有 NOUPDATE 项时，不允许修改打开表文件的结构。

例如：USE STUD ALIAS XS （定义 XS 为表 STUD 的别名）

USE STUD （省略了选择项 ALIAS，因此其别名就是表文件名 STUD）

（3）工作区的选择。

当系统启动时，1 号工作区是当前工作区，若想改变当前工作区，则可使用 SELECT 命令来转换当前工作区。

【格式】SELECT<工作区号>/<工作区别名>

【功能】选择一个工作区作为当前工作区。

【说明】<工作区号>|<工作区别名>：指定当前工作区。选择工作区时，可以直接指定区号，也可以通过别名指定工作区，二者是等效的。

别名可以是系统规定的别名，也可以是用户规定的别名，甚至可以用已打开的表替代工作区别名。此命令允许选用“0”号工作区。如果指定“0”，则表示选用当前未使用过的编号最小的工作区作为当前工作区。

执行该命令后，对任何工作区中的表及记录指针均不发生影响，仅实现各个工作区之间的切换。

【例 3-46】在 1 号工作区和 2 号工作区内分别打开 STUD.DBF 和 COURSE.DBF 表文件，并选择 1 号工作区为当前工作区。

```
SELECT 1                          && 或  SELECT  A
USE STUD
SELECT 2
USE COURS
SELECT 1
LIST 学号，姓名，性别，出生日期
```

系统主窗口显示如下结果：

记录号	学号	姓名	性别	出生日期
1	011110	李建国	男	84-09-28
2	011103	李　宁	女	85-05-06
3	011202	赵　娜	女	84-02-21
4	021204	孙　亮	男	86-09-08
5	011101	赵　琳	女	85-11-18
6	021405	罗宇波	男	85-12-12

```
SELECT 2
LIST 课程号,课程名,教师
```

系统主窗口显示如下结果：

记录号	课程号	课程名	教师
1	01	英语	刘江虎
2	02	数学	李小则
3	03	C 语言	何晓敏
4	04	数据库	张　超

```
SELECT 1
```

3. 非当前工作区字段的引用

Visual FoxPro 系统对当前工作区上的表可以进行任何操作，也可以对其他工作区中的表文件的数据进行访问。在主工作区可通过以下两种格式访问其他工作区表中的数据。

【格式】<工作区别名>-> <字段名>

或

<工作区别名>. <字段名>

通过用工作区别名指定要访问的工作区，所得到的字段值为指定工作区打开的表当前记录的字段值。

【例 3-47】在 1 号工作区和 2 号工作区打开表文件 STUD.DBF 和 SC.DBF，在 1 号工作区内查看当前记录的学号、姓名、性别、出生日期、课程号、成绩等字段内容。

```
SELECT A
USE STUD                        && 在 1 号工作区中打开 STUD
SELECT B
USE SC                          && 在 2 号工作区中打开 SC
SELECT A                        && 选择 1 号工作区为当前工作区
DISPLAY 学号,姓名,性别,出生日期,B->课程号,SC.成绩
```

系统主窗口显示如下结果：

```
记录号  学号    姓名    性别   出生日期    B->课程号   Sc->成绩
   1   011110  李建国   男    84-09-28     01          50
```

由于调用非当前表文件数据只能访问被访问表文件中当前记录的字段值，这不仅给用户带来了麻烦，还极易引起错误。是否能使被访问表文件的记录指针根据当前表文件记录指针的指向而自动移动呢？关联可以实现这个要求。

3.7.2 表的关联

1. 关联的概述

所谓表文件的关联是把当前工作区中打开的表与另一个工作区中打开的表进行逻辑连接，而不生成新的表。当前工作区的表和另一工作区中的打开表建立关联后，当前工作区中表的记录指针移动时，被关联工作区的表记录指针也将自动相应移动，以实现对多个表的同时操作。

在多个表中，必须有一个表为关联表，此表常称为父表，而其他的表则称为被关联表，常称为子表。在两个表之间建立关联，必须以某一个字段为标准，该字段称为关键字段。表文件的关联可分为一对一关联、一对多关联和多对多关联。

（1）一对一关联。

如果 A 表中的某条记录只能对应 B 表中的一条记录，而 B 表中的某一条记录在 A 表中也只能有一条记录与之对应，则称之为一对一关联。这种关系并不经常用，因为这样的两个表很多情况下可以合并为一个表。若不能合并，则需要两表中，一表的主关键字至少成为另一个表的外部关键字。

（2）一对多关联。

如果 A 表中的某条记录可以对应 B 表中的多条记录，而 B 表中的某一条记录在 A 表中却只能有一条记录与之对应，则称之为一对多关联。例如，在一个学生信息表中包含每个学生的基本档案信息，其中以学号作为主关键字，另一个课程成绩表中包含每个学生的成绩信息，学号作为普通关键字。对于学生信息表中的每一条记录，在课程成绩表中都有同一学号的多条记录。而课程成绩表中的每条记录都对应学生信息表中惟一的一条记录。这两个文件之间的关联就是一对多关联。

（3）多对多关联。

如果 A 表中的某条记录对应 B 表中的多条记录，而 B 表中的某一条记录在 A 表中也有多条记录与之对应，则称之为多对多的关联。为了建立这种多对多关联，至少需要 3 个表，第 3 个表作为中间表，将父表与子表关联起来。例如：每一个学生选修多门课，每门课被多个学生选修。它们之间的关联就是多对多关联。在一个学生信息表中包含每个学生的基本档案信息，其中以学号作为主关键字，课程表中包含每门课基本信息，以课程号为主关键字，另一个课程成绩表中包含每个学生的成绩信息，学号、课程号作为普通关键字。通过课程成绩表将学生信息表和课程表关联起来。

2. *表文件关联的建立*

（1）一对一关联的建立。

1）命令方式。

【格式】`SET RELATION TO [<关键字段表达式> | <数值表达式>] [INTO<别名> | <工作区号>] [ADDITIVE]`

【功能】将当前工作区的表文件与<别名>（或工作区号）指定的工作区中的表文件按<关键字段表达式>或<数值表达式>建立关联。

【说明】当用<关键字段表达式>建立关联时，关键字必须是两个表文件共有的字段，且别名表文件已按关键字段建立了索引文件，并已指定关键字段为主控索引。

当需要同时用多个字段与其他文件建立关联时，可以使用这几个字段的组合构造<关键字段表达式>，以建立文件之间的关联，即使用 SET RELATION TO <字段 1+...+字段 n> INTO <子库文件名>命令方式。

当父表文件的记录指针移动时，子表文件的记录指针根据主控索引文件指向关键字段值与父表文件相同的记录。如果子表中没有与关键字段值相同的记录，则记录指针指向文件尾，EOF()为.T.。

当按<数值表达式>建立关联时，别名表不需要打开索引文件，两个表文件按照记录号相联系，父表文件的记录指针移动时，子表文件的记录指针移至与数值表达式相等的记录上。若找不到此记录，记录指针指向文件尾，EOF()为.T.。

ADDITIVE：表示当前表与其他工作区表已有的关联仍有效，实现一个表和多个表之间的关联；否则取消当前表与其他工作区表已有的关联，当前表只能与一个表建立关联。

SET　RELATION　TO 则表示取消当前工作区与其他工作区的关联。

【例 3-48】 将表文件 STUD.DBF 和 SC.DBF 以学号为关键字段建立关联。

```
SELECT 2                        && 选择工作区 2
USE SC                          && 打开表文件 SCORE.DBF
INDEX ON 学号 TAG 学号          && 建立学号标识
SET ORDER TO TAG 学号           && 指定学号为主索引
SELECT 1                        && 选择工作区 1
USE STUD                        && 打开表文件 STUD.DBF
SET RELATION TO 学号 INTO 2     && 建立一对一关联
LIST 学号, 姓名, B->成绩
```

系统主窗口显示如下运行结果：

```
记录号  学号     姓名       B->成绩
   1   011110   李建国        50
   2   011103   李  宁        90
   3   011202   赵  娜        92
   4   021204   孙  亮        70
   5   011120   赵  琳        69
   6   021405   罗宇波        67
```

【例 3-49】 将表文件 STUD.DBF 和 SC.DBF 按数值表达式建立关联。

```
SELECT 2                                && 选择工作区 2
USE SC                                  && 打开表文件 SC.DBF
SELECT 1                                && 选择工作区 1
USE STUD                                && 打开表文件 STUR.DBF
SET RELATION TO RECNO() INTO 2          && 按记录号建立一对一关联
GOTO 3
DISPLAY 学号, 姓名, B->成绩
```

系统主窗口显示如下运行结果：

```
记录号   学号      姓名      B->成绩
   3    011202    赵娜         90
SKIP
? RECNO(), RECNO(2)                 && 显示当前工作区和 2 号工作区的记录号
       4        4                   && 记录号保持一致
```

2）菜单方式。使用命令来建立关联操作较为烦琐，而且容易出错。因此，Visual FoxPro 提供了利用菜单建立关联的方法。

在 Visual FoxPro 的“窗口”菜单中选择“数据工作期”的菜单选项，或在命令窗口使用 SET 命令。两者都可打开如图 3-20 所示的“数据工作期”窗口。

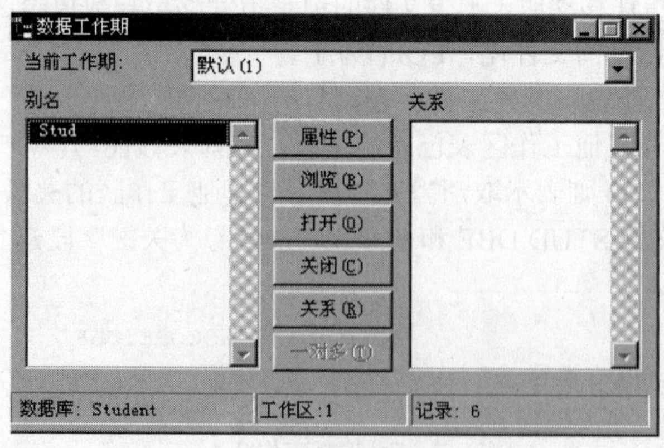

图 3-20 “数据工作期”窗口

所谓数据工作期，就是表单、表单集或报表当前使用的动态工作环境，包含一组工作区，在每一个工作区里都有被打开的表、索引或关系。使用“数据工作期”窗口可以打开或显示表或视图，也可建立临时关系，并设置工作区属性。该窗口主要由 6 个按钮和左右两个子列表框

组成。左列表框中反映了当前 VFP 中已经打开的表，右列表框反映表之间所建立的临时关系。窗口中各按钮的功能如下：

“属性”：单击该按钮，将打开“工作区属性”对话框，可在其中修改表的结构、选择索引文件，以及定义数据筛选条件。

“浏览”：单击该按钮，将在浏览窗口中显示“别名”列表框中选定的表或视图，可在其中检查、编辑或追加数据。

“打开”：单击该按钮，弹出“打开”对话框，可在其中选择要打开的表或视图。

“关闭”：单击该按钮，将删除“别名”列表框中选定的表或视图及其相关文件。

“关系”：用于建立两表之间的临时关系。

“一对多”：如果两个表之间的关系为一对多的关系，单击该按钮，将在右窗口中显示一对多关系。

利用菜单方式建立一对一关联的具体步骤如下：

1）选择【窗口】|【数据工作期】命令，系统将弹出“数据工作期”窗口。

2）单击【打开】按钮，将需要用到的表在不同的工作区打开。

3）在别名列表中选择主表，即将选定的表反色显示，再单击“关系”按钮，显示出主表文件名，如 STUD，并且下方引出一条线，再在别名列表中选择子表。

4）如果子表文件未指定主控索引，系统会打开如图 3-21 所示的“设置索引顺序”对话框，以指定子表文件的主控索引。

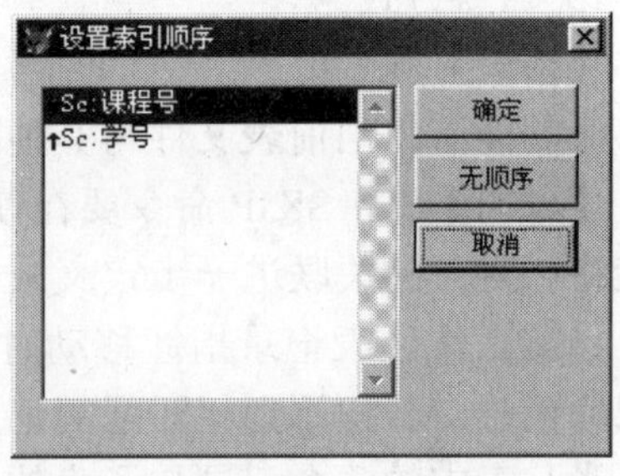

图 3-21　“设置索引顺序”对话框

5）主控索引建立后，系统弹出如图 3-22 所示的“表达式生成器”（Expression Builder）对话框，在字段列表框中选择关联关键字段，如学号，然后单击“确定”按钮，返回“数据工作期”窗口。

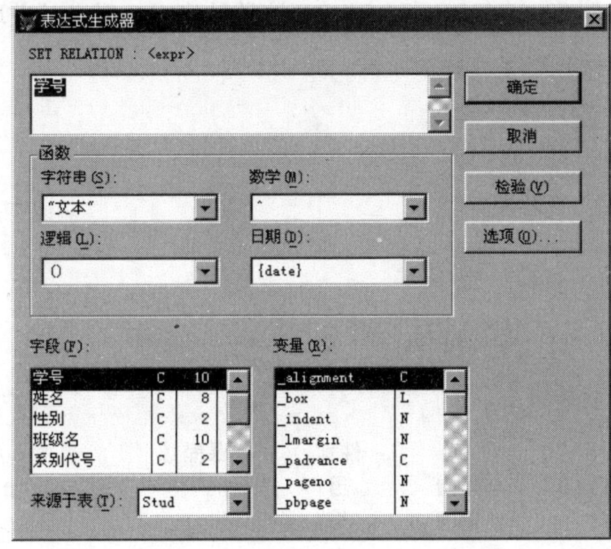

图 3-22　“表达式生成器”对话框

6）此时在“数据工作期”窗口的右侧列表框中出现了子表 SC，在父表和子表之间有一单线相连，说明在两表之间已建立了一对一关联，如图 3-23 所示。

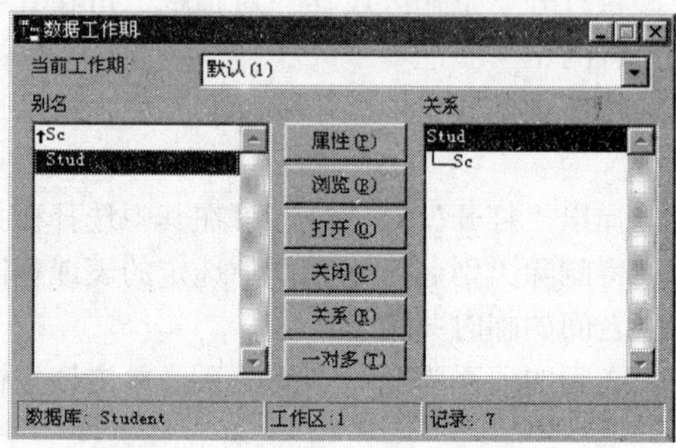

图 3-23　已建立关联的“数据工作期”窗口

（2）一对多关联的建立。

1）命令方式。

【格式】`SET SKIP TO [<别名 1>[, <别名 2>] ...]`

【功能】将当前表文件与其他工作区中的表文件建立一对多关联。

【说明】SET SKIP 命令要在使用 SET RELATION 命令建立了一对一的关联之后来使用，才能将一对一的关联进一步定义成一对多的关联。

当前工作区表记录指针移动时，别名库文件的记录指针指向第一个与关键字表达式值相匹配的记录，若找不到相匹配的记录，则记录指针指向文件尾部，EOF()为.T.。

当父表中的一个记录与子库的多个记录相匹配时，在父表中使用 SKIP 命令，并不使父表的指针移动，而子表的指针却向前移动，指向下一个与父表相匹配的记录；重复使用 SKIP 命令，直至在子表中没有与父表当前记录相匹配的记录后，父表的指针才真正向前发生移动。

无任何选择项的 SET SKIP TO 命令将取消一对多的关联（一对一的关联仍然存在）。

【例 3-50】将表文件 STUD.DBF 和 SC.DBF 按学号建立一对多的关联。

```
SELECT 2
USE SC
INDEX ON 学号 TAG 学号
SET ORDER TO TAG 学号
SELECT 1
USE STUD
SET RELATION TO 学号 INTO B
SET SKIP TO B
LIST 学号,姓名,性别,B->课程号,B->成绩
```

系统主窗口显示如下结果：

```
记录号  学号      姓名      性别  B->课程号      B->成绩
     1  011110    李建国     男      01             50.0
     1  011110    李建国     男      02             80.0
     2  011103    李  宁     女      03             90.0
     2  011103    李  宁     女      01             80.0
```

```
3  011202    赵 娜    女    04    98.0
3  011202    赵 娜    女    03    89.0
4  021204    孙 亮    男    02    70.0
4  021204    孙 亮    男    03    45.0
5  011120    赵 林    女    04    69.0
6  021405    罗宇波   男    02    67.0
6  021405    罗宇波   男    04    75.0
```

2）菜单方式。利用菜单方式建立一对多关联的具体步骤如下：

① 选择【窗口】|【数据工作期】命令，系统将弹出“数据工作期”窗口。

② 按前面所述的步骤，建立一对一关联。

③ 单击“一对多”按钮，系统弹出如图 3-24 所示的“创建一对多关系”对话框。

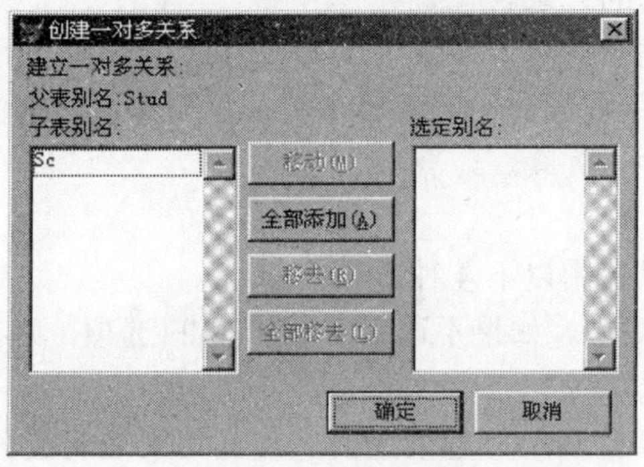

图 3-24　“创建一对多关系”对话框

④ 在“创建一对多关系”对话框的子表别名列表框选择子表别名，如 SC，单击“移动”按钮，子表别名将出现在“选定别名”列表框中，单击“确定”按钮，完成子表别名的指定，并返回到“数据工作期”窗口。

⑤ 如果子表文件未指定主控索引，则系统显示“指定索引顺序”对话框，以便用户指定主控索引。

⑥ 完成上述工作后，在“数据工作期”窗口的右侧列表框中出现了子表文件名，如 SC，在父表和子表之间有一双线相连，说明在两表之间已建立了一对多关联，如图 3-25 所示。

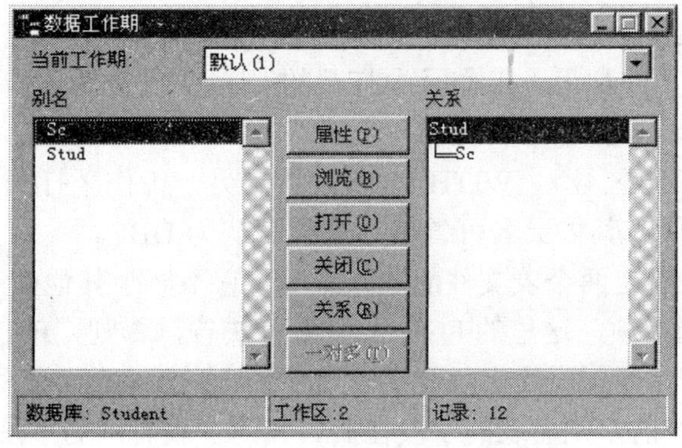

图 3-25　建立一对多关联后的“数据工作期”窗口

（3）一个表对多个表关联的建立。

1）命令方式。

【格式】SET RELATION TO [<关联表达式 1> INTO <别名 1> | <工作区 1>[, <关联表达式 2> INTO <别名 2> | <工作区 2> ...][ADDITIVE]]

【功能】将主工作区中的表与多个其他工作区中的表建立关联。

【说明】<关联表达式 1>表示与别名 1 表文件建立关联时的关键字段表达式，<关联表达式 2>表示与别名 2 表文件建立关联时的关键字段表达式，建立关联时，关键字段必须是两个表文件的共有字段，且别名表文件已按关键字段建立了索引文件，并已指定为主控索引。

当父表文件的记录指针移动时，多个子表文件的记录指针根据各自的主控索引文件指向关键字段值与父表文件相同的记录。

其他有关参数均同前述。

2）菜单方式。多次利用前面介绍的菜单步骤，只要每次选择的子表不同，就可以分别建立一个表文件同多个表文件的关联。

3. 取消表的关联

取消数据间的关联可以采用以下 4 种方法：

（1）在建立关联的命令中，如果不选用 ADDITIVE 选项，则在建立新的关联的同时，取消了当前表原来建立的关联。

（2）命令 SET RELATION TO，取消当前表与其他表之间的关联。

（3）命令 SET RELATION OFF INTO <别名> | <工作区号>，取消当前表与指定别名表之间的关联。

（4）关闭表文件，关联都被取消，下次打开时，必须重新建立。

3.7.3 数据库的连接

用关联命令，可以将不同工作区的几个表文件的记录指针按某个要求建立一种逻辑连接，但这两个表文件并没有真正形成一个表文件。在实际应用中，经常需要把不同数据结构的表文件按一定要求连接形成一个新的表文件，这就是表文件的连接，称为物理连接。

【格式】JOIN WITH <工作区号> | WITH <别名> TO <新文件名> FOR <逻辑表达式> [FIELDS <字段名表>]

【功能】将当前表文件和另一工作区中打开的<别名>表文件按指定的条件连接，生成一个以<新文件名>为名的新表文件，实现物理上的连接。

【说明】WITH <工作区号> | WITH <别名>指定另一工作区打开的表文件，<新文件名>表示连接生成的新表文件，其扩展名可省略，系统默认为.DBF。

FOR <逻辑表达式>指定两个表文件的连接条件，它不同于其他命令中的 FOR 子句，其他命令的 FOR 子句都是选择项，这里的 FOR 子句不可缺省，否则，JOIN 命令无法执行。

FIELDS<字段名表>指定新表的字段及字段顺序。若缺省 FIELDS 短语，则包括两个表的所有字段，当前表的字段在前，别名表的字段在后。当两个表有同名字段时，被连接后只生成一个字段。如果需要选择别名表文件中的字段，必须用前缀“别名.”加以标识，否则，新表中的字段为当前表文件的字段。连接后的新表字段数不能超过 255 个，否则自动截去后面的字段。

其他参数如前面所述。

执行 JOIN 命令时，首先将当前工作区表文件的记录指向第一个记录，然后在<别名>表文件中按 FOR<逻辑表达式>指定的条件查找，每找到一个，在新表文件生成一条记录。<别名>表文件的记录全部查完后，当前工作区表的指针指向下一记录，重复比较连接，直到当前工作区中表文件的所有记录处理完为止。

连接过程中备注型字段被自动截除。

【例 3-51】将 STUD.DBF 和 SC.DBF 表文件按学号连接，生成一个新的表文件 STUD_SC.DBF。

```
SELECT 2
USE SC
SELECT 1
USE STUD
JOIN WITH B TO STUD_SC FOR 学号=B->学号 FIELDS 学号,姓名,班级名,系别代号;
B->课程号,B->成绩                        && 连接生成新文件 STUD_SC
SELECT 0
USE STUD_SC                              && 打开新的表文件 STUD_SC.DBF
BROWSE
```

系统主窗口显示如图 3-26 所示的运行结果。

Stud_sc

学号	姓名	班级名	系别代号	课程号	成绩
011110	李建国	计0121	01	01	50
011110	李建国	计0121	01	02	80
011103	李宁	电0134	02	03	90
011103	李宁	电0134	02	01	80
011202	赵娜	英0112	03	04	98
011202	赵娜	英0112	03	03	89
021204	孙亮	电0134	02	02	70
021204	孙亮	电0134	02	03	45
011120	赵林	计0121	01	04	69
021405	罗宇波	英0112	03	02	67
021405	罗宇波	英0112	03	04	75

图 3-26　STUD.DBF 与 SC.DBF 连接生成的新表 Stud_sc.dbf

3.7.4　表间的数据更新

随着时间和条件的改变，表文件中某些字段值需要更新。Visual FoxPro 系统提供了用一个数据文件的数据去更新另一个表文件的数据的方法，数据更新的命令是 UPDATE。

【格式】UPDATE ON <关键字段> FROM <别名> | <工作区号> REPLACE <字段 1> WITH <表达式 1> [,<字段 2> WITH <表达式 2>…] [RANDOM]

【功能】用<别名>或<工作区号>指定的表的数据更新当前工作区表中的数据。

【说明】<关键字段>必须为两个表所共有的。

<别名> | <工作区号>：指定用来进行数据更新的表文件。

<字段 1> WITH <表达式 1>：用表达式 1 的值更新字段 1 的内容，表达式中出现的别名库中的字段应以前缀“别名->”或“别名.”标识。

如果选用 RANDOM 选择项，别名区中文件不需索引或按关键字段升序排序，否则两个表文件都必须以关键字段索引或按关键字段升序排序。

命令的执行过程如下：对当前工作区表中的每个记录，均根据关键字在别名库中寻找相应的记录，找到后，分别用表达式 1 的值来替换字段 1 的值，表达式 2 的值来替换字段 2 的值，依此类推，如果找不到相应的记录，则不执行更新操作；若当前工作区表中有多个关键字值相同的记录，则只对第一个进行更新；若别名库中有多个关键字值相同的记录，则对当前表中相应的记录进行多次更新。

【例 3-52】假设表文件 ZFCJ.DBF 内容如下，用 SC.DBF 中的各课成绩值计算 ZFCJ.DBF 中的总分成绩。

记录号	学号	姓名	总分
2	011103	李　宁	92
1	011110	李建国	90
5	011111	赵　琳	92
3	011202	赵　娜	89
4	021204	孙　亮	75
6	021405	罗宇波	90

解：

```
select 2
use sc
select 1
use zfcj
index on 学号 to aa
update on 学号 from sc replace 总分 with 总分+b->成绩 random
LIST
```

系统主窗口显示如下运行结果：

记录号	学号	姓名	总分
2	011103	李　宁	262
1	011110	李建国	279
5	011111	赵　琳	92
3	011202	赵　娜	276
4	021204	孙　亮	190
6	021405	罗宇波	232

3.8 例题精选

一、选择题

【例 1】在 VFP 系统中，“DBF”文件被称为__________。

A）数据库文件　　B）表文件　　C）程序文件　　D）项目文件

答案：B

解答：数据库文件的扩展名为.DBC，程序文件的扩展名为.PRG 或.SPR、.MPR、.QPR，项目文件的扩展名为.PJX 或.FPC、.CAT，表文件的扩展名为.DBF。

【例 2】执行 USE XS（回车）SKIP –1 后下列显示值一定是.F.的命令是________。

A）?BOF()　　B）?EOF()　　C）?.T.　　D）?RECNO()=1

答案：B

解答：数据库刚打开时，记录指针指向第一条记录，执行 SKIP –1 命令后，指针所指向的记录号虽然仍是第一条记录，但 BOF()函数值却为.T.，相反 EOF()为.T.，却是执行 GO BOTTOM 再执行 SKIP+1 后的结果，答案 B 为.F.，答案 C 永远为.T.，答案 D 由于指针所指向的记录号虽然仍是第一条记录，表达式的值却为 T.。

【例 3】对于向一个数据库添加自由表，下列哪个说法是不正确的________。

A）可以将一个自由表添加到数据库中

B）可以将一个数据库表直接添加到别一个数据库中

C）可以在项目管理器中将自由表拖放到数据库中使它成为数据库表

D）将一个数据库表从一个数据库移至另一个数据库，则必须先使其成为自由表

答案：B

解答：在 Visual FocPro 系统中表文件有两种数据库表和自由表，它们之间可以相互转换，但在任一时刻，一个表只能以其中的一种状态出现且只能属于一个数据库。答案 B 是错误的，它不能直接移动，只能先移出数据库，成为自由表，然后，再添加为另一个数据库表。添加数据库表的方法有很多，答案 C 只是其中的一种，并没有错。

【例 4】当数据库表移出数据库后，仍然有效的是________。

A）记录有效性　　B）字段有效性　　C）触发器　　D）结构复合索引

答案：D

解答：数据库表和自由表的区别就是它增加了一些属性，其中就包含有字段有效性、记录有效性和触发器。当它从数据库中移去时，这些属性就消失了，但结构复合索引两种表都支持，它仍然有效。

【例 5】要删除当前表文件中的“补贴”字段的全部值，应使用的命令是________。

A）MODIFY STRUCTURE　　B）DELETE

C）REPLACE　　D）ZAP

答案：C

解答：本题的题意是删除“补贴”字段的值，而不是删除字段本身，所以不能修改表结构，DELETE 命令用于删除记录，ZAP 命令用于清除表中的全部记录，可以用 REPLACE 命令将“补贴”字段的值替换为 0。

【例 6】Visual FoxPro 表文件有 100 条记录，当前记录号是 11，执行命令 LIST 后，记录指针将指向________。

A）第 1 条记录　　B）第 100 条记录

C）第 101 条记录　　D）文件结束标识位置

答案：D

解答：依次显示各条记录后，指针将停止在文件结束标识处，虽然 RECNO()命令显示为 101，但是并不存在第 101 条记录。

【例 7】对已经打开的学生成绩表文件 STUD.DBF，按学号字段的降序建立结构复合索引，标识名为学号，应使用的命令是________。

A）INDEX ON 学号 TO STUD DESCENDING

B）INDEX ON 学号 TAG 学号 ADDITIVE

C）INDEX ON 学号 TAG 学号 DESCENDING

D）INDEX ON 学号 TO TAG 学号 ADDITIVE

答案：C

解答：A 为建立单索引文件；B 建立的索引为升序；D 有语法错误；答案为 C。

【例 8】对于数据库表的索引，________说法是不正确的。

A）当数据库表被打开时，其对应的结构复合索引文件不能被自动打开

B）主索引和候选索引能控制表中字段重复值的输入

C）一个表可以建立多个候选索引

D）自由表不能建立主索引

答案：A

解答：F 不论是数据库表还是自由表都支持结构复合索引文件，它都将随表文件的打开而打开，表文件的关闭而关闭。其他 3 个答案都正是主索引和候选索引的特性。

【例 9】教师表 JS.DBF 已经打开，其中包含“姓名”字段，共有 7 条记录，若按“姓名”字段排序，执行 SORT ON 姓名 TO JS 后，屏幕将提示________。

A）7 条记录排序完成　　B）覆盖原文件吗(Y/N)

C）文件正在使用　　D）出错信息

答案：C

解答：表打开后才能排序，排序命令生成一个新的表文件，本题中新表的名字与原表名字相同，系统将发现文件正在使用不能覆盖，由于命令本身并未出错，因此不会给出出错信息。

【例 10】教师表 JS.DBF 中有“基本工资”、“补贴”和“工资总额”字段，均为数值型，要将所有记录的“基本工资”和“补贴”相加存入“工资总额”中，应使用命令________。

A）REPLACE 工资总额 WITH 基本工资+补贴

B）REPLACE 工资总额 WITH 基本工资，补贴

C）REPLACE 工资总额 WITH 基本工资+补贴 ALL

D）REPLACE 工资总额 WITH 基本工资+补贴 FOR ALL

答案：C

解答：替换修改命令 REPLACE 的范围默认值为当前记录，答案 A 只能替换一条记录的工资总额，答案 B 的格式错误，Visual FoxPro 的命令格式灵活，以命令动词开头，后面的短语次序不限，但是答案 D 中 FOR 后必须有逻辑表达式作为条件，ALL 是范围选项，不能作为条件。

【例 11】将教师表 JS.DBF 中所有“职称”为“教授”或“副教授”的记录的“工资总额”相加，并将结果存入变量 GGZ 中，可使用命令________。

A）SUM 工资总额 TO GGZ FOR 职称="副教授".AND. "教授"

B）SUM 工资总额 TO GGZ FOR 职称="副教授".OR. "教授"

C）SUM 工资总额 TO GGZ FOR 职称="副教授".AND.职称="教授"

D）SUM 工资总额 TO GGZ FOR "教授"$职称

答案：D

解答：答案 A、B 的条件表达式错，答案 C 的逻辑错，因为不可能有既是“教授”又是“副教授”的记录。字符串比较表达式<字符串 1>$<字符串 2>，当前面的字符串是后面的子字符串时，字符串比较运算的结果为真（.T.），否则为假（.F.），因此答案 D 既包含“教授”又包含“副教授”。将答案 C 中的 AND 改为 OR 也是正确的。

【例 12】新建一个表 JSNEW.DBF，其结构与表 JS.DBF 的结构完全相同，但记录不同，比较方便的建库命令是________。

A）USE JS
COPY TO JSNEW

B）USE JS
COPY STRU TO JSNEW

C）COPY FILE JS.DBF TO JSNEW.DBF

D）CREAT JSNEW FROM JS

答案：B

解答：本题的题意是指比较方便的命令。答案 A 全库复制后，还要删除记录；答案 C 用文件复制法不仅要删除记录，如果原表中有备注型字段，还必须单独复制.FPT 文件，否则复制后的表打不开；答案 D 中 JS 并不是结构文件，不能建库；答案 B 仅复制表结构，较方便。

【例 13】现有两个表文件 A1 和 A2，要把 A2 合并到 A1 中去，应使用命令________。

A）SELECT 1
USE A1
SELECT 2
USE A2
APPEND FROM A1

B）SELECT 1
USE A2
SELECT 2
USE A1
COPY A2 TO A1

C）USE A2
COPY TO A1

D）USE A1
APPEND FROM A2

答案：D

解答：APPEND FROM 命令可以实现表文件之间的合并，并且要求目标库必须用 USE 命令打开，记录总是追加在目标文件尾。答案 A 将 A1 追加到 A2，答案 B 和 C 为复制表文件。正确答案为 D，将 A2 追加到 A1 中。

【例 14】在 Visual FoxPro 状态下，执行下列命令：

```
SELECT 1
USE AT1
USE AT2
```

这时打开的文件是________。

A）AT1　　B）AT2　　C）AT1 和 AT2　　D）都没打开

答案：B

解答：Visual FoxPro 允许同时打开 32767 个表文件，每个表文件各占用一个工作区。在同一时间，每个工作区只能打开一个表文件，如果不指定工作区，则用 USE 命令在当前工作区中打开表文件。若当前工作区已有表文件被打开，则在打开另一个表文件的同时，系统自动关闭先打开的表文件。本例中，打开 AT2 文件时，系统自动将 AT1 关闭，因此，正确答案应为 B。

【例 15】在 Visual FoxPro 中执行下列命令：

```
SELECT A
USE XY
SELECT B
USE AB
? FCOUNT()
```

屏幕显示：16，这个 16 表示________。

A）XY 表文件中字段数为 16　　B）AB 表文件中的字段数为 16

C）AB 表当前记录号为 16　　D）XY 表的记录个数为 16

答案：B

解答：执行上述命令后，当前工作区为 B 区并已打开当前工作区表文件 AB，函数 FCOUNT() 返回当前表文件的字段数。

【例 16】表中数学、英语单科成绩字段以及总分字段，都是 N 型，要将所有学生的各门成绩汇总后存入总分字段中，应使用命令_______。

A）REPLACE 总分 WITH 数学+英语+计算机

B）REPLACE 总分 WITH 数学，英语+计算机

C）REPLACE ALL 总分 WITH 数学+英语+计算机

D）REPLACE 总分 WITH 数学+英语+计算机 FOR ALL

答案：C

解答：命令中如果没有范围短语，REPLACE 的默认值为当前记录。

答案 A 只能替换一条记录的总分。答案 B 格式错误。答案 D 中 FOR 之后必须有逻辑表达式作为条件，ALL 为范围选项，不能作为条件。正确答案为 C。

【例 17】用 UPDATE 命令修改记录的特点是________。

A）边查阅边修改　　B）表之间自动更新

C）修改当前数据记录　　D）按给定条件顺序修改更新

答案：B

解答：UPDATE 命令是用别名表的数据，按指定表达式的值更新当前表的指定字段。UPDATE 运行过程是自动进行的，因此，正确答案为 B。

【例 18】表之间一对多的关系是指________。

A）一个表与多个表之间的关系

B）一个表中的一条记录对应另一个表中的多条记录

C）一个表中的一条记录对应另一个表中的一条记录

D）一个表中的一条记录对应多个表中的多条记录

答案：B

解答：一个表可以与多个表建立关联，但这里描述的是一对多的关系，指的是两个表之间的关系，答案 C 是一对一的关系的定义，因此，正确答案是 B。

【例 19】建立索引时，________字段不能作为索引字段。

A）数值型　　B）字符型　　C）逻辑型　　D）备注型

答案：D

解答：建立索引时，要求关键字段的类型必须是数值型、字符型、日期型或逻辑型，特别强调不能用备注型，因此，正确答案是 D。

【例 20】在下面的命令格式中，同时缺省范围、条件表示全部记录的是________。

A）REPLACE　　B）DELETE　　C）DISPLAY　　D）SUM

答案：D

解答：前面 3 条命令，当同时缺省范围、条件都表示只对当前记录操作，只有 SUM 表示对表中全部记录的数值型字段求和。因此，正确答案是 D。

二、填空题

【例 21】在 Visual FoxPro 中，要将含有备注型字段的表 JS.DBF 更名为 JS1.DBF 应使用命令________和________。

答案：RENAME JS.DBF TO JS1.DBF、RENAME JS.FPT TO JS1.FPT

解答：如果有备注文件，表改名时，相应的备注文件（.FPT）必须同时改名，否则改名后的表打不开。

【例 22】有库文件 AB.DBF 及对它建立的索引文件 IAB.IDX，修改 AB 库后，修改相应索引 IAB 的方法是________。

答案：USE AB INDEX IAB　或 REINDEX

解答：如果在修改表的同时打开了索引，索引文件 IAB.IDX 将自动更新。否则要用 REINDEX 更新索引，使之反映表的当前情况。

【例 23】教师表文件（JS.DBF）中有职称字段，要求按职称建立独立复合索引文件 ZCGZ.CDX，应使用命令________。

答案：INDEX ON 职称 TAG　职称 OF ZCGZ.CDX

解答：建立独立复合索引文件的命令格式为：INDEX ON <关键字表达式> TAG <标识名> [OF <复合索引文件名>][FOR<条件>][WHILE<条件>]，因此本题答案应为：INDEX ON 职称 TAG　职称 OF ZCGZ.CDX。

【例 24】在检索过程中，经常使用 LOCATE 命令定位，其后继命令是________；测试检索是否成功使用的函数是________。

答案：CONTINUE，FOUND()

解答：在表检索过程中，经常使用 LOCATE 命令定位记录指针。LOCATE 命令在当前使用的库中寻找符合条件的记录，查找过程默认总是从第一条记录开始向下顺序查找，若指定了范围，则在指定范围内顺序查找。找到第一条满足条件的记录后，记录指针指向该记录，并将函数 FOUND()（用于检测是否找到满足条件的记录）置为.T.，否则，记录指针指向<范围>的底部，并且将函数 FOUND()置为.F.。因此也可用 EOF()函数值是否为.F.来判断是否找到。CONTINUE 命令用于继续查找下一条满足条件的记录。

【例 25】在 Visual FoxPro 的表文件中，每条记录的总长度比用户定义的各个字段宽度之和多一个字节，该字节用于________。

答案：存放删除标记“*”

解答：系统在表结构中自动增加一个字节，该字节用于存放删除标记“*”。执行 DELETE 命令后，被删除记录前将添加一个“*”，用 LIST 命令可以显示出来。

【例 26】对打开的教师表 JS.DBF 执行 GO TOP 命令，再执行? BOF()命令，则显示结果为________。

答案：.F.

解答：打开表文件时，若未打开索引文件，则 GO TOP 命令使记录指针指向第一条记录。BOF()函数是文件起始测试函数，如果记录指针移过最上面的一条记录，而不是移到最上面一条记录，则 BOF()函数返回.T.，本题是移到而不是移过，因此，BOF()函数的返回值是.F.。

【例 27】教师表 JS.DBF 中有 7 条记录，打开后执行 GO BOTTOM 和 SKIP 命令，再执行？RECNO()命令，则显示结果为________。

答案：8

解答：执行 GO BOTTOM 命令后，记录指针移到最后一个记录，再执行 SKIP 命令后，记录指针移过最后一个记录，此时 EOF()函数的返回值是.T.，RECNO()函数返回值等于文件中记录总数加 1。如果记录指针已经移过文件的首记录，则 RECNO()函数返回值为 1。

【例 28】Visual FoxPro 中，可以同时打开表文件的最多个数是________。

答案：32767 个

解答：Visual FoxPro 有 32767 个工作区，在每个工作区允许打开一个表文件。

【例 29】设某商场的 Visual FoxPro 表管理系统中有 TJ.DBF 和 DH.DBF 两个表文件，表文件 TJ.DBF 的内容如下：

Record#	货名	型号	单价	日期
1	电视机	三洋 20	2110.00	00-07-15
2	电扇	长城 3d	80.00	00-07-16
3	自行车	永久 26	325.00	00-07-16

DH.DBF 的内容如下：

Record#	单位	货名	数量	单价	总价
1	百货大楼	电视机	5	1850.00	9250.00
2	百货大楼	电冰箱	10	1600.00	16000.00
3	九龙商厦	电视机	4	1850.00	7400.00
4	九龙商厦	电扇	20	100.00	2000.00
5	九州大厦	电扇	50	100.00	5000.00
6	百货大楼	电扇	35	100.00	3500.00
7	九州大厦	电视机	15	1850.00	27750.00

执行如下操作：

```
SELECT 2
________
LIST
```

系统主窗口显示如下：

Record#	货名	型号	单价	日期
1	电视机	三洋 20	2110.00	00-07-15
2	电扇	长城 3d	80.00	00-07-16
3	自行车	永久 26	325.00	00-07-16

```
GO 2
```

```
SELECT 1
USE DH
________
LIST
```

系统主窗口显示如下：

Record#	单位	货名	数量	单价	总价
1	百货大楼	电视机	5	1850.00	9250.00
2	百货大楼	电冰箱	10	1600.00	16000.00
3	九龙商厦	电视机	4	1850.00	7400.00
4	九龙商厦	电扇	20	80.00	1600.00
5	九州大厦	电扇	50	80.00	4000.00
6	百货大楼	电扇	35	80.00	2800.00
7	九州大厦	电视机	15	1850.00	27750.00

```
CLOSE DATABASE
```

答案： USE TJ

REPLACE ALL FOR 货名="电扇" 单价 WITH B->单价，总价 WITH 单价*数量

解答： 执行 LIST 命令后，系统显示的为 TJ 表内容，则 TJ 表已被打开，所以答案应为 USE TJ。

第二次执行 LIST 后，系统显示结果基本与 DH 表内容相同，但其中电扇的单价、总价均已发生变化，而其中电扇单价同 TJ 表中的内容，因此，此处操作是以 TJ 中的电扇单价修改了 DH 中的电扇单价。因此答案应为 REPLACE ALL FOR 货名="电扇" 单价 WITH B->单价，总价 WITH 单价*数量。

【例 30】用 TJ.DBF 的数据修改 DH.DBF 中所有电器的价格。

```
SELECT 2
USE TJ
INDEX ON 货名 TAG 货名
________
SELECT 1
USE DH
INDEX ON 货名 TAG 货名
________
SET RELATION TO ________
REPLACE ALL 单价 WITH B->单价，总价 WITH 单价*数量
CLEAR DATABASE
```

答案： SET ORDER TO TAG 货名

SET ORDER TO TAG 货名

SET RELATION TO 货名 INTO TJ

解答： LIST 命令显示的结果已按货名排序，因此应将货名指定为主索引。第一项答案就为：SET ORDER TO TAG 货名。

建立关联时，关键字段必须是两个库文件共有的字段，且别名库已按该关键字段建立了索引文件，且主索引为该关键字段。因此第二项答案就为：SET ORDER TO TAG 货名。

表间的关联命令格式：SET RELATION TO [<关键字段> INTO <别名>]。第三项答案应为：

SET RELATION TO 货名 INTO TJ。

【例 31】应用 UPDATE 命令，用表文件 TJ.DBF 中的数据更新表文件 DH.DBF 中的单价与总价字段的数据。

```
SELECT 2
USE TJ
________
SELECT 1
USE  DH
________
________
CLOSE DATABASE
```

答案：SET ORDER TO TAG 货名

SET ORDER TO TAG 货名

UPDATE ON 货名 FROM TJ REPLACE 单价 WITH B->单价, 总价 WITH 单价*数量

命令中的关键字段必须是两个库文件所共有的，要求当前库与别名库必须以此关键字段排序或索引，且将关键字段设为主索引。因此第一、二两项均应为：SET ORDER TO TAG 货名。

解答：数据更新命令 格式为：UPDATE ON <关键字段> FROM <别名> REPLACE <字段1> WITH <表达式 1>[,<字段 2> WITH <表达式 2>,…] [RANDOM]，因此，第三项答案应为：UPDATE ON 货名 FROM TJ REPLACE 单价 WITH B->单价, 总价 WITH 单价*数量。

【例 32】把 DH.DBF 与 TJ.DBF 这两个库以“货名”字段相同为条件，横向连接生成有“货名”、“日期”、“单价”、“数量”等 4 个字段组成的新表 TJDH.DBF。

```
SELECT 1
USE  TJ
SELECT  2
USE  DH
____________
```

答案：JOIN WITH TJ TO TJDH FOR 货名=A->货名 FIELDS 货名,日期,单价,数量

解答：表连接命令的格式为：JOIN WITH <别名> TO <新文件名> FOR <条件> [FIELDS <字段名表>]。因此，正确答案应为：JOIN WITH TJ TO TJDH FOR 货名=A->货名 FIELDS 货名,日期,单价,数量。

【例 33】创建数据库 AB 后，系统自动生成的 3 个文件是________、________、________。

答案：AB.DBC 基本文件、AB.DCT 相关联的数据库备份文件、AB.DCX 相关联的索引文件。

解答：随着数据库文件.DBC 的建立，同时也自动建立相关联的数据库备注文件，扩展名为.DCT，关联的索引文件扩展名为.DCX。

习题三

一、选择题

1．若当前驱动器号是 C，当前目录是\FoxPro\，要在 C 盘的 USER 目录下创建一个名为

TEACHER 的表，下面不正确的命令是________。

A）CREAT C：\USER\TEACHER.DBF　B）CREAT C：\USER\TEACHER

C）CREAT TEACHER　D）CREAT \USER\TEACHER

2．用 DISPLAY 命令显示数据时，若未指定<范围>，则________。

A）不停地显示表中的全部记录　B）显示当前一条记录

C）显示下一条记录　D）分屏显示表全部记录

3．修改表结构的命令是________。

A）MODIFY STRUCTURE　B）EDIT STRUCTURE

C）CHANGE STRUCTURE　D）BROWSE STRUCTURE

4．若要在表中真正删除记录，先用 DELETE 命令，再用________。

A）RECALL　B）PACK　C）按 Esc 键　D）不用其他命令

5．若对已有记录的表文件 STUD.DBF 使用命令：

```
USE STUD
GO 1
? BOF()
```

则显示结果是________。

A）0　B）1　C）.F.　D）.T.

6．对于尚未建立索引文件的表 JS.DBF，查找职称为讲师的记录，应用命令________。

A）LOCATE ALL FOR 职称="讲师"　B）FIND 职称="讲师"

C）FIND 讲师　D）SEEK "讲师"

7. 在 Visual FoxPro 中，用 INDEX 命令建立索引文件时，<关键字表达式>应该是________。

A）只能由一个数值型字段组成

B）可以由多个字段组成，但表达式的值必须是数值型、字符型、日期型、逻辑型

C）只能是由数值型和字符型字段组成的合法表达式

D）任意字段组成的合法表达式

8．在 Visual FoxPro 中，表已经打开，要编辑修改符合条件的记录中的某些字段，应使用命令________。

A）BROWSE FILEDS <字段名表> FOR <条件>

B）CHANGE FIELDS <字段名表> FOR <条件>

C）EDIT FIELDS <字段名表> FOR <条件>

D）以上 3 条命令均可

9．在 Visual FoxPro 中，要为所有讲师增加 50 元工资，应使用命令________。

A）CHANGE 工资 WITH 工资+50 FOR 职称="讲师"

B）REPLACE 工资 WITH 工资+50 FOR 职称="讲师"

C）CHANGE ALL 工资 WITH 工资+50 FOR 职称="讲师"

D）REPLACE ALL 工资 WITH 工资+50 FOR 职称="讲师"

10．计算各类职称的工资总和，并把结果存入 ZCGZ 表中，使用命令_______。

A）SUM 职称 TO ZCGZ

B）SUM 工资 TO ZCGZ

C）TOTAL ON 职称 TO ZCGZ FIELDS 工资

D）TOTAL ON 工资 TO ZCGZ FIELDS 职称

11．职工表及姓名索引文件都打开后，用 FIND 命令把指针指向姓"王"的记录，使指针指向下一个同姓记录的命令是________。

A）GOTO NEXT　B）CONTINUE　C）SKIP　D）FIND 王

12．当前工资表有 20 条记录，当前记录号是 10，用 SUM 命令计算工资和，若不指定<范围>，那么系统将________。

A）只计算当前记录的工资值　B）计算全部记录的工资和

C）计算前 10 条记录的工资和　D）计算后 10 条记录的工资和

13．若表 TEACHER.DBF 有 10 条记录，执行以下命令后：

```
USE TEACHER
GO BOTTOM
SKIP
? RECNO()
```

系统主窗口显示________。

A）11　B）10　C）0　D）出错信息

14．学生数据库中“实验成绩”是逻辑型字段，该字段的值为.T.表示实验成绩为通过，否则为没有通过。若想计算“实验成绩”没有通过的学生人数，应使用命令：

A）COUNT TO C　FOR 实验成绩=.T.

B）COUNT TO C　FOR .NOT. 实验成绩

C）COUNT TO C　FOR 实验成绩=“F”

D）COUNT TO C　FOR 实验成绩=“.F.”

15．要把表 X 中全部记录的学号和姓名复制到表 Y 中，应使用命令________。

A）USE X
　COPY TO Y FIELDS 学号,姓名

B）USE Y
　COPY TO Y 学号,姓名

C）COPY X TO Y FIELDS 学号,姓名

D）COPY FILE X TO Y 学号,姓名

16．将打开的表中的全部记录删除的命令为 ZAP，与之等价的命令是________。

A）DELETE ALL

B）DELETE ALL
　PACK

C）DELETE
　PACK

D）RECALL ALL

17．对已经打开的表文件 ASDF.DBF 按“性别”和“平均分”（假设存在这些字段）降序建立结构复合索引，应使用的命令是________。

A）INDEX TO XSPX ON 性别+平均分

B）INDEX TO XSPX ON 性别-平均分

C）INDEX ON 性别+平均分 TAG 性别

D）INDEX ON 性别+STR(1000-平均分)TAG 性别

18．使用 MODIFY STRUCTURE 命令时，为了避免丢失数据应注意几点，下列事项中不必要的是________。

A）不能同时修改字段名及其类型或宽度

B）不能同时修改字段名和插入新的字段

C）不能同时修改字段名和删除字段

D）不能在删除字段的同时修改其他字段的类型及宽度

19. 在 Visual FoxPro 状态下，将 JS.DBF 改名为 JS1.DBF 应使用命令________。

A）REN JS.DBF TO JS1.DBF　　B）RENAME JS TO JS1

C）RENAME JS.DBF TO JS1.DBF　　D）USE JS
RENAME JS.DBF TO JS1.DBF

20. FIND 命令可用来检索的关键字是________。

A）字符型和数值型　　B）字符型、数值型、逻辑型

C）字符型、数值型、日期型　　D）字符型、数值型、逻辑型、日期型

21. 快速查询命令 FIND 用于________。

A）已打开索引文件的表文件　　B）按升序排序的表文件

C）按降序排序的表文件　　D）一般的表文件

22. 当前表文件有 30 条记录，当前记录号是 20，执行命令 LIST REST 后，? RECNO() 显示________。

A）20　　B）30　　C）31　　D）1

23. 若要恢复用 DELETE 命令删除的若干记录，应该________。

A）用 RECALL 命令　　B）立即按 Esc 键

C）用 RELEASE 命令　　D）用 FOUND 命令

24. 某一个当前表有 50 个记录，其记录指针当前正指向第 9 个记录，当执行了 SKIP 2*3 后系统显示的记录号为________。

A）6　　B）15　　C）9　　D）3

25. 对于当前表文件 SC.DBF，执行命令：CALCULATE CNT(), MAX(成绩)，其具体含义是________。

A）计算记录的个数及成绩字段的最大值

B）计算字段的个数及成绩字段的最大值

C）计算记录指针所在位置及成绩字段的最大值

D）以上都不是

26. 在定义表结构时，一般对每个字段需要说明________。

A）关系、元组和属性　　B）字段名、类型、宽度、小数位数

C）记录名、类型、宽度和小数位数　　D）记录、操作、存储

27. 在 Visual FoxPro 系统中，要删除一个未打开的表文件，应使用命令________。

A）ERASE <文件名>　　B）DELETE <文件名>

C）ERASE FILE <文件名>　　D）CLOSE <文件名>

28. 命令 INSERT BLANK 的功能是________。

A）在库文件开始增加一个空记录　　B）在库文件末尾增加一个空记录

C）在当前记录前增加一个空记录　　D）在当前记录后增加一个空记录

29. 命令 APPEND BLANK 的功能是________。

A）在表文件开始增加一个空记录　　B）在表文件末尾增加一个空记录
C）在当前记录前增加一个空记录　　D）在当前记录后增加一个空记录

30．若函数 DELETED()的值为真，则说明________。
A）当前记录已打上了删除标记　　B）当前记录不存在
C）表的记录被全部删除　　D）当前表被删除

31．命令 SET DELETED OFF 的作用是________。
A）禁止对表的记录进行删除
B）记录的删除标记对任何命令都不产生影响
C）执行删除命令时，系统不提示任何信息
D）取消记录的删除标记

32．命令 "COPY TO <文件名> SDF" 产生的文件的扩展名是________。
A）DBT　　B）DBF　　C）TXT　　D）FMT

33．在已打开的表文件的第 5 条记录前插入一条记录，应使用命令________。
A）GO 5 和 INSERT　　B）GO 4 和 INSERT BEFORE
C）GO 5 和 INSERT BLANK　　D）GO 5 和 INSERT BEFORE

34．当表文件已打开而索引文件尚未打开时，应该用下列命令________来打开索引文件。
A）USE <索引文件名>　　B）INDEX WITH <索引文件名>
C）SET INDEX TO <索引文件名>　　D）INDEX ON <索引文件名>

35．在表中，复合索引文件是按“索引关键字表达式”值的________来建立索引的。
A）由选项控制次序　　B）固定的下降次序
C）固定的上升次序　　D）随机次序

36．要将 JS.DBF 表的内容复制到文本文件中，应该用命令________。
A）USE JS.DBF 和 COPY STRUCTURE TO JS.TXT
B）USE JS.DBF 和 APPEND FROM TO JS.TXT
C）USE JS.DBF 和 COPY TO JS.TXT TYPE DELIMITED
D）USE JS.DBF 和 COPY FILE TO JS.TXT

37．当用 BROWSE 命令浏览表的内容时，为了看到屏幕左侧以外的部分，应使用复合键________。
A）Ctrl+←　　B）Ctrl+→　　C）Ctrl+PgUp　　D）Ctrl+PgDn

38．下列命令中不能关闭表的命令是________。
A）USE　　B）QUIT　　C）CLEAR　　D）CLOSE ALL

39．TOTAL 命令的功能是________。
A）对数值型字段按关键字分类求和
B）对数值型表达式按关键字分类求和
C）对数值型内存变量按关键字分类求和
D）对所有记录的数值型字段求和

40．如果在打开职工表的同时也打开了按姓名的索引文件，则下列命令中作用相同的命令是________。
A）LIST FOR 姓名="林"与 LIST WHILE 姓名="林"

B）SEEK 张 与 FIND 张

C）GO TOP 与 GO 1

D）LOCATE FOR RECNO()=100 与 GO 100

41．刚进入 Visual FoxPro 系统，使用 SELECT 指令后，系统的当前工作区是________。

A）最大号的空闲工作区　　B）不确定

C）给出出错信息　　D）最小号的空闲工作区

42．用户已在不同的工作区打开了多个表，使用________命令，系统将给出当前工作区的区号。

A）SELECT　　B）SELECT()　　C）? SELECT()　　D）? SELECT

43．使用________指令对表进行物理连接时，将生成一个新的表文件。

A）JOIN　　B）REPLACE　　C）LINK　　D）SET RELATION

44．下列命令正确的是________。

A）JOIN WITH XJGL TO STUD　　B）UPDATE ON 学号 TO CJ

C）SET RELATION TO CJ FROM XS　　D）SET SKIP TO CJ

45．下列方法中不一定能取消已建立的表间的关联的是________。

A）退出 Visual FoxPro 系统　　B）SET RELATION TO

C）建立新的关联　　D）SET RELATION OFF INTO<别名>

二、填空题

1．在 Visual FoxPro 系统中，删除当前目录下的表文件 JS.DBF 使用命令是________。

2．在修改表记录时，插入一个新的记录可以使用组合键 Ctrl+________完成。

3．在 LIST 命令中使用________短语，就可以从打印机上输出显示结果。

4．记录指针的定位有________和________两种，命令________可使记录指针移到文件首，执行________命令可使指针向下移动两个记录的位置。

5．REPALCE 不能修改________和________字段的值。

6．在一个有 7 条记录的表中，执行 LIST 命令后，再执行 SKIP –3，这时记录指针指向第________条记录。

7．显示当前学生档案表中所有“出生日期”在 75 年 1 月 1 日前的记录，应使用命令________。

8．用 TOTAL 命令对记录分类汇总，短语 ON <关键字段>中的<关键字段>必须先________。

9．条件定位命令 LOCATE 执行后，继续查找使用命令________。

10．在表查询过程中，命令 FIND 张三的作用等效于 SEEK________。

11．若使用带有范围的 Visual FoxPro 命令时，范围短语为 ALL 或 RESET，执行此命令后接着执行? EOF()命令，则结果为________。

12．在 Visual FoxPro 中，要将含有备注型字段的表 JS.DBF 更名为 JS1.DBF 应使用命令________。

13．用 DIR 命令显示磁盘文件目录，文件名可以使用通配符________。

14．记录指针直接指向第 n 条记录的命令格式有________。

15．SET________可使对库文件中数据的操作能绕过带有删除标记的记录。

16．索引文件分为________和________两种。

17．对于具有索引文件的表文件，若要保证数据操作的统一性和完整性，应当在打开表文件的同时________。

18．执行以下命令：

```
USE XS
LIST

记录号#    姓名      性别      年龄
  1        张玲       女       18
  2        王勇       男       19
  3        李明       男       17
  4        刘丽       女       17
INDEX ON 性别 TAG 性别
LIST
```

最后显示的数据记录中，记录号顺序依次是________。

19．统计学生表中的男生人数，并将结果存入内存变量 M 中，应使用命令________。

20．对教师表 JS.DBF 进行如下操作：

```
USE JS
LIST
```

记录号#	姓名	性别	出生日期	婚否	职称	基本工资	补贴	工资总额	简历
1	李建平	男	07/15/65	.T.	讲师	450.00	185.00	635.00	备注
2	王芳	女	01/20/55	.T.	副教授	600.00	225.00	825.00	备注
3	吴瑛	女	09/10/63	.T.	讲师	450.00	185.00	635.00	备注
4	张为民	男	03/10/45	.T.	教授	700.00	265.00	965.00	备注
5	刘跃	男	04/10/73	.F.	助教	350.00	145.00	495.00	备注
6	林晓燕	女	09/05/75	.F.	助教	300.00	145.00	445.00	备注
7	周朝海	男	05/21/60	.T.	副教授	600.00	225.00	825.00	备注

（1）将男性的“姓名”、“出生日期”、“职称”、“工资总额”复制到表文件 NXJS.DBF 中，应使用的命令是__________。

（2）查找“职称”为“副教授”的记录，应使用的命令是__________。

（3）将所有记录先按工资总额大小，再按出生日期先后排序，生成表文件 JSGZ.DBF，应使用的命令是________。

（4）按性别建立独立索引文件 JSCS1，标识名为性别，应使用的命令是__________。

（5）对“基本工资”、“补贴”、“工资总额”分别求和，结果存入 S1、S2、S3 中，应使用的命令是__________。

21．当前工作区为 B，若要使工作区 A 的表文件变为当前表文件，需执行命令________。

22．建立物理连接时，生成的新表文件的最大字段数为________个。

23．对表文件进行逻辑连接的命令是________，进行物理连接的命令是________。

24．若将工作区 A 的 GZ.DBF 中的奖励工资去替换工作区 B 的 DA.DBF 中的奖励工资，用 REPLACE 命令，其操作过程如下：

```
SELECT A
```

```
USE GZ
LIST
  记录号#  工号  技术等级  奖励工资
     1     002     一       75.00
     2     004     三      105.00
     3     005     三      105.00
     4     108     五      135.00
GO TOP
SELECT B
USE DA
LIST
  记录号#  工号    姓名    工龄    奖励工资
     1     002    刘大华    10      50.00
     2     004    文国良    12      55.00
     3     005    李  珍    20      62.00
     4     108    季  鸿    8       80.00
REPLACE ALL 奖励工资 WITH ________
LIST
  记录号#  工号    姓名    工龄    奖励工资
     1     002    刘大华    10     ________
     2     004    文国良    12     ________
     3     005    李  珍    20     ________
     4     008    季  鸿    8      ________
```

25．采用 UPDATE 命令将工作区 A 的 GZ.DBF 中的工资去更新工作区 B 的 DA.DBF 的工资。

```
SELECT 1
USE GZ.DBF
SELECT 2
________
INDEX ON 工号 TAG 工号
SET ORDER TO TAG 工号
________
LIST
  记录号#  工号    姓名    工龄    奖励工资
     1     002    刘大华    10     ________
     2     004    文国良    12     ________
     3     005    李  珍    20     ________
     4     008    季  鸿     8     ________
```

第 4 章　关系数据库标准语言 SQL

结构化查询语言（Structured Query Language，SQL）是一种介于关系代数与关系演算之间的语言，它既可用于大型数据库系统，也可以用于微机数据库系统。SQL 语言集数据定义（Data Definition）、数据操纵（Data Manipulation）和数据管理（Data Control）三大功能于一体，是目前关系型数据库的通用语言。

SQL 语言是 1974 年由 Boyce 和 Chamverlin 提出的。1981 年，IBM 发布了它的第一个基于 SQL 的商业产品 SQL/DS。在 80 年代早期，大量的开发商纷纷发布了各自的基于 SQL 的关系型数据库管理系统，到了 1989 年，至少有 75 种以上的 SQL 或类似 SQL 的数据库管理系统。基于这种情况，美国国家标准化协会（American National Standards Institute，ANSI）和国际标准化组织（International Standards Organization，ISO）共同提出了一些 SQL 的标准。

第一个 SQL 标准是 1986 年 10 月由 ANSI 公布的 SQL-86。1987 年 ISO 也通过了这一标准。此后，ANSI 于 1989 年通过了 SQL-89，1992 年又公布了 SQL-92（又称为 SQL-2）标准。目前，SQL3 是最新的关系数据库语言标准。

4.1　SQL 语言的基本概述

4.1.1　SQL 语言的特点

1. 综合统一

SQL 语言集数据定义（DDL）、数据操纵（DML）、数据管理（DCL）的功能于一体，语言风格统一，可以独立完成数据库的全部操作，包括定义关系模式，录入数据及建立数据库，查询、更新、维护数据，数据库的重新构造，数据库安全性等一系列操作的要求，为数据库应用系统开发者提供了良好的环境。例如，用户在数据库系统投入运行后，可以根据实际需要随时逐步地修改模式，而这并不影响数据库系统的运行，从而使系统具有良好的可扩充性。

2. 高度非过程化

用 SQL 语言进行数据操作时，用户只需向计算机提出“做什么”，而不必向其指明“怎么做”，因此用户无须了解数据的存储位置、如何寻找数据以及 SQL 语言的操作过程，而由系统自动完成。这样，不但大大减轻了用户的负担，而且有利于提高数据的独立性。

3. 面向集合的操作方式

SQL 语言采用面向集合的操作方式，不仅查找结果可以是元组的集合，而且一次插入、删除、更新等操作的对象也可以是元组的集合。

4. 以同一种语法结构提供两种使用方式

SQL 语言既是自含式语言，又是嵌入式语言。其作为自含式语言，能够独立地用于联机交互的使用方式，用户可以通过键盘直接输入 SQL 命令对数据库进行相关操作；而作为嵌入式语言，SQL 语句又能够嵌入到多种高级语言程序中，供开发者使用。而且在这两种不同的使用方式下，SQL 语言的语法结构基本一致。这种以统一的语法结构提供两种不同使用方式的做法，为开发者提供了极大的灵活性和方便性。

5. 语言简洁，易学易用

SQL 语言虽然功能强大，但由于其设计巧妙，因而语言十分简洁，完成数据定义、数据操纵(包括数据查询)、数据管理的核心功能只用 9 个动词：CREATE、DROP、ALTER、SELECT、INSERT、UPDATE、DELETE、GRANT、REVOKE 就能完成。而且 SQL 语言语法简单，接近于英语口语。

4.1.2 SQL 语言的基本概念

SQL 语言支持关系型数据库的三级模式结构。其中外模式对应于视图（View）和部分基本表（Base Table），模式对应于基本表，内模式对应于存储文件。

基本表是本身独立存在的表，在 SQL 语言中一个关系对应一个表。一些基本表对应一个存储文件，一个表可以带若干个索引，索引存放在存储文件中。

存储文件的逻辑结构组成了关系型数据库的内模式，而存储文件的物理结构是任意的。

视图是从基本表或其他视图中导出的表，它本身不独立存储在数据库中，也就是说数据库只存放视图的定义而不存放视图对应的数据，这些数据仍存放在导出视图的基本表中，因此视图是一个虚表。

用户可以用 SQL 语言对视图和基本表进行查询。在用户眼中，视图和基本表都是关系，而存储文件对用户是透明的。

4.2 数据定义

数据定义语言 DDL 用于执行数据定义的操作，如创建或删除表、索引和视图之类的对象。由 CREATE、DROP、ALTER 命令组成，完成数据库对象的建立（CREATE）、删除（DROP）和修改（ALTER）。

4.2.1 定义（创建）表

【格式】CREATE TABLE <表名> (<字段名 1><数据类型>[(<宽度>[,<小数位数>])][完整性约束][NULL|NOT NULL][,<字段名 2>…])

【功能】定义（也称创建）一个表。

【例 4-1】创建一个表 STUD（学生信息表），它由以下字段组成：学号（C，10）、姓名（C，10）、性别（C，2）、班级名（C，10）、系别代号（C，2）、地址（C，50）、出生日期（D）、是否团员（L）、备注（M）、照片（G）。

```
CREATE  TABLE  STUD  (学号  C(10),姓名  C(10),性别  C(2),班级名
C(10),系别代号 C(2),地址 C(50),出生日期 D,是否团员 L,备注 M,照片 G)
LIST  STRUCTURE
```

系统主窗口显示如下：

```
表结构:              E:\VF\STUD.DBF
数据记录数:          0
```

```
最近更新的时间:       07/17/02
备注文件块大小:       64
代码页:             936
   字段  字段名      类型      宽度    小数位  索引  排序  Nulls
    1    学号       字符型     10                       否
    2    姓名       字符型     10                       否
    3    性别       字符型      2                       否
    4    班级名     字符型     10                       否
    5    系别代号   字符型      2                       否
    6    地址       字符型     50                       否
    7    出生日期   日期型      8                       否
    8    是否团员   逻辑型      1                       否
    9    备注       备注型      4                       否
   10    照片       通用型      4                       否
** 总计 **                    103
```

【例 4-2】创建一个表 SC（课程成绩表），它由以下字段组成：学号（C，10）、课程号（C，2）。

```
CREATE  TABLE  SC  (学号 C(10),课程号 C(2))
LIST  STRUCTURE
```

系统主窗口显示如下：

```
表结构:            E:\VF\SC.DBF
数据记录数:        0
最近更新的时间:    07/17/02
代码页:            936
   字段  字段名   类型    宽度  小数位  索引  排序  Nulls
    1    学号     字符型   10                        否
    2    课程号   字符型    2                        否
** 总计 **                   13
```

4.2.2 修改表

【格式】ALTER TABLE <表名>[ADD <新字段名><数据类型>[(<宽度>[,<小数位数>])][完整性约束][NULL | NOT NULL]][DROP [完整性约束]][MODIFY <字段名><数据类型>]

【功能】修改表结构。

【说明】ADD 子句用于增加指定表的字段变量名、数据类型、宽度和完整性约束条件；DROP 子句用于删除指定的完整性约束条件；ALTER 子句用于修改原有的字段变量的值。

【例 4-3】在课程成绩表 SC 中，增加一个成绩字段变量（N，3）。

```
ALTER  TABLE  SC  ADD  成绩  N(3)
LIST  STRUCTURE
```

系统主窗口显示如下：

```
表结构:            E:\VF\SC.DBF
数据记录数:        0
```

```
最近更新的时间:      07/17/02
代码页:              936
  字段   字段名    类型     宽度     小数位  索引   排序   Nulls
   1     学号      字符型   10                              否
   2     课程号    字符型    2                              否
   3     成绩      数值型    3                              否
** 总计 **                  16
```

4.2.3　删除表

【格式】DROP TABLE <表名>

【功能】删除指定表的结构和内容（包括在此表上建立的索引）。

【说明】如果只是想删除一个表中的所有记录，则应使用 DELETE 语句。

4.3　数据操纵

数据操纵语言是完成数据操作的命令，一般分为两种类型的数据操纵，统称为 DML：

- 数据检索（常称为查询）：寻找所需的具体数据。
- 数据更新：添加、删除和修改数据。

数据操纵语言一般由 INSERT（插入）、DELETE（删除）、UPDATE（更新）、SELETE（检索，又称查询）等组成，由于 SELETE 比较特殊，所以一般又将它以查询（检索）语言单独出现。

4.3.1　插入记录

【格式 1】INSERT INTO <表名> [<字段名表>] VALUES (<表达式表>)

【格式 2】INSERT INTO <表名> FROM ARRAY <数组名> | FROM MEMVAR

【功能】在指定的表文件末尾追加一条记录。格式 1 用表达式表中的各表达式值赋给<字段名表>中的相应的各字段。格式 2 用数组或内存变量的值赋值给表文件中的各字段。

【说明】如果某些字段名在 INTO 子句中没有出现，则新记录在这些字段名上将取空值（或默认值）。但必须注意的是，在表定义说明了 NOT NULL 的字段名不能取空值。

<字段名表>：指定表文件中的字段，缺省时，按表文件字段的顺序依次赋值。

<表达式表>：指定要追加的记录各个字段的值。

【例 4-4】在表文件 STUD 的末尾追加 3 条记录。

```
***用表达式方式追加第一条记录***
INSERT  INTO  STUD (学号,姓名,性别,班级名,系别代号,地址,出生日期,是否团员)
VALUES ("011110","李建国","男","计 0121","01","湖北武汉",{09/28/02},.T.)
***用数组方式追加第二条记录***
DIMENSION  DATA [8]
DATA (1) ="011103"
DATA (2) ="李宁"
DATA (3) ="女"
```

```
DATA（4）="电 0134"
DATA（5）="02"
DATA（6）="江西九江"
DATA（7）= {05/06/85}
DATA（8）=.F.
INSERT  INTO  STUD  FROM  ARRAY  DATA
***用内存变量方式追加第三条记录***
学号="011202"
姓名="赵娜"
性别="女"
班级名="英 0112"
系别代号="03"
地址="广西南宁"
出生日期={02/21/84}
是否团员=.F.
INSERT  INTO  STUD  FROM  MEMVAR
LIST
```

系统主窗口显示如下结果：

记录号	学号	姓名	性别	班级名	系别代号	地址	出生日期	是否团员	备注
1	011110	李建国	男	计 0121	01	湖北武汉	09/28/84	.T.	memo
2	011103	李宇	女	电 0134	02	江西九江	05/06/85	.F.	memo
3	011202	赵娜	女	英 0112	03	广西南宁	02/21/84	.F.	memo

4.3.2 更新记录命令

【格式】UPDATE <表文件名> SET <字段名 1>=<表达式> [,<字段名 2>=<表达式>...] [WHERE <条件>]

【功能】更新指定表文件中满足 WHERE 条件子句的数据。其中 SET 子句用于指定列和修改的值，WHERE 用于指定更新的行，如果省略 WHERE 子句，则表示表中的所有行。

【说明】更新操作又称为修改操作。

【例 4-5】将成绩表（SC）中，所有课程号为 02 的成绩各加 5 分。

```
UPDATE  SC  SET  成绩=成绩+5;
WHERE  课程号="02"
```

【例 4-6】如果在命令中省略 WHERE 子句，则是对成绩表（SC）中的所有成绩进行操作。

```
UPDATE  SC  SET  成绩=成绩+5
```

4.3.3 删除记录

【格式】DELETE FROM <表名> WHERE <表达式>

【功能】从指定的表中删除满足 WHERE 子句条件的所有记录。如果在 DELETE 语句中没有 WHERE 子句，则该表中的所有记录都将被删除。

【说明】这里的删除是逻辑删除，即在删除的记录前加上一个删除标记“*”。

【例 4-7】删除 STUD 表中所有性别为男的记录。

```
.DELETE  FROM  STUD;
```

```
WHERE 性别="男"
```

4.4　数据管理

数据管理（也称数据控制）用来管理（或控制）用户的访问权限，由 GRANT（授权）、REVOKE（回收）命令组成。而 Visual FoxPro 6.0 没有这种权限管理。

4.5　SQL 中的数据查询语句

数据库中的数据很多时候是为了查询，因此，数据查询是数据库的核心操作。而在 SQL 语言中，只有一条查询命令，即 SELECT 语句。

4.5.1　基本查询语句

【格式】 SELECT [ALL | DISTINCT] [<目标表达式 1>.] [AS <别名 1>] [,[<目标表达式 2>.] [AS <别名 2>]…] FROM <表名> [<表别名>]

【功能】无条件查询。

【说明】ALL：表示显示全部查询记录，包括重复记录。

DISTINCT：表示显示无重复结果的记录，即重复的记录只显示一条。

目标表达式：是要查询的结果列，一般为数据表的字段名。

别名：为目标列另取一个列名。缺省情况下，目标列名与目标表达式相同。

表名：要查询的表。

表别名：为数据表另取一个名字。

【例 4-8】显示 STUD（学生信息数据表）中的所有记录。

```
SELECT * ;
FROM STUD
```

命令中的*表示显示输出所有的字段，数据来源是 STUD 表，表中的内容以浏览方式显示。

【例 4-9】显示 STUD（学生信息数据表）中的所有学号及与之对应的姓名，同时对学号和姓名都相同的记录只显示一次。

```
SELECT DISTINCT 学号,姓名;
FROM STUD
```

【例 4-10】显示 SC（课程成绩表）中的所有记录，并将成绩一项乘以 0.7。

```
SELECT 学号,课程号,成绩*0.7 AS 成绩
FROM SC
```

4.5.2　带条件（WHERE）的单表查询语句

【格式】
```
SELECT [ALL | DISTINCT] 〈目标表达式列表〉
 FROM <表名> [<别名>]
[WHERE <条件表达式> ]
```

【功能】从一个表中查询满足条件的数据。

【说明】<条件表达式>由一系列用 AND 或 OR 连接的条件表达式组成，条件表达式的格

式可以是以下几种：

（1）<字段名 1><关系运算符><字段名 2>。

（2）<字段名><关系运算符><表达式>。

（3）<字段名><关系运算符>ALL(<子查询>)：其中<字段名>必须与<子查询>输出的记录值进行比较，且所有记录的值都满足该比较条件。<子查询>也是一条 SELECT 命令。

（4）<字段名><关系运算符>ANY|SOME (<子查询>)：其中<字段名>必须与<子查询>输出的记录值进行比较，且至少有一个记录的值满足该比较条件。ANY 表示任意一个，SOME 表示至少一个。

（5）<字段名> [NOT] BETWEEN <起始值> AND <终止值>：其中<字段名>的值必须在（或不在）<起始值>和<终止值>之间，BETWEEN 表示在两者之间。

（6）[NOT] EXISTS(<子查询>)：其中<子查询>必须有（或没有）真正的结果，有一条记录返回值满足条件。

（7）<字段名> [NOT] IN <值表>：其中<字段名>的值必须是（或不是）<值表>中的一个，IN 表示是<值表>中的元素。

（8）<字段名> [NOT] IN (<子查询>)：其中<字段名>必须是（或不是）子查询的结果之一。

（9）<字段名> [NOT] LINK <字符表达式>：其中<字符表达式>中可以使用通配符“%”和“_”。“%”代表任意多个字符，“_”代表任意一个字符。

SQL 支持的关系运算符有：=、<>、!=、#、==、>、>=、<、<=。

【例 4-11】显示 STUD 表中所有男生记录的学号、姓名和性别字段值。

```
SELECT 学号,姓名,性别;
FROM STUD WHERE 性别="男"
```

【例 4-12】显示 STUD 表中出生日期在 85 年到 86 年之间的学生的学号、姓名、出生日期。

```
SELECT 学号,姓名,出生日期;
FROM STUD;
WHERE 出生日期 BETWEEN {01/01/85} AND {12/31/85}
```

【例 4-13】显示 STUD 表中姓李的学生的学号、姓名、出生日期。

```
SELECT 学号,姓名,出生日期;
FROM STUD;
WHERE 姓名 LIKE "李%"
```

4.5.3 SQL 的复杂查询

1. 连接查询

【说明】在一个数据库中的多个表之间一般都存在着某些联系，在一个查询语句中同时涉及到两个或两个以上的表时，这种查询就称为连接查询（也称为多表查询）。在多表之间查询必须处理表与表之间的连接关系（即连接条件）。

【例 4-14】查询并显示各个学生的学号、姓名、各科成绩及课程名。

```
SELECT a.学号,a.姓名,b.课程名,c.成绩;
FROM STUD a,COURSE b,SC c;
```

```
WHERE  a.学号=c.学号. AND .b.课程号=c.课程号
```

【例 4-15】查询并显示各个学生所学课程的情况。

```
SELECT  STUD.学号,STUD.姓名,COURSE.课程名;
FROM  STUD,SC,COURSE;
WHERE  STUD.学号=SC.学号. AND .SC.课程号=COURSE.课程号
```

说明：WHERE STUD.学号=SC.学号. AND .SC.课程号=COURSE.课程号即为连接条件，在连接查询中不能没有连接条件。

2. 连接问题

在通常的连接操作中，只有满足连接条件的元组才能作为结果输出，如上例中只有选修了课程的学生才会进入结果中。如果希望还没选修课程的学生也能显示他们的学号和姓名，上述连接语句就不适用了。

在 SQL 语句中，在 FROM 子句中提供了一种称为连接的子句，连接分为内连接和外连接，外连接又可分为左外连接、右外连接和全外连接。

（1）内连接。内连接是指包括符合条件的每个表的记录，与通常的连接结果相同。

【例 4-16】查询并显示各个学生的学号、所学课程及课程成绩。

```
SELECT  SC.学号,COURSE.课程名,SC.成绩;
FROM  SC,COURSE;
WHERE  SC.课程号=COURSE.课程号
```

如果采用内连接方式，则命令如下：

```
SELECT  a.学号,b.课程名,成绩;
FROM  SC  a  INNER  JOIN  COURSE  b  ON  a.课程号=b.课程号
```

将会得到完全相同的结果。

（2）外连接。外连接是指把两个表分为左右两个表。右外连接是指连接满足条件右侧表的全部记录。左外连接是指连接满足条件左侧表的全部记录。全外连接是指连接满足条件表的全部记录。

1）左外连接（LEFT OUTER JOIN）。查询结果中不仅包含符合连接条件的行，而且包含左表中的所有数据行。如果第一个表中的某个记录在第二个表中没有任何记录能与之匹配，则结果中对应第二个表中的字段用 NULL 来匹配。

【例 4-17】查询所有学生信息及选课信息，没有选课的学生也要显示学号和姓名。

```
SELECT  a.学号,a.姓名,b.课程名,成绩;
FROM  SC  a  INNER  LEFT OUTER JOIN  COURSE  b  ON  a.课程号=b.课程号
```

2）右外连接（RIGHT OUTER JOIN）。查询结果中不仅包含符合连接条件的行，而且包含右表中的所有数据行，如果第二个表中的某个记录在第一个表中没有任何记录能与之匹配，则结果中对应第一个表中的字段用 NULL 来匹配。

3）完全外连接（FULL JOIN）。查询结果中不仅包含符合连接条件的行，而且包含两个连接表中的所有数据行，两个表中的记录不管是否满足连接条件将都在目标表或查询结果中出现，不满足连接条件的记录的对应部分为 NULL。

3. 嵌套查询

在 SQL 语句中，一个 SELECT-FROM-WHERE 语句称为一个查询块。将一个查询块嵌套在另一个查询块的 WHERE 子句或 HAVING 短语的条件中的查询称为嵌套查询或子查询。

嵌套查询的方法是由里向外处理，子查询的结果是建立其父查询的条件，因此子查询必须是确定的内容。

【例 4-18】显示“李宁”所在班级的学生名单。

```
SELECT 学号,姓名,班级名;
FROM STUD;
WHERE 班级名=(SELECT 班级名 FROM STUD WHERE 姓名="李宁")
```

4. 集合查询

每一个 SELECT 语句都能获得一个或一组记录。若要把多个 SELECT 语句的结果合并为一个结果，可用集合操作来完成。集合操作主要包括：并操作 UNION、交操作 INTERSECT、差操作 MINUS。

【例 4-19】显示系别代号为 01 的学生及所有男学生的学号、姓名、系别代号、性别。

```
SELECT DISTINCT 学号,姓名,系别代号,性别;
FROM STUD;
WHERE 系别代号="01" UNION;
SELECT 学号,姓名,系别代号,性别;
FROM STUD;
WHERE 性别="男"
```

从显示的结果可以看出，本例题实质上是求系别代号为 01 的所有学生与男生的并集。

【例 4-20】显示选修了英语或数学科目的学生的学号和课程号。

```
SELECT 学号,课程号 FROM SC;
WHERE 课程号="01" UNION;
SELECT 学号,课程号;
FROM SC;
WHERE 课程号="02"
```

前面两个例题都是并集的操作。而 SQL 语句中并没有提供直接进行交集和差集的操作，但可以用其他方法来实现。

【例 4-21】显示系别代号为 01 的男生的名单，即求系别代号为 01 的学生与性别为男的学生的交集。

```
SELECT 学号,姓名,系别代号,性别;
FROM STUD;
WHERE 系别代号="01" AND 性别="男"
```

【例 4-22】显示既选修了 01 课程又选修了 02 课程的学生的名单。

```
SELECT 学号;
FROM SC;
WHERE 课程号="01" AND 学号 IN;
(SELECT 学号 FROM SC WHERE 课程号="02")
```

【例 4-23】显示计算机系（系别代号为 01）非男生的名单，换种说法就是计算机系与性别为男两个集合的差集。

```
SELECT 学号,姓名,系别代号,性别;
FROM STUD;
WHERE 系别代号="01" AND 性别!="男"
```

【例 4-24】显示选修了 01 课程而没有选修 02 课程的学生的名单，换句话说就是选修课程 01 的学生与选修课程 02 的学生的两个集合的差集。

```
SELECT 学号;
```

```
FROM SC;
WHERE 课程号="01" AND 学号 NOT IN;
(SELECT 学号 FROM SC WHERE 课程号="02")
```

4.5.4　对查询结果排序

如果没有指定查询结果的显示顺序，将按其最方便的顺序（通常是元组在表中的先后顺序）输出查询结果。用户也可以用 ORDER BY 子句指定按照一个或多个属性列的升序（ASC）或降序（DESC）重新排列查询结果，其中升序 ASC 为默认值。

【例 4-25】查询所有学生信息，并按学号排序。

```
SELECT 学号,姓名,班级名;
FROM STUD;
ODER BY 学号
```

【例 4-26】按出生日期降序显示 STUD 表中的学号、姓名、出生日期。

```
SELECT 学号,姓名,出生日期;
FROM STUD;
ORDER BY 出生日期 DESC
```

【例 4-27】按成绩升序显示 SC 表中的学号、课程号、成绩。

```
SELECT 学号,课程号,成绩;
FROM SC;
ORDER BY 成绩
```

注意：对查询结果排序只作用于显示的结果，不会影响表的物理顺序。

4.5.5　使用集函数

为了进一步方便用户，增强检索功能，SQL 提供了许多集函数，主要包括：

COUNT ([DISTINCT |ALL] * | 列名)：统计元组个数。

COUNT ([DISTINCT | ALL] <列名>)：统计一列中值的个数。

SUM ([DISTINCT | ALL] <列名>)：计算一列值的总和（此列必须是数值型）。

AVG（[DISTINCT | ALL] <列名>)：计算一列值的平均值（此列必须是数值型）。

MAX（[DISTINCT | ALL] <列名>）：计算一列值的最大值。

MIN（[DISTINCT | ALL] <列名>）：计算一列值的最小值。

【例 4-28】查询学生人数。

```
SELECT COUNT(学号);
FROM STUD
```

【例 4-29】查询课程号为 01 的课程的平均成绩。

```
SELECT AVG(成绩);
FROM SC;
WHERE 课程号="01"
```

4.5.6　分组统计

GROUP BY <分组表达式>子句可以将查询结果中的各行按一列或多列取值相等的原则进行分组。分组一般与集函数一起使用。

对查询结果分组的目的是为了细化集函数的作用范围。如果未对查询结果分组，集函数将作用于整个查询结果，即对查询结果中的所有记录进行计算。如果有分组，集函数将作用于每一个分组，即集函数对每个组进行分别计算。

【格式】
```
SELECT  分组表达式，集函数;
FROM 表名;
WHERE <条件>;
GROUP BY  <分组表达式>… [HAVING  <过滤条件>]
```

【说明】GROUP BY <分组表达式>：表示分组查询，若查询到的数据里有多个记录的指定字段的值相同，只取一条记录作为查询结果。

<分组表达式>可以是数据表字段名，也可以是指定查询结果中数据表的列位置的数值表达式。

HAVING <过滤条件>：设置过滤条件。本选项只能与 GROUP BY 一起使用，指定结果中的组必须满足的条件。

【例 4-30】显示各班的总人数。

```
SELECT  班级名,COUNT(*)  AS  人数;
FROM  STUD;
GROUP  BY  班级名
```

【例 4-31】求每个班 01 号课程的平均成绩。

```
SELECT  班级名,AVG(成绩)  AS  成绩;
FROM  STUD;
WHERE 课程号="01";
GROUP  BY  班级名
```

4.5.7 查询去向

默认情况下，查询输出到一个浏览窗口，用户在 SELECT 语句中可以使用[INTO<目标>|TO FILE<文件名>|TO SCREEN| TO PRINTER]子句选择查询去向。

INTO ARRAY 数组名：将查询结果保存到一个数组中。

CURSOR< 临时表名>：将查询结果保存到一个临时表中。

DBF | TABLE <表名>：将查询结果保存到一个永久表中。

TO FILE<文件名>[ADDITIVE]：将查询结果保存到文本文件中，如果带 ADDITIVE 关键字，查询结果以追加方式添加到<文件名>指定的文件中，否则以新建或覆盖方式添加到<文件名>指定的文件中。

TO SCREEN：将查询结果在屏幕上显示。

TO PRINTER：将查询结果送到打印机打印。

4.6 例题精选

一、选择题

【例 1】下面各种命令中正确的命令是__________。

A）INSERT　INTO　ABC　(学号,姓名,性别)　VALUE　("011110","李建国","男")
B）INSERT　INTO　ABC　FROM　ARRAY　ABC
C）INSERT　INTO　ABC　FROM　MEMVER
D）A+B+C

答案：D

解答：A 为用表达式向表中追加记录，B 为通过数组 ABC 向表中追加记录，C 为通过同名内存变量向表中追加记录，以上 3 条命令均正确，因此，正确答案应为 D。

【例 2】下面正确的是____________。
A）SELECT 命令通过 FRO 短语指定查询条件
B）SELECT 命令通过 WHERE 选项指定查询条件
C）SELECT 命令通过 WHILE 短语指定查询条件
D）SELECT 命令通过 IS 短语指定查询条件

答案：B

解答：SELECT 命令选项很多，其中 WHERE<条件表达式>指定查询应满足的连接条件和过滤条件，因此，正确答案应为 B。

二、填空题

【例 3】SQL 的中文全称是____________。

答案：结构化查询语言

【例 4】请填写下列功能对应的 SQL 命令。
建立一个表文件　　　　（1）
向表中追加记录　　　　（2）
对表进行查询　　　　　（3）

答案：
（1）CREATE TABLE　　（2）INSERT INTO　　（3）SELECT

【例 5】INSERT INTO 命令中可以利用____________、____________、____________3 种方式向表文件尾部追加记录。

答案：表达式、同名内存变量、数组

习题四

一、选择题

1．SQL 语言是____________的语言。
A）关系型数据库　　B）层次型数据库
C）网状型数据库　　D）非关系型数据库

2．在 Visual FoxPro 6.0 中不具备的是____________。
A）数据定义　　B）数据操纵
C）数据管理　　D）数据查询

3．在 SELECT 命令中，禁止将查询结果送到系统主窗口的选项是____________。

A）NOWAIT　　　　B）NOOPIMIZE

C）NOCONSOLE　　　　D）NOAPPEND

4．在 SQL 查询时，使用 WHERE 子句指出的是____________。

A）查询目标　　　　B）查询结果

C）查询条件　　　　D）查询视图

二、填空题

1．SQL 语言是____________的标准语言。

2．SQL 语言是____________年由 Boyce 和 Chamverlin 提出的。____________年，IBM 发布了它的第一个基于 SQL 的商业产品____________。

3．第一个 SQL 标准是____________由 ANSI 公布的____________。

4．SQL 语言集____________、____________、____________的功能于一体。

5．SQL 语言的核心功能只用 9 个动词：____________、____________、____________、____________、____________、____________、____________、____________、____________就能完成。

6．SELECT 命令中的 TO　FILE　<文件名>[ADDITIVE]，其中的选项 ADDITIVE 的含义是____________。

7．删除一个表文件的命令格式是____________。

8．在用<字段名>[NOT][Exactly]LIKE<字符表达式>的方式表示过滤条件时，<字符表达式>中可以使用通配符____________和____________。其中，____________代表任意多个字符，____________代表任意一个字符。

9．请填写下列函数的具体含义。

AVG()　　____________

MAX()　　____________

MIN()　　____________

SUM()　　____________

三、上机题

1．建立一个人事工资表文件 RSGZ.DBF，表中内容如下。

编号	姓名	性别	年龄	基本工资	奖金
001	王朋	男	24	372.63	440.00
002	李丽	女	37	300.00	470.00
003	赵一山	男	20	425.75	540.00
004	许玲	女	42	350.70	500.00

2．建立一个技术考核表文件 JSKH.DBF，表中内容如下。

编号	姓名	身份证号	笔试	实操	总评
001	王朋	540104770111101	78	67	
002	李丽	540104650824502	95	90	
003	赵一山	540104800517311	79	89	
004	许玲	540104601010702	66	50	

3．用命令方式填充题 2 表中的总评成绩。

4．利用 SQL 查询方式查询题 1 表 RSGZ.DBF 中工资大于 350 元的第一条记录内容。

第 5 章　数据查询与建立视图

在实际应用中，用户常常需要对数据库中的数据进行查询和修改，在 Visual FoxPro 6.0 中文版中，系统提供查询和视图功能，能方便快捷地解决用户提出的查询和修改数据要求。本章将讲述查询与视图的创建等基本操作。

5.1　数据查询

5.1.1　查询的设计过程

在 Visual FoxPro 6.0 中文版中，不管是为迅速回答某个问题还是为报表组织数据，建立查询的基本过程都是相同的。

在使用“查询设计器”或“查询向导”建立查询时，首先应选定存储相应信息的表或视图，然后定义查询条件从表中或视图中抽取数据，再将查询的结果引导到相应的输出形式上，如浏览窗口、标签、报表、图表和表文件等，而且还可以用带有.QPR 扩展名的文件来保存设计好的查询，以备以后使用。归纳起来，在创建查询时，通常可以遵循以下 6 个步骤来创建查询。

（1）用“查询向导”或“查询设计器”创建查询。

（2）选择在查询结果中需要的字段。

（3）设置查询记录的条件。

（4）设置排序及分组条件来组织查询结果。

（5）选择查询输出类别，可以是报表、表文件、图表、浏览窗口和表文件等。

（6）运行此查询。

下面将以实例形式来介绍创建查询的过程。

5.1.2　查询的创建

在 Visual FoxPro 6.0 中文版中，可以通过两种方法来创建查询：一种是利用“查询向导”创建查询，另一种是利用“查询设计器”创建查询。前一种方法是通过“查询向导”提供的操作步骤提示创建查询。对比较熟悉 Visual FoxPro 6.0 的用户来说，可以使用“查询设计器”创建查询。

前面已经在 STUDENT 数据库中建立了“学生信息表”STUD，它包含 10 个字段：学号、姓名、性别、班级名、系别代号、地址、出生日期、是否团员、备注和照片。如果只需从表中查找出系别代号为“01”且是否团员为“.T.”并仅显示学号、姓名、班级名、系别代号 4 个字段的数据内容，下面用两种方法来创建查询。

1. 利用“查询向导”创建查询

利用“查询向导”创建查询的步骤如下：

1）进入“查询向导”。进入“查询向导”方法有以下 3 种：

➢ 选择【工具】|【向导】|【查询】命令。
➢ 选择【文件】|【新建】命令，进入“新建”对话框，选择“查询”单选按钮，单击“向导”按钮。
➢ 在“项目管理器”窗口中，选择“数据”选项卡，选中“查询”，单击“新建”按钮，出现“新建查询”对话框，单击“查询向导”按钮。

以上 3 种方法都将进入“向导选取”对话框，如图 5-1 所示。

对话框中列出了查询向导、交叉表向导和图形向导 3 种查询向导供用户选择，我们选择“查询向导”，单击“确定”按钮，进入“查询向导步骤 1”对话框，如图 5-2 所示。

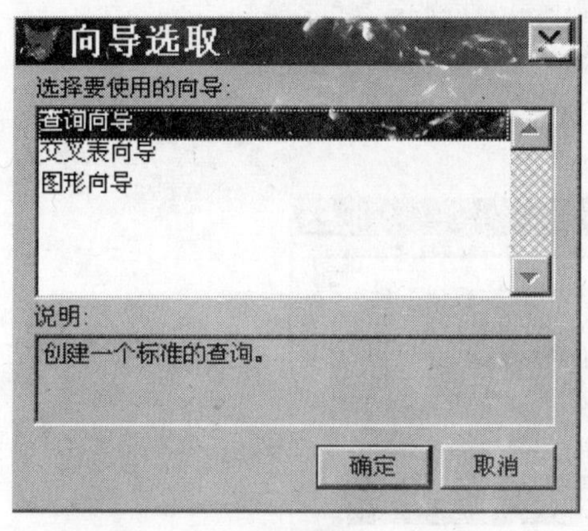

图 5-1　“向导选取”对话框

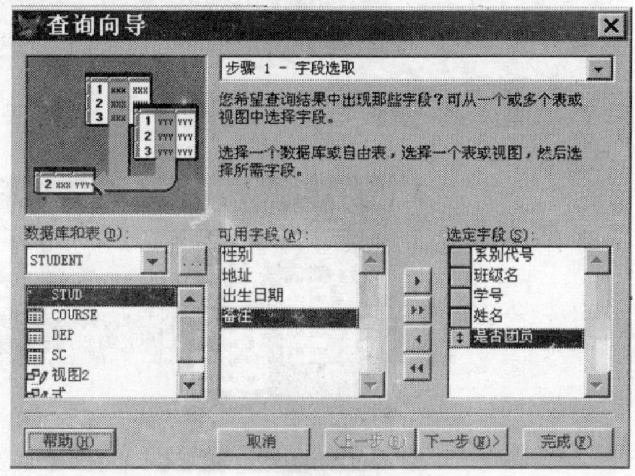

图 5-2　查询向导步骤 1

2）选择查询结果中需要的字段。“查询向导步骤 1”对话框用于选择查询结果中需要的字段，各选项的说明如下：

➢ “数据库和表”下拉列表框：从中选择数据库，其下面的列表框中显示出对应此数据库的数据库表。也可以单击“…”按钮，弹出“打开”对话框，从中可以选择合适的数据库或表。
➢ “可用字段”列表框：列出左边选中的表中所含的字段。
➢ “选定字段”列表框：查询结果中的字段。
➢ ▸按钮：将“可用字段”列表框中的选定字段加入到“选定字段”列表框中。
➢ ▸▸按钮：将“可用字段”列表框中的全部字段加入到“选定字段“列表框中。
➢ ◂按钮：将“选定字段”列表框中的选定字段退回到“可用字段”列表框中。
➢ ◂◂按钮：将“选定字段”列表框中的全部字段退回到“可用字段”列表框中。
➢ 在“选定字段”列表框中，拖动↕标记可以改变字段的顺序。设置完成后，单击“下一步”按钮，进入“查询向导步骤 3”对话框，如图 5-3 所示。

3）设置查询条件。在“查询向导步骤 3”对话框中，按查询要求建立条件表达式，筛选符合表达式的记录。单击“预览”按钮可浏览符合条件的记录。设置完毕后，单击“下一步”按钮，进入“查询向导步骤 4”对话框，如图 5-4 所示。

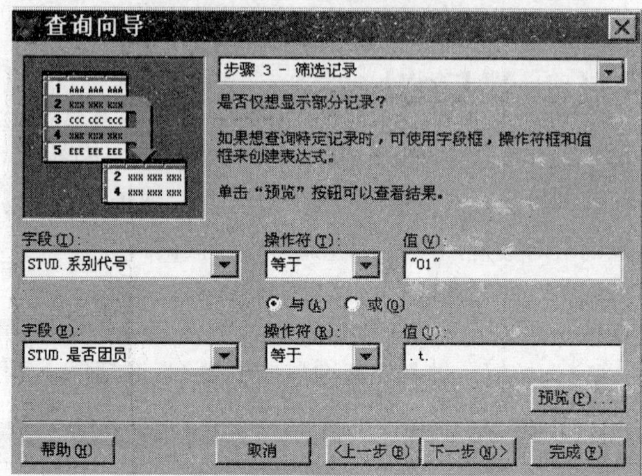

图 5-3 查询向导步骤 3

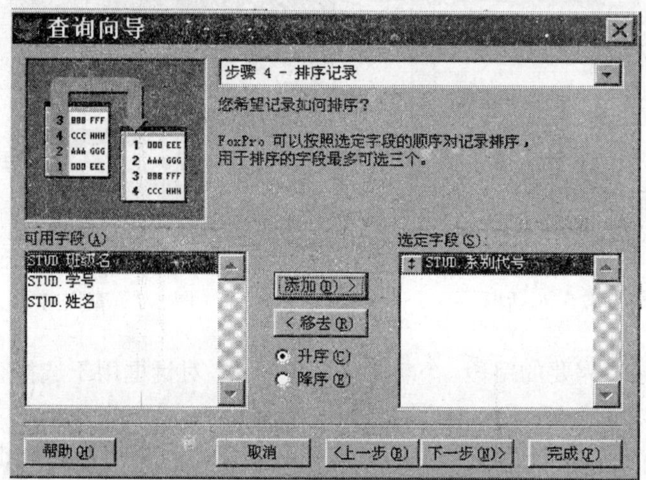

图 5-4 查询向导步骤 4

4）设置排序字段。“查询向导步骤 4”对话框用于设置查询的排序依据，各选项的作用如下：

- “可用字段”列表框：列出可用以排序的字段。
- “选定字段”列表框：在查询中作为排序依据的字段。
- “添加”按钮：将“可用字段”列表框中选定的字段加入到“选定字段”列表框中。
- “移去”按钮：将“选定字段”列表框中选定的字段退回到“可用字段”列表框中。
- “升序”单选按钮和“降序”单选按钮：确定“选定字段”列表框中选定字段在结果中以升序或降序显示。
- 如果在“选定字段”列表框中有多个字段，则自上而下依次确定为第 1、第 2，依此类推到第 n 排序字段。在“选定字段”列表框中拖动↕标记可改变排序字段的顺序。

选择排序后，单击“下一步”按钮，进入“查询向导步骤 4a”对话框，如图 5-5 所示。

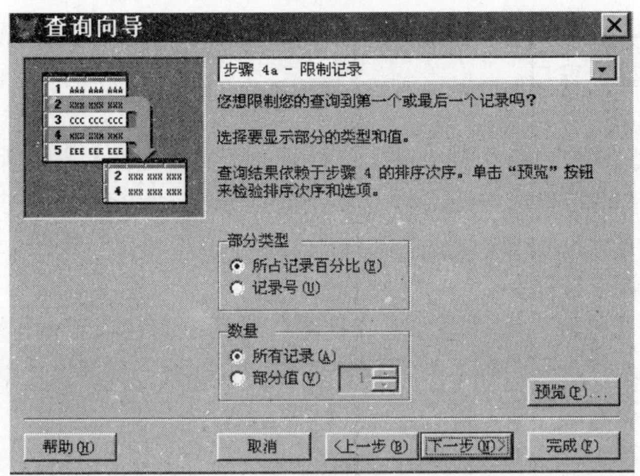

图 5-5　查询向导步骤 4a

5）设置记录输出范围。在“查询向导步骤 4a”中可以限制记录的输出范围。在“部分类型”栏中有两个单选按钮：“可用百分比”和“记录号”用来设置“部份值”的类型。“数量”栏中也有两个单选按钮：“所有记录”和“部份值”，如果“所有记录”单选钮被选中，查询结果将显示全部符合筛选条件的记录；如果“部份值”单选钮被选中，查询结果只显示其中的一部分记录，“部份值”后的数值是百分比还是记录数由“部分类型”中的选项决定。设置完毕后，单击“下一步”按钮，进入“查询向导步骤 5”对话框，如图 5-6 所示。

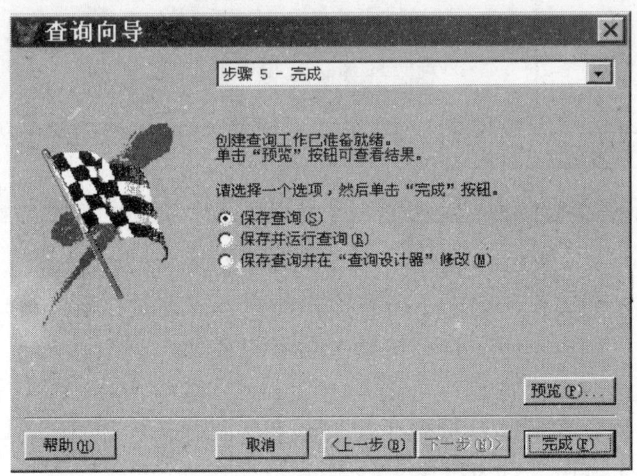

图 5-6　查询向导步骤 5

6）保存查询。在“查询向导步骤 5”对话框中，可选择一个单选按钮，确定向导完成后要做的操作，有 3 种操作的单选按钮供选择：

- “保存查询”按钮：如果选择此单选按钮，单击“完成”按钮，将打开“另存为”对话框。在“另存为”对话框中，可选择合适的路径并输入文件名，如在“文件名”文本框中输入“查询 1”，单击“保存”按钮。
- “保存并运行查询”按钮：如果选择此单选按钮，则保存查询并运行创建的查询。

- “保存查询并在查询设计器修改”按钮：如果选择此单选按钮，则保存查询并进入“查询设计器”窗口。

2. 查询设计器

进入“查询设计器”窗口有 2 种方法，一种是：选择【文件】|【新建】命令，进入“新建”对话框，选择“查询”单选按钮，单击“新建”按钮；另一种是：在“项目管理器”窗口中，选择“数据”选项卡，选中“查询”文件类型，单击“新建”按钮，出现“新建查询”对话框，单击“新建查询”按钮。

系统首先会弹出“打开”或“添加表或视图”对话框，在该对话框中用户可以选择查询需要的表或视图，进入“查询设计器”窗口，如图 5-7 所示。查询设计器窗口有 6 个选项卡，不同选项卡用于设置不同的内容。

（1）“字段”选项卡。

“字段”选项卡用于选择查询输出的字段，进入“查询设计器”窗口，首先显示的就是“字段”选项卡，如图 5-7 所示。

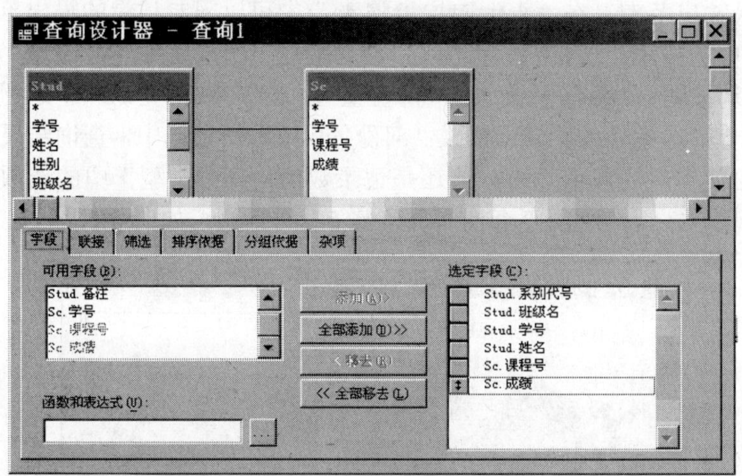

图 5-7　查询设计器

- “可用字段”列表框：列出了所有被添加到“查询设计器”窗口中的表的所有字段。
- “选定字段”列表框：在查询结果中显示的字段。
- “函数和表达式”文本框：可输入一个表达式或单击“...”按钮，打开“表达式生成器”对话框，在此对话框中生成一个表达式作为一个计算列。可用“添加”按钮添加到“选定字段”列表框中。
- “添加”按钮：将“可用字段”列表框中的选定字段加入到“选定字段”列表框中。
- “全部添加”按钮：将“可用字段”列表框中的全部字段加入到“选定字段”列表框中。
- “移去”按钮：将“选定字段”列表框中选定的字段退回到“可用字段”列表框中。
- “全部移去”按钮：将“选定字段”列表框中的全部字段退回到“可用字段”列表框中。
- 标记：用来改变查询字段的顺序。

（2）“联接”选项卡。

"联接"选项卡用于创建多表间的联接条件，如图 5-8 所示。

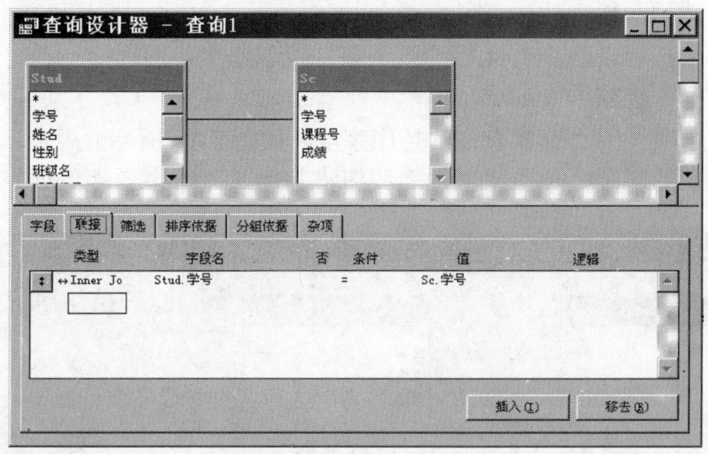

图 5-8　"联接"选项卡

- "类型"下拉列表框：可从 4 种联接中选择一种联接类型。
- "字段名"下拉列表框：父表的关联字段。
- "否"按钮：表示对条件的求非。
- "条件"下拉列表框：用于选择比较运算符，共有 10 种操作符供选择。
- "值"下拉列表框：子表的关联字段。
- "逻辑"下拉列表框：用于确定当前行与下行的逻辑关系，有"无"、AND 和 OR 三种选择。
- "插入"按钮：用来在光标所在行插入一种新的联接。
- "移去"按钮：用来移去光标所在行的联接。
- ↕标记：拖动此标记改变联接顺序。
- "←→"标记：单击此标记，打开"联接条件"对话框。

（3）"筛选"选项卡。

"筛选"选项卡用于设置筛选条件，如图 5-9 所示。

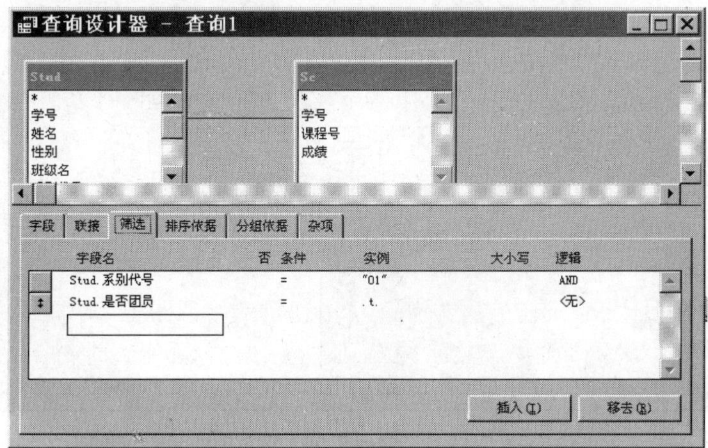

图 5-9　"筛选"选项卡

该选项卡的操作与“联接”选项卡操作类似，不同的两项如下：

- “实例”选项：输入比较值。
- “大小写”按钮：选中时此行的查询条件值忽略大小写。

（4）“排序依据”选项卡。

“排序依据”选项卡用于设置查询的排序字段，如图 5-10 所示。用户只需从“选定字段”列表中选择用于排序的字段，单击“添加”按钮将其加入“排序条件”列表中。

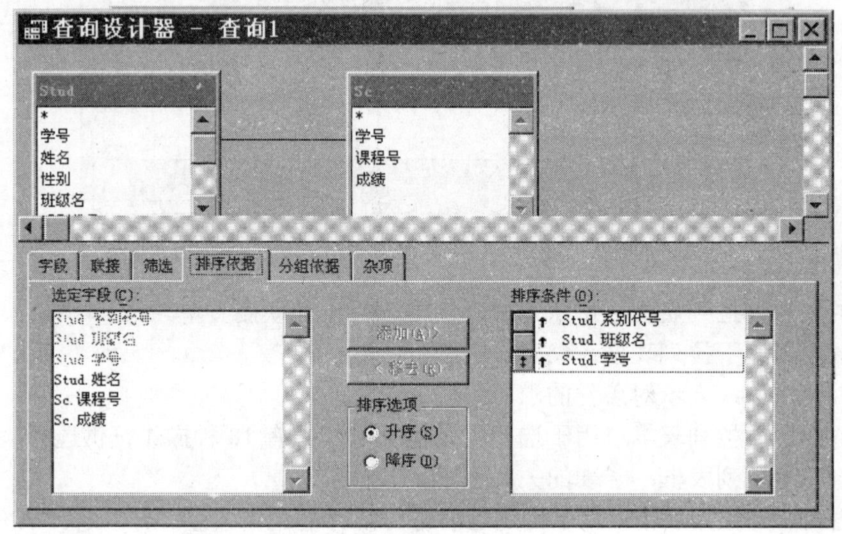

图 5-10　“排序依据”选项卡

（5）“分组依据”选项卡。

“分组依据”选项卡用于选择作为分组依据的字段，如图 5-11 所示。用户只需从“可用字段”列表中选择用于分组的字段，单击“添加”按钮将其加入“分组字段”列表中。

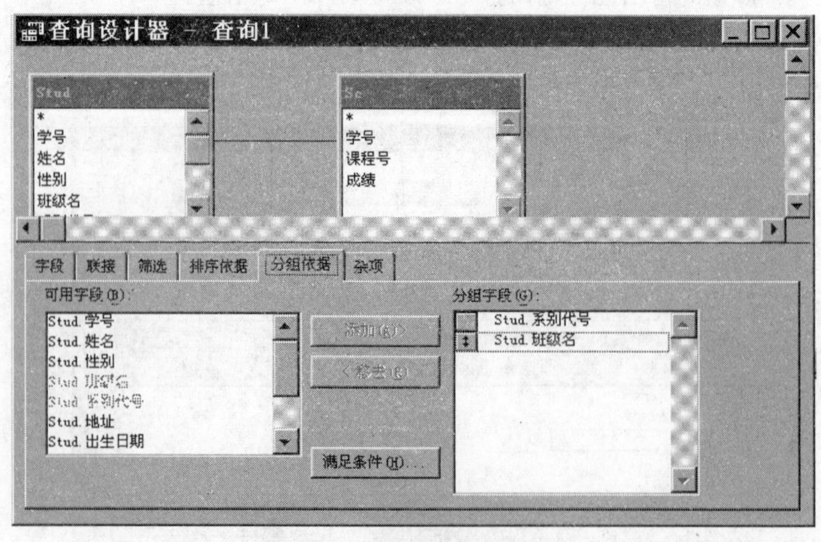

图 5-11　“分组依据”选项卡

（6）“杂项”选项卡。

“杂项”选项卡用于设置查询记录的输出范围，如图 5-12 所示。

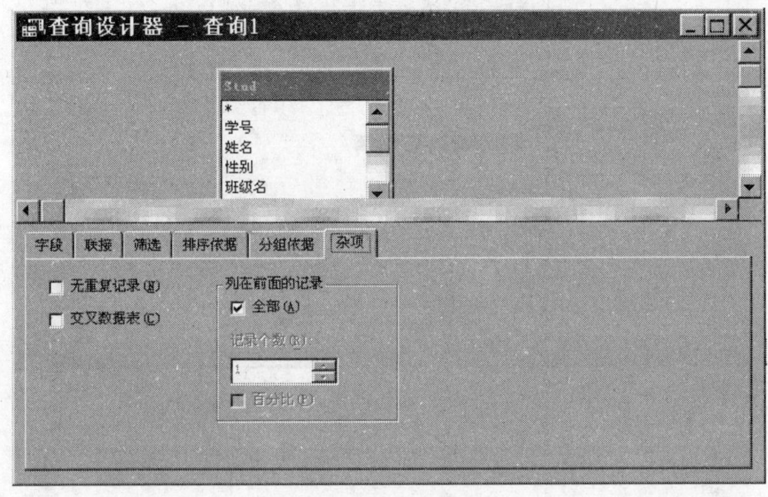

图 5-12　“杂项”选项卡

各选项含义如下：

➢　“无重复记录”复选框：表示查询结果中没有相同的记录。

➢　“全部”复选框：表示输出所有符合条件的记录。

➢　“记录个数”复选框：表示输出排在前面的记录个数。

➢　“百分比”复选框：表明“记录个数”复选框中的值为一个百分数。

➢　“交叉数据表”复选框：表明是一个交叉数据表查询。

3.　“查询设计器”工具栏

“查询设计器”工具栏各按钮的功能如下：

➢　按钮：添加数据库表。

➢　按钮：移去数据库表。

➢　按钮：添加数据库表间的联接。

➢　按钮：显示 SQL 窗口。

➢　按钮：最大化上部分窗口。

➢　按钮：确定查询去向。

4. 使用查询设计器创建查询

使用“查询设计器”创建前面用“查询向导”创建查询的查询，具体步骤如下：

1）进入“查询设计器”窗口，添加 STUD 表，如图 5-13 所示。

2）选择查询需要的字段：单击“字段”选项卡，将查询字段从“可用字段”列表框添加到“选定字段”列表框中。本例选择“系别代号”、“班级名”、“学号”、“姓名”。

3）设置查询条件：选择“筛选”选项卡，按如图 5-14 所示设置筛选条件。

4）保存查询：关闭“查询设计器”窗口，系统会显示一个是否保存查询提示框，单击“是”按钮，进入“另存为”对话框。在“另存为”对话框中选择合适的路径并输入文件名，单击“保存”按钮。

图 5-13 在查询设计器中添加 SUTD 表

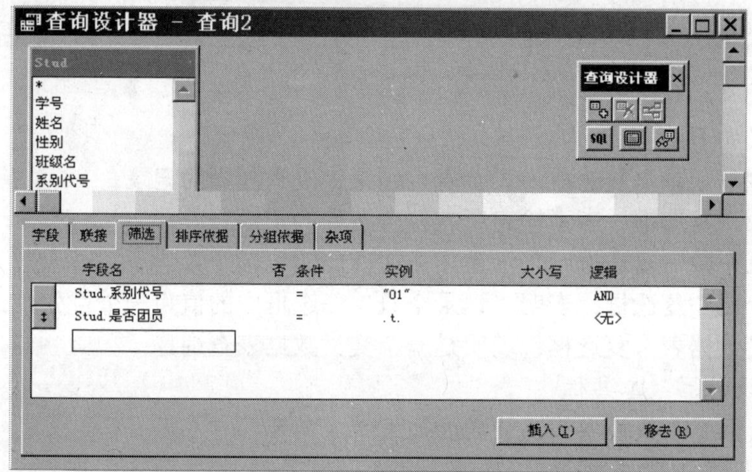

图 5-14 设置查询条件

5.1.3 查询设计的运行与修改

1. 查询设计的运行

当完成查询设计后，就可以运行查询。运行查询的方法有以下 5 种：

- 在“查询设计器”窗口中，选择【查询】|【运行查询】命令。
- 在“查询设计器”窗口中，右击“查询设计器”窗口，选择快捷菜单中的【运行查询】命令。
- 选择【程序】|【运行】命令。弹出“运行”对话框，在对话框中，选择所要运行的查询文件，单击“运行”按钮。
- 在“项目管理器”窗口中，选择要运行的查询文件，单击右边的“运行”按钮。
- 在“命令”窗口中，键入 DO <查询文件名>，例如：DO 查询 1.qpr。

2. 查询设计的修改

查询设计的修改方法有以下 3 种：

- 在“项目管理器”窗口中，选择要修改的查询文件，单击右边的“修改”按钮，进入“查询设计器”窗口中修改。
- 选择【文件】|【打开】命令，在“打开”对话框中，选择所要修改的查询文件，单击“确定”按钮，进入“查询设计器”窗口中修改。
- 在命令窗口中，键入 MODIFY QUERY <查询文件名>。

3. 查询去向的设置

通常情况下，查询的结果将显示在浏览窗口中，Visual FoxPro 6.0 中文版提供了丰富的查询去向。单击“查询设计器”工具栏中的“查询去向”按钮或在系统菜单中单击【查询】|【查询去向】命令，弹出“查询去向”对话框，如图 5-15 所示。其中共包含 7 个查询去向，各项的含义如表 5-1 所示。

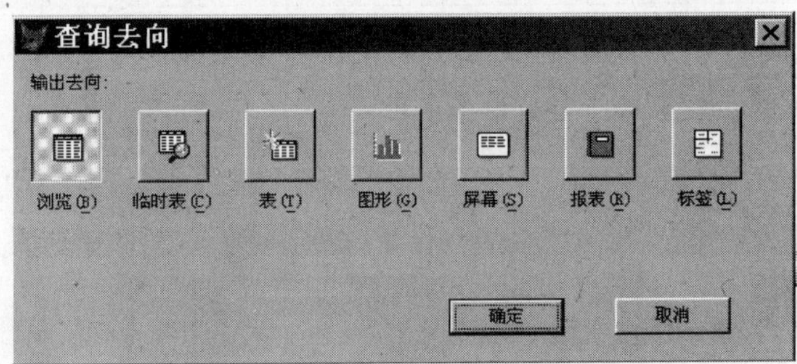

图 5-15　“查询去向”对话框

表 5-1　查询去向

查询去向	含义
浏览	直接在浏览窗口中显示查询结果
临时表	查询结果作为一个临时只读表存储
表	查询结果作为一个永久表存储
图形	查询结果以图形方式显示
屏幕	只把查询结果显示在主窗口或当前活动窗口中
报表	将查询结果输出到一个报表文件中
标签	将查询结果输出到一个标签文件中

5.1.4　复杂查询的设计

1. 多表查询的创建

在实际运用过程中，往往需要从多个表中查询数据，Visual FoxPro 6.0 中文版提供了多个表的查询功能，并通过“查询设计器”建立多个表查询的关系。例如：在 STUDENT 数据库中，查询系别代号字段为“01”，班级字段为“计 0121”的所有学生的成绩。要求查询结果中字段的值必须全部是具体的名称，而不能是代码；在查询结果中，包括系别名、班级名、学号、姓名、课程名和成绩等字段。我们以此为例，介绍多表查询的创建过程。具体步骤如下：

1）在查询设计器中添加表：要满足题目要求，必须用到 DEP 表、STUD 表、SC 表、COURSE 表 4 个表，如图 5-16 所示。

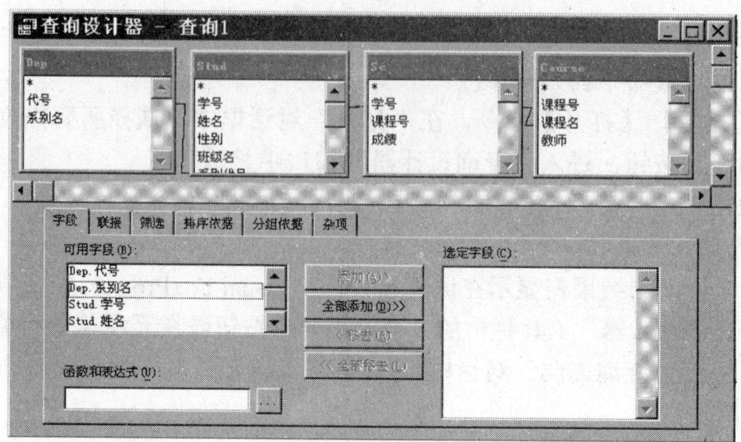

图 5-16　添加表

2）建立联接条件：按图 5-17 建立联接条件。

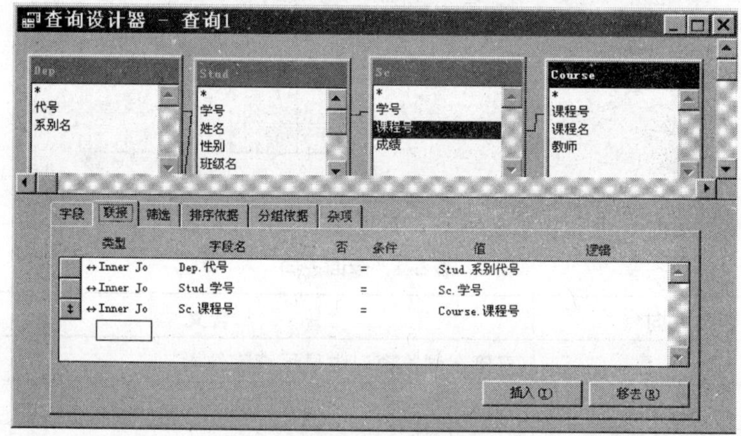

图 5-17　联接条件设置情况

3）选择查询字段：查询字段的具体设置情况如图 5-18 所示。

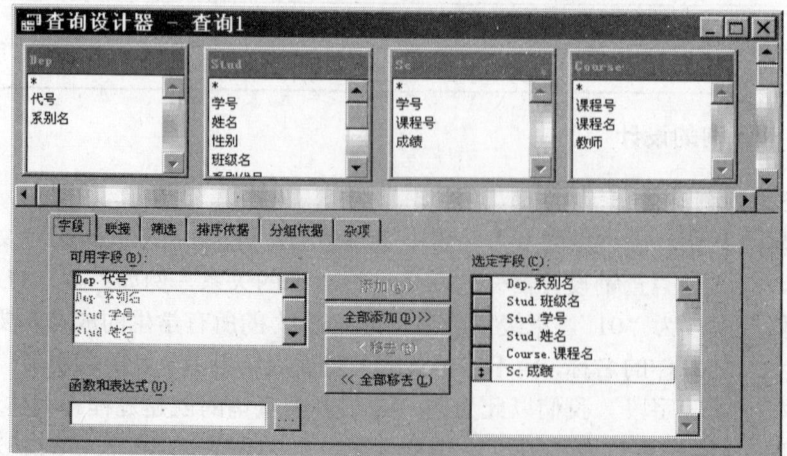

图 5-18　查询字段的设置情况

4）设置查询条件：查询条件的具体设置情况如图 5-19 所示。

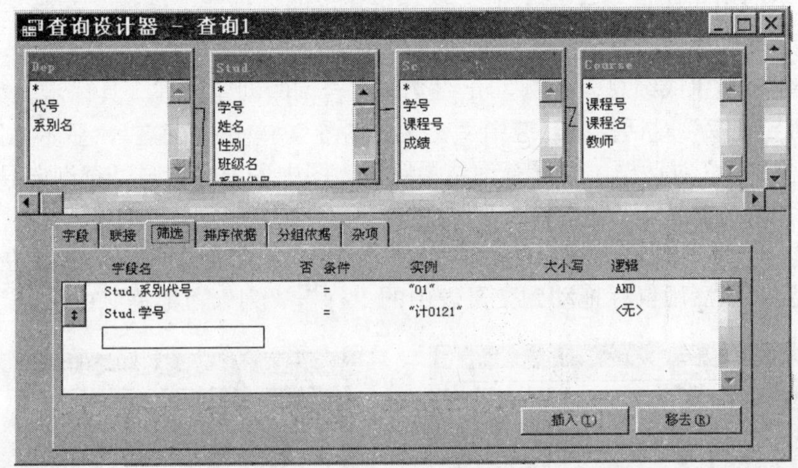

图 5-19　查询条件的设置情况

5）设置排序依据：查询的排序依据的具体设置情况如图 5-20 所示。

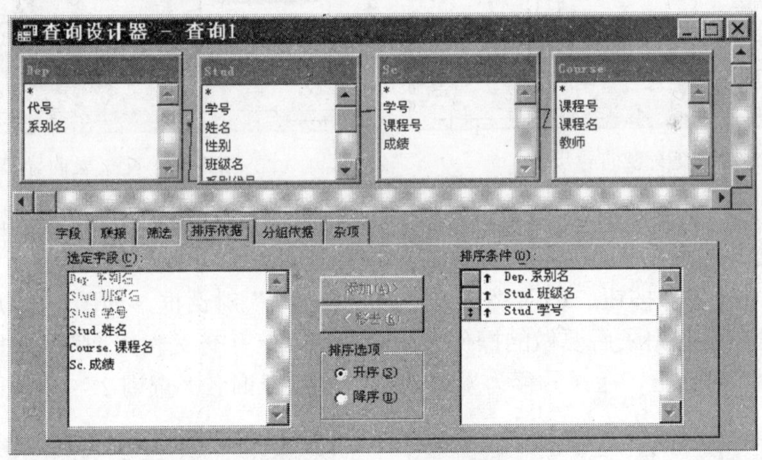

图 5-20　排序依据的设置情况

6）保存或运行查询：设置完毕后，右击“查询设计器”窗口，在弹出菜单中选择【运行查询】命令。查询运行结果如图 5-21 所示。关闭“查询设计器”窗口，进入“另存为”对话框，输入“学生成绩查询”查询文件名保存查询，多表查询创建完毕。

查询

系别名	班级名	学号	姓名	课程名	成绩
计算机系	计0121	011110	李建国	英语	65
计算机系	计0121	011110	李建国	数学	80
计算机系	计0121	011110	李建国	数据库	59
计算机系	计0121	011110	李建国	C语言	78
计算机系	计0121	011111	赵琳	英语	65
计算机系	计0121	011111	赵琳	数学	72
计算机系	计0121	011111	赵琳	C语言	57
计算机系	计0121	011111	赵琳	数据库	63

图 5-21　查询运行情况

2. 交叉表查询的创建

交叉表是类似电子表格形式来表现二维分析数据的一种表。例如，在学生成绩总表中，由学生“姓名”和本学期的各门“课程名称”构成了一个二维表，此表的交叉点为“成绩”的分值。我们以建立学生成绩总表为例，介绍交叉表查询的创建过程。具体步骤如下：

1）在“向导选取”对话框中，选中“交叉表向导”，单击“确定”，显示如图 5-22 所示的“交叉表向导步骤 1”对话框，设置查询结果字段。图中各项含义与“查询向导”的“查询向导步骤 1”对话框各项含义完全一样，在这里就不再介绍了。

2）单击“下一步”按钮，进入如图 5-23 所示的“交叉表向导步骤 2”，在“可用字段”列表框中，选定字段后用鼠标拖动到交叉表中的“行”、“列”、“数据”中。

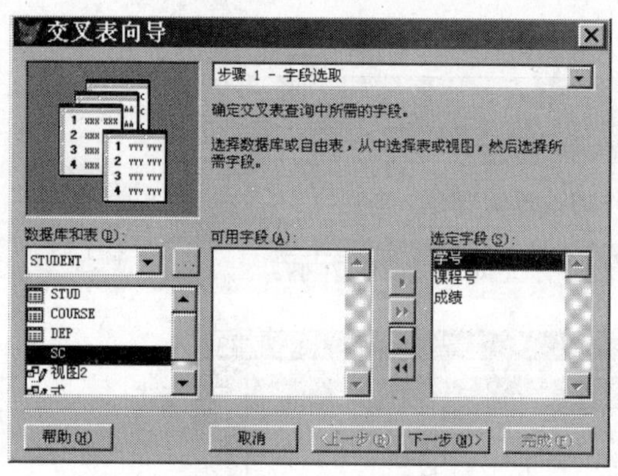

图 5-22　交叉表向导步骤 1

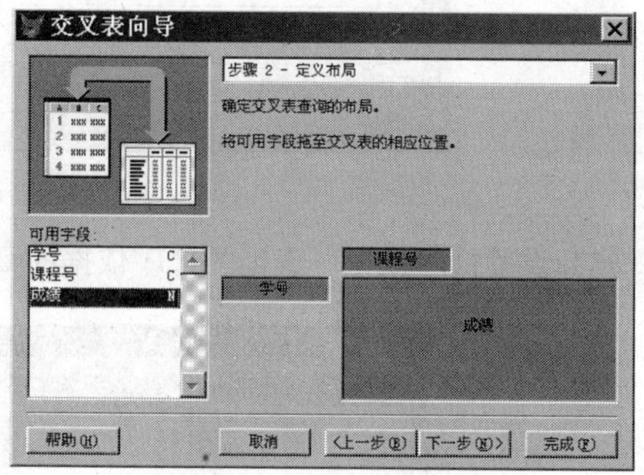

图 5-23　交叉表向导步骤 2

3）单击“下一步”按钮，进入“交叉表向导步骤 3”对话框，如图 5-24 所示。在“总结”区域中选择总结方式，在“分类汇总”区域中选择汇总类型。

4）单击“下一步”按钮，进入“交叉表向导步骤 4”对话框，如图 5-25 所示。可选择一个单选按钮，确定向导完成后要做的操作。如果选择“保存交叉表查询”，单击“完成”按钮，将打开“另存为”对话框，在“另存为”对话框中输入查询名“查询 2”后单击“保存”按钮。

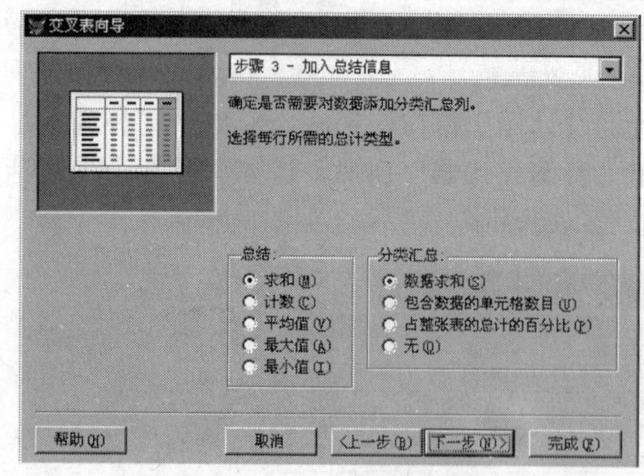

图 5-24　交叉表向导步骤 3

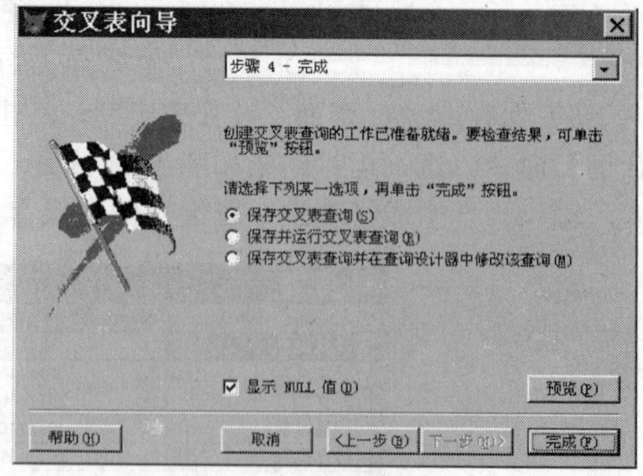

图 5-25　交叉表向导步骤 4

5）运行查询结果如图 5-26 所示。

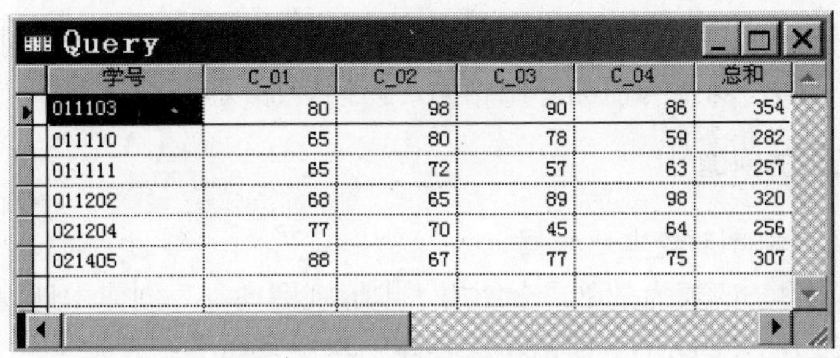

学号	C_01	C_02	C_03	C_04	总和
011103	80	98	90	86	354
011110	65	80	78	59	282
011111	65	72	57	63	257
011202	68	65	89	98	320
021204	77	70	45	64	256
021405	88	67	77	75	307

图 5-26　交叉表查询运行结果

5.2　建立视图

5.2.1　视图简介

视图是一个定制的虚拟逻辑表，视图中只存放相应的数据逻辑关系，并不保存表的记录内容，但可以在视图中改变记录的值，然后将更新记录返回到源表。因此，视图不能单独存在，只能从属某个数据库。视图也是一种快速查询的好工具。

视图与查询在功能上有许多相似之处，但又有各自的特点，主要区别如下：

- 功能不同：视图可以更新字段内容并返回源表，而查询文件中的记录数据不能被修改。
- 从属不同：视图不是一个独立的文件而从属于某一个数据库。查询是一个独立的文件，它不从属于某一个数据库。
- 访问范围不同：视图可以访问本地数据源和远程数据源，而查询只能访问本地数据源。
- 输出去向不同：视图只能输出到表中，而查询可以选择多种去向，如表、图表、报表、标签、窗口等形式。
- 使用方式不同：视图只有所属的数据库被打开时，才能使用。而查询文件可在命令窗口中执行。

Visual FoxPro 6.0 中文版的视图按使用的数据源可以分为本地视图和远程视图。本地视图是使用当前数据库建立的视图；而远程视图是使用当前数据库之外的数据源（即 ODBC 数据源）建立的视图。

视图的创建方法有两种，一种是使用“视图向导”,“视图向导”又分为“本地视图向导”和“远程视图向导”两种；另一种方法是使用“视图设计器”。不管使用哪一种方法，创建视图的操作一般可分为如下 5 个步骤：

1）表或数据源选取。

2）字段选择。

3）建立关系。

4） 筛选、排序。

5）完成。

以上步骤除了步骤 1)、2）和 5）不能省略外，其他步骤视需要可以省略。创建视图与创建查询在操作步骤上很相似，有了创造查询的基础，学习创建视图就很容易了。在视图创建时，有很多对话框中各选项的含义与创建查询时对话框中选项的含义完全相同，在后面学习过程中，如果没有特殊说明，均指与前面介绍相同，请读者加以区别记忆。

5.2.2 本地视图的创建

1. 使用本地视图向导创建本地视图

我们以 STUD 表和 SC 表为基础，介绍用“本地视图向导”创建本地视图的方法。在创建视图之前，必须先打开 STUDENT 数据库。具体创建步骤如下：

1）打开“本地视图向导”。打开“本地视图向导”的方法有以下两种：

➢ 选择【文件】|【新建】命令，进入“新建”对话框，选择“视图”单选按钮，单击“向导”按钮，进入“本地视图向导步骤 1”对话框，如图 5-27 所示。

➢ 在“项目管理器”窗口中，选择“数据”选项卡，选定“本地视图”类型，单击“新建”按钮，显示“新建本地视图”对话框，单击“视图向导”按钮进入“本地视图向导步骤 1”对话框，如图 5-27 所示。

2）选择视图所需的字段：在“本地视图向导步骤 1”中，选择 STUDENT 数据库中的 STUD 表，选择“班级名”、“学号”、“始名”字段，再选择 SC 表，选择“课程号”、“成绩”字段。单击“下一步”按钮，进入“本地视图向导步骤 2”对话框，如图 5-28 所示。

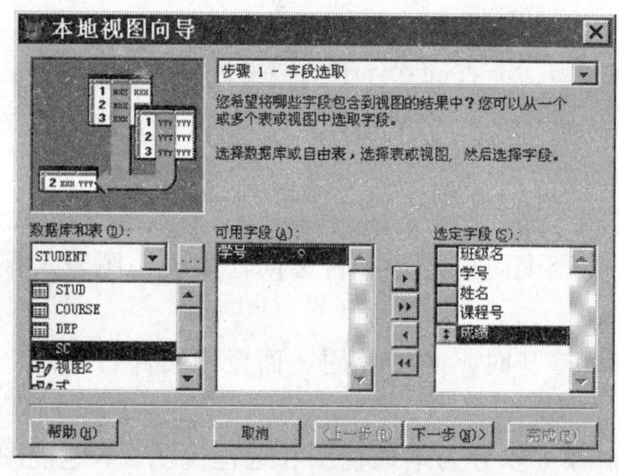

图 5-27 本地视图向导步骤 1

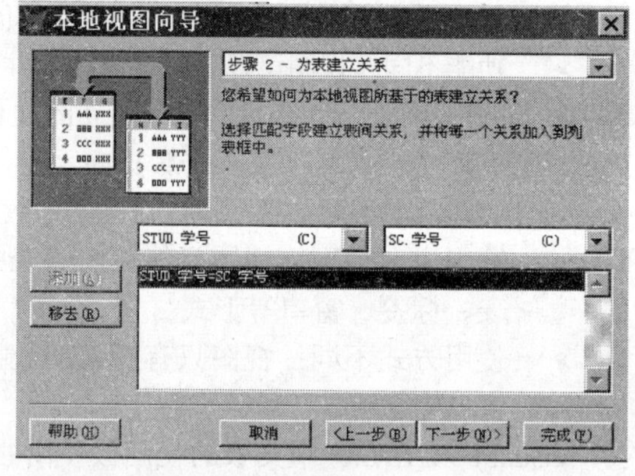

图 5-28 本地视图向导步骤 2

3）建立 STUD 表和 SC 表的联接。在“本地视图向导步骤 2”对话框中，选择 STUD 表的学号和 SC 表的学号，单击“添加”按钮。单击“下一步”按钮，进入“本地视图向导步骤 2A”对话框，如图 5-29 所示。

4）选择联接方式：“本地视图向导步骤 2a”对话框中有 4 个单选按钮，分别对应 4 种联接方式，选择所需的联接方式后单击“下一步”按钮，进入“本地视图向导步骤 3”对话框，如图 5-30 所示。

5）设置筛选条件：按图 5-30 所示设置筛选条件。单击“下一步”按钮，进入“本地视图向导步骤 4”对话框，如图 5-31 所示。

6）设置排序字段：在“本地视图向导步骤 4”对话框中，选择班级名和学号作为排序依据。单击“下一步”按钮，进入“本地视图向导步骤 4a”对话框，如图 5-32 所示。

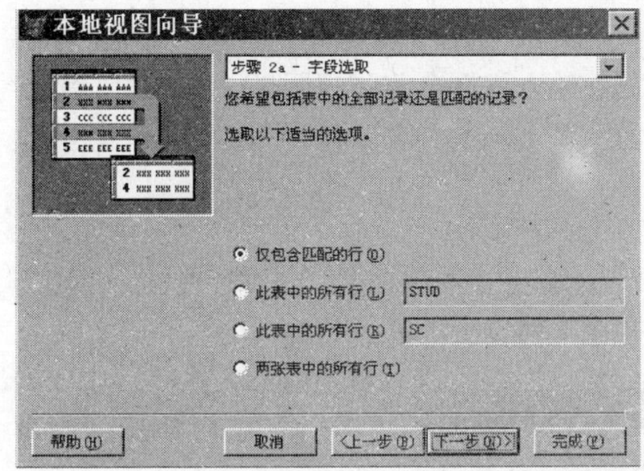

图 5-29　本地视图向导步骤 2a

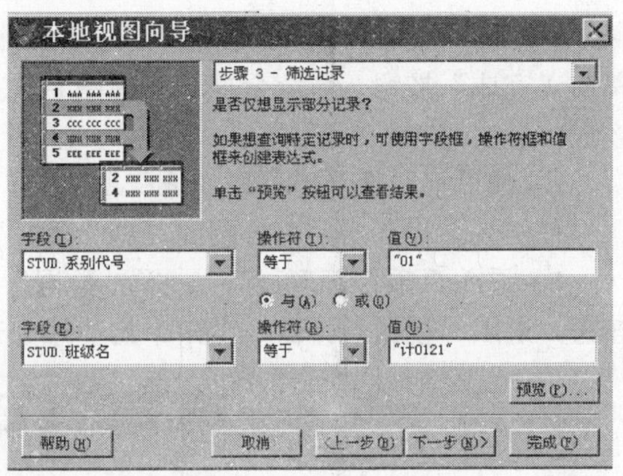

图 5-30　本地视图向导步骤 3

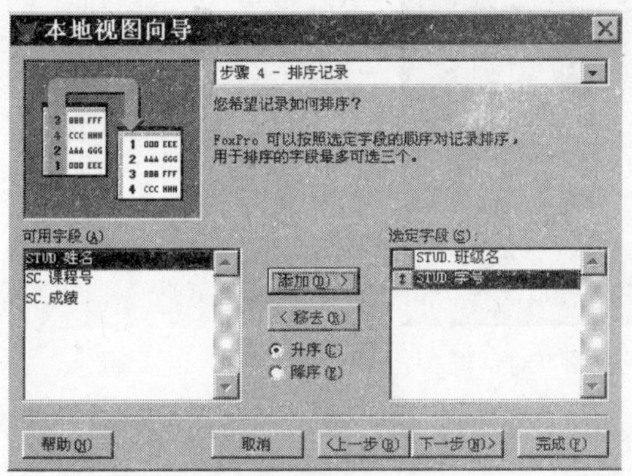

图 5-31　本地视图向导步骤 4

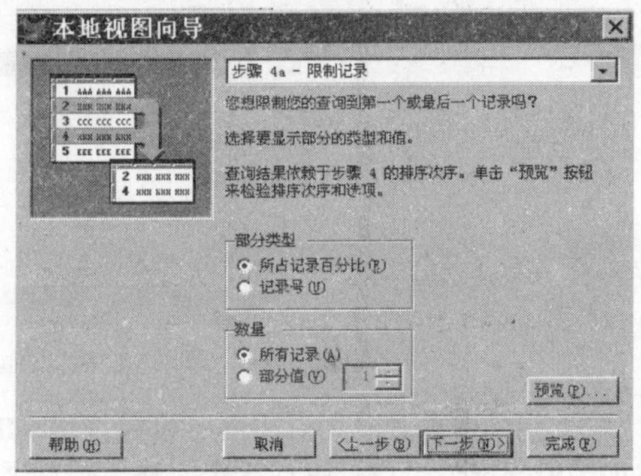

图 5-32　本地视图向导步骤 4a

7）限制视图输出的记录：在“本地视图向导步骤 4a”对话框中，选择记录输出的范围，本例选择“所有记录”，单击“下一步”按钮，进入“本地视图向导步骤 5”对话框，如图 5-33 所示。

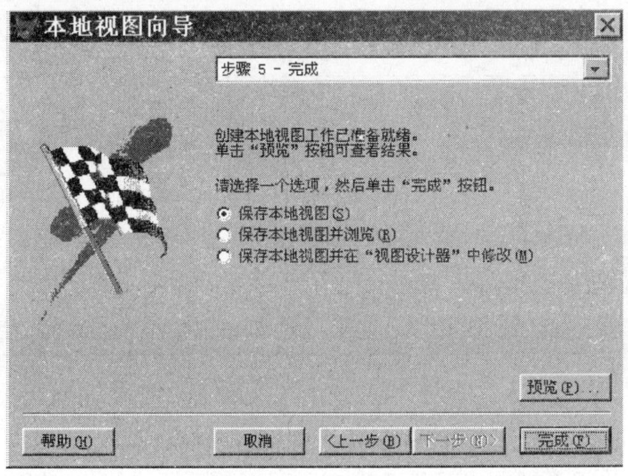

图 5-33　本地视图向导步骤 5

8）保存视图：在“本地视图向导步骤 5”对话框中，选择“保存本地视图”单选按钮，单击“完成”按钮，系统会打开“视图名”对话框，输入视图名称（视图 3）并单击“确定”按钮。

2. 使用视图设计器创建本地视图

使用视图设计器创建视图的具体步骤如下：

1）进入“项目管理器”，选择“数据”选项卡，选定“本地视图”类型。单击“新建”按钮，进入“视图设计器”窗口中的“添加表或视图”对话框，如图 5-34 所示。

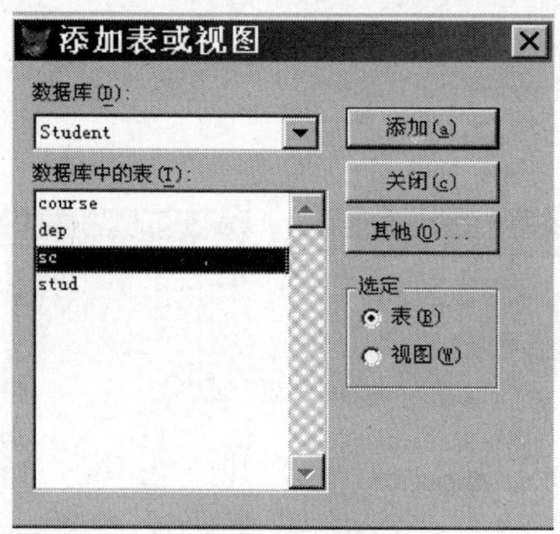

图 5-34 “添加表或视图”对话框

2）完成数据表添加后，同时设置好 STUD 表和 SC 表的联接，单击“关闭”按钮，进入“视图设计器”窗口，进行字段选择，如图 5-35 所示。

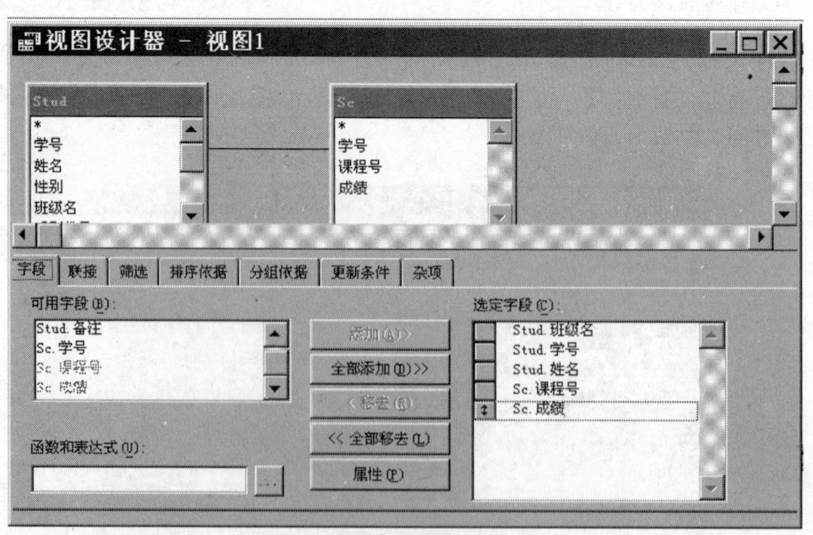

图 5-35 字段设置情况

3）选择“筛选”选项卡，设置筛选条件，如图 5-36 所示。

4）完成设置后，关闭“视图设计器”窗口，显示提示框，单击“是”按钮，进入“保存”对话框，输入视图名称，单击“确定”按钮。

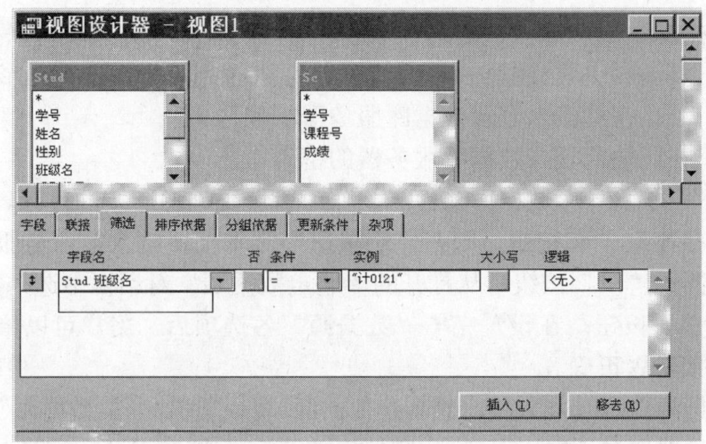

图 5-36　设置筛选条件

5.2.3　创建远程视图

1．创建远程数据联接

所谓远程视图是通过 ODBC 从远程数据源建立的视图。通过使用远程视图，可以直接在远程数据库服务器上抽取数据，而不必将所有记录都调入到自己的本地计算机内，然后在本地计算机上加工，并将对记录的修改或增加返回到远程数据源，从而完成对远程数据源更新。

所谓 ODBC 即 Open DataBase Connectivity（开放式数据互连）的英语缩写，它是一个标准的数据库接口，以一个动态连接库（DLL）方式提供。在安装 Visual FoxPro 6.0 中文版时，可以把 ODBC 驱动程序安装在系统中。

创建 ODBC 数据源的方法有两种，一种是利用 Visual FoxPro 6.0 中文版提供的“连接设计器”中的“新的数据源”创建，另一种是利用在 Windows 系统的“控制面板”中启动“ODBC 数据源（32 位）”应用程序。本书只介绍第一种方法。下面将介绍远程数据联接。

（1）创建远程数据连接。

在“项目管理器”中选择“数据”选项卡，单击“连接”项，单击“新建”按钮，进入“连接设计器”对话框，如图 5-37 所示。

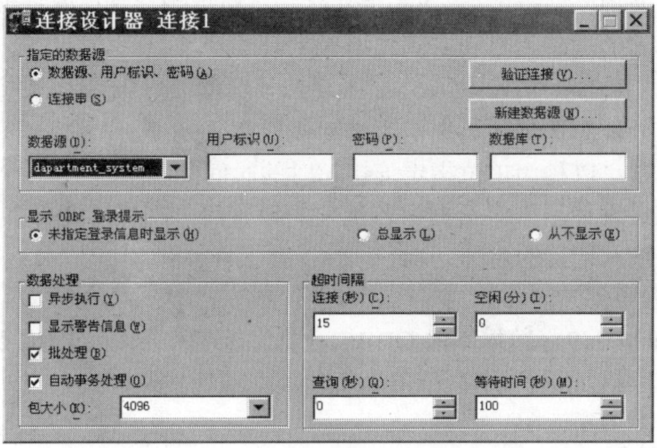

图 5-37　“连接设计器”对话框

如果选择“数据源、用户标识、密码”单选按钮，则按如下方式填写联接参数：

- “数据源”列表：从已注册的 ODBC 数据源下拉列表框中选择一个数据源。
- “用户标识”：在此输入登录数据库服务器的账号。
- “密码”：在此输入登录数据库服务器的密码。
- “数据库”：输入一个数据库文件名，作为所选数据源连接的目标。

如果选择“连接串”单选按钮，则在“连接串”文本框中输入客户与服务器的连接字符串或单击文本框右侧的“…”按钮，从打开的“选定数据源”对话框中选择数据源。

- “验证连接”按钮：在设置完毕“数据源”各选项后，用户可以单击“验证连接”以测试连接是否正确。。
- “新的数据源”按钮：如果用户想新建数据源，可以单击“新的数据源”按钮显示“ODBC 数据源管理器”对话框，用户可以添加、删除和配置数据源，如图 5-38 所示。

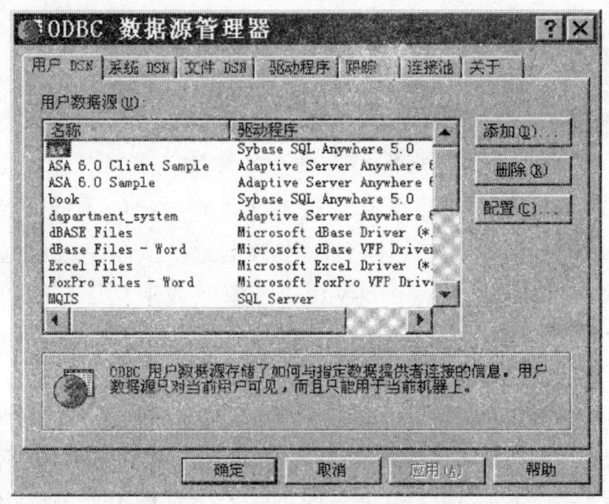

图 5-38　ODBC 数据源管理器

- “未指定登录信息时显示”选项：如果在命名连接定义中未存储用户账号和密码，则 Visual FoxPro 6.0 显示“数据源登录”对话框。
- “总显示”选项：Visual FoxPro 总是显示“数据源登录”对话框，允许用户在命名连接中用不同的注册账号和密码连接数据源。
- “从不显示”选项：Visual FoxPro 不显示“数据源登录”对话框。
- “自动事务处理”选项：指定是否自动执行事务处理。
- “连接”选项：以秒为单位指定连接超时的时间间隔。

用户在完成“连接设计器”对话框中各选项的设置后，选择【文件】|【保存】命令，在“保存”对话框中，输入连接的名称。

（2）ODBC 数据源创建操作。

我们以创建 Visual FoxPro 数据库的 ODBC 数据源为例，介绍 ODBC 数据源的创建步骤。

1）在“连接设计器对话框”中，单击“新建数据源”按钮，进入“ODBC 数据源的管理器”对话框，如图 5-38 所示。

2）单击“添加”按钮，进入“创建新数据源”对话框，如图 5-39 所示。

图 5-39　“创建新数据源”对话框

3）选择 Microsoft Visual FoxPro Driver 为数据源的驱动程序，然后单击“完成”按钮，进入 ODBC Visual FoxPro Setup 对话框，如图 5-40 所示。

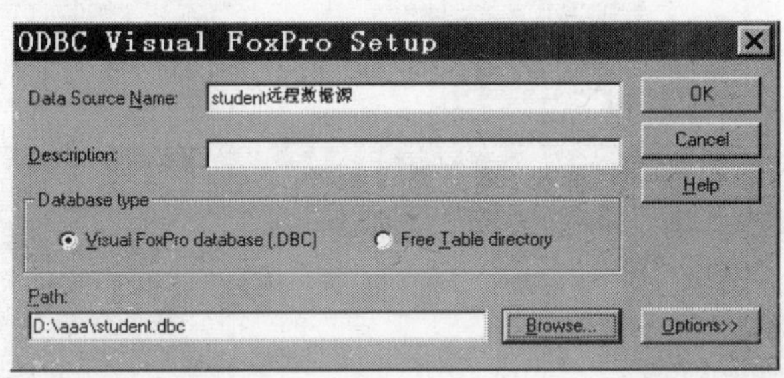

图 5-40　ODBC Visual FoxPro Setup 对话框

4）在 Data Source Name 文本框中输入数据源名称，如 STUDENT 远程数据源。在 Path 文本框中输入数据源所联接的数据库名的全称，也可以单击 Browse 按钮，进入 Select Database 对话框，选择所需的数据库。

5）设置完毕后，单击 OK 按钮。

2. 利用视图设计器创建远程视图

在“项目管理器”中选择数据标签，单击数据库右侧的“+”展开数据库，选择“远程视图”，单击“新建”按钮，进入“选择连接或数据源”对话框，如图 5-41 所示。

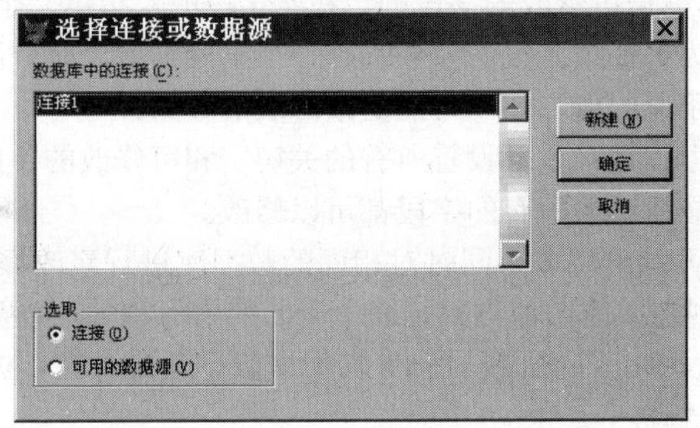

图 5-41　“选择连接或数据源”对话框

选择“连接”单选按钮，列表框中会列出已有的连接。选择“连接 1”，单击“确定”按钮，进入“视图设计器”，其他的操作与使用“视图设计器”创建“本地视图”完全一样，在这里不再赘述。

5.2.4 使用视图的有关操作

1. 更新数据

在“视图设计器”中，“更新条件”选项卡控制对数据源的修改（如更改、删除、插入）应发送回数据源的方式，而且还可以控制对表中的特定字段定义是否为可修改字段，并能对用户的服务器设置合适的 SQL 更新方法。

在“视图设计器”中，选择“更新条件”选项卡，如图 5-42 所示。

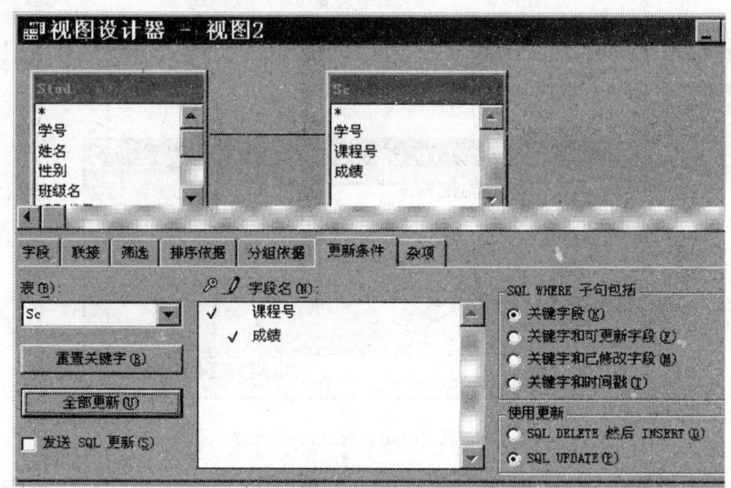

图 5-42 “更新条件选项”对话框

“更新条件”对话框中各主要选项的含义如下：

- “表”下拉列表框：设置可选择的源表。
- “字段列表框”：在此列表框中显示源表的所有字段、标记关键字和可修改的字段。
- “钥匙图标”：标识关键字段列。在某字段的左边第一个按钮上单击，可设置或取消该字段为关键字。如果没有设置一个字段为关键字，则无法对源表进行更新。
- “铅笔图标”：标识可修改的字段列。在某字段的左边第二个按钮上单击，可以设置或取消该字段为可修改字段。如果没有一个字段设置为可修改字段，即使在“浏览”窗口中修改了字段的值，也不可能更改源表的数据。
- “重置关键字”按钮：重新设置所有的关键字和可修改的字段。
- “全部更新”按钮：使所有的字段都可以修改。

在多用户环境下，可能出现多人同时对相同的数据库进行修改操作的情况，这就可能发生冲突。冲突是指当前视图中的旧值与原始表中当前的值不相等。如果发生冲突，则不能实现将视图修改传送到原始表中。Visual FoxPro 6.0 中文版是通过“SQL WHERE 子句包括”区中的选项来设置检测冲突规则。

- “关键字段”单选按钮：当源表中的关键字段被改变时，则更新操作失败。

- "关键字段和可更新字段"单选按钮：当源表中的关键字段或任何被标记为可修改的字段被改变时，则更新操作失败。
- "关键字段和已修改字段"单选按钮：当源表中的关键字段或任何被本地用户修改过的字段被改变时，则更新操作失败。
- "关键字段和时间戳"单选按钮：如果从视图抽取此记录后，远程数据表中此记录的时标被改变时，则更新操作失败。
- "SQL DELETE 然后 INSERT"单选按钮：采取先删除服务器上的原始表的相应记录，然后由在视图中修改的值取代该记录的更新方式。
- SQL UPDATE 单选按钮：采取通过服务器支持的 SQL UPDATE 命令用视图中字段的变化来修改服务器上的原始表的记录的更新方式。

2. 修改视图

在"项目管理器"中，选择"数据"选项卡，选定要修改的"本地视图"或"远程视图"，单击右边的"修改"按钮，进入"视图设计器"进行修改。

3. 删除视图

- 在"项目管理器"中，选择"数据"选项卡，选定要删除的"本地视图"或"远程视图"，单击右边的"移去"按钮，单击提示框中"移去"按钮即可删除。

4. 浏览或运行视图

在"视图设计器"窗口可用如下 3 种方法之一浏览或运行 "本地视图"或"远程视图"。

- 单击右边的"浏览"按钮，进入"视图浏览"窗口。在"浏览"窗口中可以修改数据。
- 单击右边的"修改"按钮，进入"视图设计器"窗口。右击"视图设计器"窗口，选择【执行查询】命令，进入"视图浏览"窗口。
- 单击右边的"修改"按钮，进入"视图设计器"窗口。在系统菜单中选择【项目】|【执行查询】命令，进入"视图浏览"窗口。

5. 显示 SQL 语句

在"视图设计器"窗口可用如下 3 种方法之一查看 SQL 语句：

- 单击"视图设计器"工具栏上的 SQL 按钮。
- 右击"视图设计器"窗口，选择【查看 SQL】命令。
- 在系统菜单中选择【查询】|【查看 SQL】命令。

习题五

1．创建一个学生成绩总表，其中包括如下字段：姓名、课程名、成绩，然后创建一个查询。要求：

（1）查询结果中课程名必须是具体的课程名称，不能是代号。

（2）查询的条件是"计算机系"。

2．创建一个学生基本情况表，其中包括如下字段：系别名、班级名、学号、姓名、性别、出生年月、地址、是否团员，然后创建一个查询。要求：

（1）查询结果中各字段值必须是具体的名称而不能是代号。

（2）查询条件是“计算机系”，“王”姓的同学。

（3）按照性别分组，并且按班级名排序。

3．创建一个学生成绩表，其中包括如下字段：班级名、学号、姓名、课程名、成绩，然后创建一个视图。要求：

（1）在查询结果中各字段值必须是具体的名称而不能是代号。

（2）用参数来确定视图的筛选条件中的教师字段的取值。

（3）按照班级名分组，并且按照学号排序。

第 6 章　程序设计基础

前面几章介绍的方法都是运用菜单或命令进行操作，即通过选择菜单或在命令窗口输入命令，交互式地进行 Visual FoxPro 操作。这种交互式执行方式，在处理简单的数据库管理问题时，方便灵活。但是，实际工作中所遇到的问题往往错综复杂，特别是复杂的数据处理，步骤繁多，控制流程复杂，用这种逐条输入命令的处理方式，运行效率太低，误操作的可能性大，数据安全无法保障；要重复执行某些命令，需在命令窗口反复键入同样的命令，效率不高。显然，交互方式执行命令不能充分体现 Visual FoxPro 数据库管理系统的特点。为此，Visual FoxPro 提供了另一种工作方式——程序执行方式。

本章介绍程序设计及其相关的一些内容，包括程序与程序文件、程序的基本结构、过程与过程调用、用程序调试器调试程序等内容。

6.1　程序与程序文件

本节首先介绍程序的概念，然后介绍程序文件的建立与执行、输入输出命令动词的书写规则以及几条简单的输入输出命令。

6.1.1　程序的概念

程序执行方式是预先把多条命令按一定规则组织成一个有机的序列，这个命令序列称为程序。换句话说，程序是根据问题的处理要求，由用户使用 Visual FoxPro 提供的命令、函数和控制语句等组成的计算机执行命令序列。这个序列的设计、编码、调试过程称为程序设计，程序设计的产品就是程序。程序是能够完成一定任务的命令的有序集合。这组命令被存放在称为程序文件或命令文件的文本文件中。当运行程序时，系统会按照一定的顺序自动执行文件中的命令。与在命令窗口逐条输入命令相比，采用程序方式有如下好处：

（1）可以利用编辑器，方便地输入、修改和保存程序。

（2）可以用多种方式、多次运行程序。

（3）可以在一个程序中调用另一个程序。

本章许多例子要用到前面章节建立的数据库 STUDENT，此数据库包含 4 个表：COURSE.DBF、DEP.DBF、SC.DBF 和 STUD.DBF。

【例 6-1】编程显示数据库 STUDENT 中的 COURSE.DBF 表的结构和所有记录。程序文件名为 PROG1.PRG。

```
* 显示表 COURSE.DBF 的结构和记录
SET TALK OFF
CLEAR                          && 清除系统主窗口或当前用户窗口的全部内容
OPEN DATABASE STUDENT              && 打开数据库 STUDENT
USE  COURSE.DBF                && 打开 COURSE.DBF 表
LIST  STRUCTURE                && 显示 COURSE.DBF 表的结构
```

```
LIST                            && 显示 COURSE.DBF 表的记录
CLOSE DATABASE                  && 关闭当前数据库
SET TALK ON
RETURN
```

下面介绍有关此 Visual FoxPro 程序的几点说明。

1. 注释语句

【格式 1】NOTE <注释内容>

【格式 2】* <注释内容>

【格式 3】&& <注释内容>

【功能】增强程序文件的易读性或放弃<注释内容>中语句的执行。

注释语句的作用是对程序作注释。这 3 条语句不执行任何操作，程序执行时，注释内容也不显示。程序文件中 NOTE 常用于程序开头，说明程序名称、编制日期和主要功能；“*”用于某具体语句前，表示放弃该语句的执行；“&&”用于某条语句后，说明该语句的作用。

注意：一条注释语句最多包含 254 个字符，若注释内容一行写不下，应在这行末尾加分号并按回车键后，再在下一行输入其余内容；注释标记 NOTE、*、&&后面至少要有一个空格，注释的内容不需要用引号括起来。

2. 对话开关语句

Visual FoxPro 执行每一条语句后，便把命令执行的结果显示在屏幕上，这称为 Visual FoxPro 与用户的对话。这在单条命令执行时非常方便，但在程序方式执行时会与程序本身的输出相互夹杂，打乱屏幕画面，运行速度也会大受影响。所以，程序调试时，一般设置“对话”为开通状态；而在程序运行时，通常设置“对话”为关闭状态。

【格式】SET TALK OFF|ON

【功能】关闭或打开命令执行时的对话开关。

通常情况下，系统默认为 SET TALK ON。

3. 命令的分行

Visual FoxPro 程序是命令行的序列，每个命令都以回车键结束，一行只能写一条命令；若一条命令太长，一行写不下，也可分行书写，并在分行处加上续行符“;”，再按回车键。

6.1.2 程序文件的建立、修改与执行

1. 建立程序文件

通常是调用系统内置文本编辑器建立与修改程序文件。

建立程序文件的步骤如下：

1）单击【文件】|【新建】菜单项，在“新建”对话框中选择“程序”单选按钮，并单击“新建文件”按钮。

2）在打开的文本编辑窗口中逐条输入程序中的命令和其他相关内容，输入过程中可随时编辑修改程序文本。输入、编辑操作的方法与普通文本文件编辑操作基本相同。

2. 保存程序

程序输入、编辑完毕，单击【文件】|【保存】菜单项，或按 Ctrl+W 组合键，在“另存为”对话框中指定程序文件的存放位置和文件名，并单击“保存”按钮保存程序文件并退出文本编

辑器。程序文件的默认扩展名是.PRG。

3. 打开、修改程序

方法一：

1）单击【文件】|【打开】菜单项，弹出“打开”对话框。

2）在“文件类型”列表框中选择“程序”项。

3）在文件列表框中选定要打开修改的文件，并单击“确定”按钮。

编辑修改后，再保存修改后的程序文件。若要放弃本次修改，单击【文件】|【还原】菜单项或按 Esc 键。

方法二：

用命令方式建立和修改程序文件。

【格式 1】MODIFY COMMAND [<盘符>] [<路径>\] [<文件名> [.PRG]]

【格式 2】MODIFY FILE [<盘符>] [<路径>\] [<文件名.PRG>]

【功能】在指定盘符、指定路径下建立程序文件。

两种命令格式的作用基本相同，格式 1 中<文件名>后可省略扩展名，系统默认扩展名为.PRG；格式 2 中文件名后必须指定扩展名.PRG，否则省略后系统默认扩展名为.TXT。省略<盘符>与<路径>将在 Visual FoxPro 默认目录下建立程序文件。省略文件名时，系统自动命名为 UNTITLED.PRG。

执行该命令时，系统首先检索磁盘文件，如果指定程序文件存在，则打开；否则，系统新建一个指定文件名的程序文件。

4. 执行程序

程序文件建立后，可以用多种方式、多次执行它。下面是两种常用的方式。

（1）菜单方式。

1）单击【程序】|【运行】菜单项，打开“运行”对话框。

2）从文件列表框中选择要运行的程序文件，单击“运行”按钮，启动运行该程序文件。

采用此方式运行程序文件时，系统会将程序文件所在的盘符和目录设置为程序执行时的默认目录。

（2）命令方式。

【格式】DO [<盘符>][<路径>\]<文件名>

【功能】执行指定<盘符>、<路径>下的程序文件。

命令中程序文件的扩展名.PRG 可以省略；省略<盘符>和<路径>，执行系统默认目录下的程序文件；程序执行完毕，返回命令窗口。

该命令既可在命令窗口中执行，也可以在某程序文件中执行。在程序中通过 DO 命令可以调用另一个程序。

执行程序文件时，将依次执行文件中包含的命令，直到所有命令执行完毕，或者执行到以下命令：

- CANCAL：终止程序运行，清除所有的私有变量，返回命令窗口。
- DO：调用执行另一个程序。
- RETURN：结束程序执行，返回调用它的上级程序，若无上级程序则返回命令窗口。
- QUIT：结束程序执行并退出 Visual FoxPro 系统，返回操作系统。

Visual FoxPro 程序文件通过编译、连编，可以产生不同的目标代码文件，这些文件具有不同的扩展名。当用 DO 命令执行程序文件时，如果没有指定扩展名，系统将按下列顺序寻找该程序文件的源代码或某种目标代码文件执行：.exe（Windows 可执行文件）、.app（Visual FoxPro 应用程序文件）、.fxp（编译文件）、.prg（源程序文件）。

6.1.3 简单的输入输出命令

在编制程序的过程中，通常要提供一些原始数据。这些数据有些是确定的，有些在编制程序时不能确定，要根据用户需要在程序执行时交互式输入。为了在程序执行过程中，能够交互式输入数据，Visual FoxPro 系统提供 3 条常用交互式输入命令。

1. ACCEPT 命令

【格式】ACCEPT [<提示信息>] TO <内存变量>

【功能】在程序执行过程中，将用户以交互式输入的内容作为字符串赋值给指定内存变量。

该命令只接受字符型数据，输入的字符串不需要加定界符。<提示信息>可以是字符型变量，也可以是表达式。

当程序执行此命令时，暂停程序的执行，屏幕显示<提示信息>，并等待用户输入数据。用户可以用键盘输入任意可显示的 ASCII 字符和汉字，按回车键结束数据输入，系统将输入数据以字符类型赋值给指定的内存变量。

【例 6-2】编程从键盘输入某数据库的文件名，要求打开该数据库并显示其内容。程序文件名为 PROG2.PRG。

```
MODI FY COMMAND PROG2
SET TALK OFF
CLEAR
ACCEPT "请输入数据库名:" TO AAA
OPEN DATABASE &AAA
ACCEPT "请输入表名" TO BBB
USE &BBB
LIST
USE
SET TALK ON
RETURN
```

【例 6-3】编写程序，在 STUDENT 数据库的 STUD 表中查找并显示任意一个学生的情况。程序文件名为 PROG3.PRG。

```
SET TALK OFF
CLEAR
OPEN DATABASE STUDENT
USE STUD
ACCEPT "请输入学生的姓名：" TO XM
LOCATE FOR 姓名=XM
? "学生"+XM+"的基本情况如下："
?"学号"+学号
?"性别"+性别
?"班级名"+班级名
```

```
?"地址"+地址
?"出生日期:"+DTOC(出生日期)
CLOSE DATABASE
SET TALK ON
RETURN
```

2. INPUT 命令

【格式】INPUT [<提示信息>] TO <内存变量>

【功能】在程序执行过程中，将用户以交互式输入的内容赋值给指定的内存变量。

当程序执行此命令时，暂停程序的执行，屏幕显示<提示信息>，并等待用户输入数据。可以输入字符型、数值型、逻辑型、日期型和日期时间型等类型数据，而且可以是常量、变量、函数或表达式等形式，按回车键结束输入，系统将输入的数据赋值给<内存变量>。如输入的是字符串，必须用定界符括起来；如输入的是变量，事先该变量必须已赋值；如输入的是函数或表达式，INPUT 命令先计算求值后再将该值赋值给内存变量。

【例 6-4】从键盘输入两个任意正数，编程求以两数为边长的长方形面积。程序文件名为 PROG4.PRG。

```
SET TALK OFF
CLEAR
INPUT "长方形一边的长为：" TO A
INPUT "长方形另一边的长为：" TO B
S=A*B
? "长方形的面积为：" , S
SET TALK ON
RETURN
```

【例 6-5】从键盘随机输入一个正数，编程求以此数为半径的圆的面积和球的体积。程序文件名为 PROG5.PRG。

```
SET TALK OFF
CLEAR
INPUT "半径=" TO R
S=3.1416*R*R
V=4/3*3.1416*R**3
? "圆面积为:",S
? "圆体积为:",V
SET TALK ON
RETURN
```

3. WAIT 命令

【格式】WAIT [<提示信息>][TO<内存变量>] [WINDOW [AT<行>,<列>]] [NOWAIT]
[CLEAR|NOCLEAR] [TIMEOUT<数值表达式>]

【功能】显示提示信息，暂停程序执行，直到用户按任意键或单击时继续执行程序。

若选择可选项[TO <内存变量>]，将输入的单个字符作为字符型数据赋给指定的内存变量；若用户是按 Enter 键或单击，<内存变量>的值为空串。

若省略所有可选项，屏幕显示“键入任意键继续……”默认提示信息。通常，提示信息显示在 Visual FoxPro 主窗口或当前用户自定义窗口中，如果指定了 WINDOW 子句，则会出现一个 WAIT 提示窗口显示提示信息。提示窗口一般位于主窗口的右上角，也可用 AT 短语指定显示位置。

若选择 NOWAIT 短语，系统将不等待用户按键继续执行。

若选择 NOCLEAR 短语，则不关闭提示窗口，直到用户执行下一条 WAIT WINDOW 命令或 WAIT CLEAR 命令为止。

TIMEOUT 子句用来设定等待时间的秒数。一旦超时就不再等待用户按键，自动往下执行。

WAIT 语句主要用于以下两种情况：

➢ 暂停程序的运行，以便观察程序的运行情况，检查程序的中间结果。

➢ 根据实际情况输入某个字符，控制程序的执行流程。

【例 6-6】在 STUDENT 数据库的 STUD 表中显示任意一个系学生的情况。程序文件名为 PROG6.PRG。

```
SET TALK OFF
CLEAR
OPEN DATABASE STUDENT
USE STUD
WAIT "请输入待查学生的系号（1~3）：" TO N
IF VAL(N)<1 .OR. VAL(N)>3
    WAIT "输入无效，结束程序运行！" WINDOW TIMEOUT 5
RETURN
ELSE
STORE "0"+N TO AAA
LIST FOR 系别号=AAA
ENDIF
CLOSE DATABASE
SET TALK ON
RETURN
```

4. 3 条输入命令的异同

ACCEPT、INPUT 和 WAIT 三条输入命令既有相同之处，又有各自的特点。

3 条命令的执行过程、功能基本相同。执行到这些语句时，程序都暂停运行，在屏幕上显示提示信息，等待用户从键盘输入数据，并将输入的数据赋值给指定的内存变量；如果 <内存变量>未定义，将在执行此命令时建立。<内存变量>的类型取决于输入的数据类型。

ACCEPT 命令只能接受字符型数据，不需要定界符，输入完毕按回车键结束；WAIT 命令只能输入单个字符，且不需定界符，输入完毕不需按回车键；INPUT 命令可接受数值型、字符型、逻辑型、日期型和日期时间型数据，数据形式可以是常量、变量、函数和表达式，如果是字符串，需用定界符，输入完毕按回车键结束。

6.2 程序的基本结构

程序结构是指程序中命令或语句执行的流程结构。顺序结构、选择结构和循环结构是程序的 3 种基本结构。

6.2.1 顺序结构

顺序结构是最简单的程序结构，它按命令在程序中出现的先后次序依次执行。例 6-1 至例 6-5 中的程序都是顺序结构的。但是，绝大多数问题仅用顺序结构是无法解决的，还要用到选择结构和循环结构。Visual FoxPro 提供相应的语句实现选择结构和循环结构。

6.2.2 选择结构

数据处理过程往往是非常复杂的，应用程序运行时常常需要根据是否满足一定的条件，决定程序继续运行的方式，或者做出相应的逻辑判断、选择。由于计算机具有很强的逻辑判断能力，因此可根据不同的条件采取不同的处理方法。选择结构能根据指定的逻辑条件进行逻辑判断或选择程序执行方式。

1. 条件转向语句

【格式】
```
IF  <条件表达式>
    <语句序列>
    ENDIF
```

语句中<条件表达式>可以是逻辑表达式或关系表达式，IF 与 ENDIF 必须成对使用，二者缺一不可。

【执行过程】首先计算<条件表达式>的值，当<条件表达式>的值为“真”时，执行 IF 与 ENDIF 之间的<语句序列>，然后执行 ENDIF 之后的语句；当<条件表达式>的值为“假”时，跳过<语句序列>，直接执行 ENDIF 之后的语句。条件转向语句的流程框图如图 6-1 所示。

【例 6-7】求一元二次方程 $AX^2+BX+C=0$ 的实根。程序文件名为 PROG7.PRG。

```
SET TALK OFF
CLEAR
INPUT TO A
INPUT TO B
INPUT TO C
Z=B^2-4*A*C
IF  Z>=0
    X1=(-B+SQRT(Z))/(2*A)
    X2=(-B-SQRT(Z))/(2*A)
    ? X1,X2
ENDIF
SET TALK ON
RETURN
```

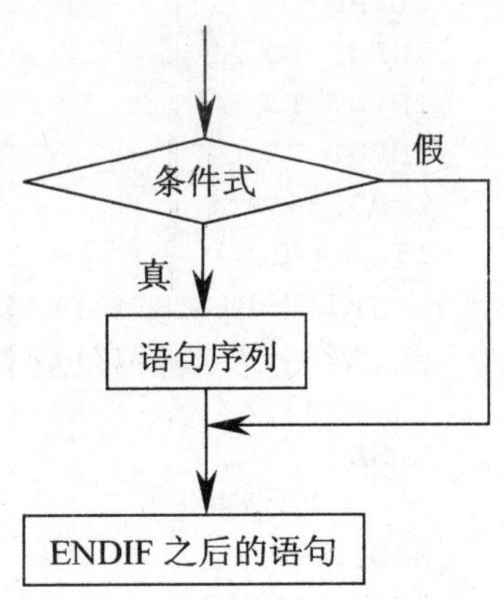

图 6-1　条件转向语句流程框图

【例 6-8】编程在 STUDENT 数据库的 STUD 表中查询“李宁”的基本情况。程序文件名为 PROG8.PRG。

```
SET TALK OFF
CLEAR
OPEN DATABASE STUDENT
USE STUD
LOCATE  FOR  姓名="李宁"
IF  FOUND()
```

```
        ? "姓名:"+姓名
        ? "性别:"+性别
        ? "出生日期:"+DTOC(出生日期)
        ? "所在班级:"+班级名
        ? "家庭地址:"+地址
    ENDIF
    CLOSE DATABASE
    SET TALK ON
    RETURN
```

2. 条件选择转向语句

【格式】
```
IF  <条件表达式>
    <语句序列 1>
    ELSE
    <语句序列 2>
    ENDIF
```

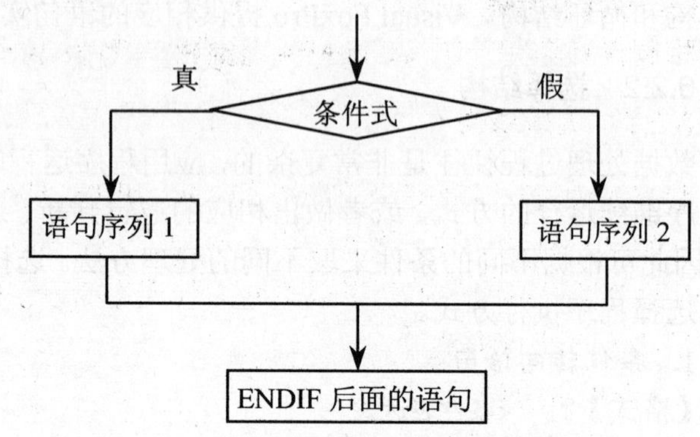

图 6-2 条件选择转向语句流程框图

条件选择转向语句的流程框图如图 6-2 所示。

【执行过程】首先计算<条件表达式>的值，当<条件表达式>的值为“真”时，执行<语句序列 1>，再执行 ENDIF 之后的语句；当<条件表达式>的值为“假”时，执行<语句序列 2>，再执行 ENDIF 之后的语句。

【例 6-9】完善例 6-7 中的程序文件 PROG7.PRG。当 $B^2-4AC<0$ 时，显示“无实根！”。程序文件名为 PROG9.PRG。

```
SET TALK OFF
CLEAR
INPUT TO A
INPUT TO B
INPUT TO C
Z=B^2-4*A*C
IF  Z>=0
    X1=(-B+SQRT(Z))/(2*A)
    X2=(-B-SQRT(Z))/(2*A)
    ? X1,X2
ELSE
    ? "无实根！"
ENDIF
SET TALK ON
RETURN
```

【例 6-10】编写一密码校验程序（假设密码为 ABC）。程序文件名为 PROG10.PRG。

```
SET TALK OFF
CLEAR
ACCEPT  "请输入您的密码： "  TO AAA
IF  AAA="ABC"
    CLEAR
    ? "欢迎使用本系统！"
```

```
  ELSE
    ? "密码错误！"
    WAIT
    QUIT
ENDIF
SET  TALK  ON
```

【例 6-11】完善例 6-8 中的程序文件 PROG8.PRG。在 STUDENT 数据库的 STUD 表中任意查找一同学，有此人就显示该生的有关信息，无此人就显示“查无此人”。程序文件名为 PROG11.PRG。

```
SET TALK OFF
CLEAR
OPEN DATABASE STUDENT
USE STUD
ACCEPT  "请输入待查学生姓名:"  TO AAA
LOCATE  FOR  姓名=AAA
IF  FOUND()
    ? "姓名:"+姓名
    ? "性别:"+性别
    ? "出生日期:"+DTOC(出生日期)
    ? "所在班级:"+班级名
    ? "家庭地址:"+地址
  ELSE
    ? "查无此人!"
ENDIF
CLOSE DATABASE
SET TALK ON
RETURN
```

3. IF 语句的多重嵌套

根据多个判断条件，然后选择其一执行的程序结构，称为多分支程序。

多分支程序的形式有多种，如：

```
IF  <条件表达式 1>
    <语句序列 1>
ELSE
  IF  <条件表达式 2>
        <语句序列 2>
   ELSE
     IF  <条件表达式 3>
           <语句序列 3>
      ELSE
           <语句序列 4>
      ENDIF
    ENDIF
ENDIF
```

或者如：

```
IF  <条件表达式 1>
```

```
          IF   <条件表达式 2>
               <语句序列 1>
            ELSE
               IF  <条件表达式 3>
                   <语句序列 2>
                 ELSE
                   <语句序列 3>
               ENDIF
          ENDIF
        ELSE
          <语句序列 4>
     ENDIF
```

IF 语句的嵌套形式多种多样，但必须保证 IF、ELSE（可以省略）和 ENDIF 一一对应。允许在程序的任何位置嵌套，但不允许交叉嵌套。

【例 6-12】假设收入（P）与税率（R）的关系如下面的公式，编程求税金。程序文件名为 PROG12.PRG。

$$R=\begin{cases}0 & P<800\\ 0.05 & 800P<2000\\ 0.08 & 2000\leqslant P<5000\\ 0.1 & P\geqslant 5000)\end{cases}$$

```
SET TALK OFF
CLEAR
INPUT  "请输入收入：" TO P
IF  P<800
    R=0
  ELSE
    IF  P<2000
         R=0.05
      ELSE
     IF  P<5000
           R=0.08
          ELSE
           R=0.1
         ENDIF
    ENDIF
ENDIF
TAX=P*R
? "税金为：",TAX
SET TALK ON
RETURN
```

4. *多分支选择语句*

在 IF 选择语句中，根据一个条件判断，会有两种可能。但在实际生活中，常常会有多种情况可供选择的问题。虽然 IF 语句的嵌套格式可以解决许多复杂的问题，但是当可选的条件较多时，编程会非常复杂而且易出错，且程序可读性差。为此，Visual FoxPro 提供了另一种功能更强、使用更方便的结构式选择判断语句，即多分支选择 CASE 语句。

【格式】
```
DO CASE
CASE <条件表达式 1>
    <语句序列 1>
CASE <条件表达式 2>
    <语句序列 2>
…
CASE <条件表达式 n-1>
    <语句序列 n-1>
[OTHERWISE
    <语句序列 n>]
ENDCASE
```

多分支选择语句的流程框图如图 6-3 所示。

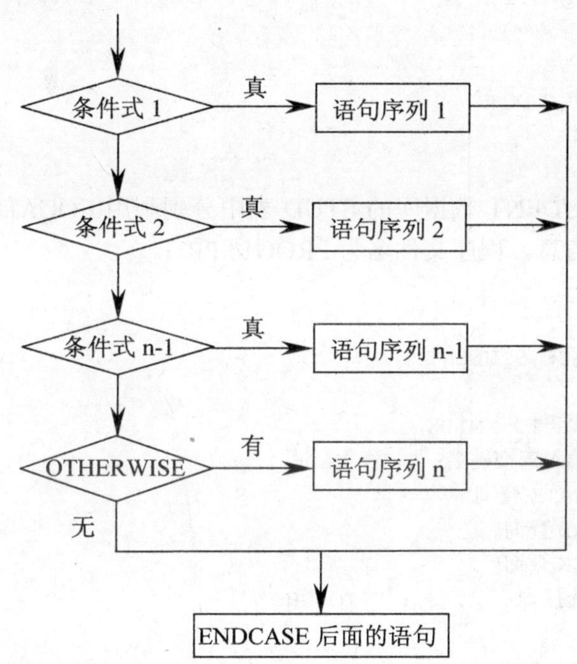

图 6-3　多分支选择语句流程框图

在 CASE 语句中，各<条件表达式>都必须是逻辑表达式或关系表达式。n 项不同的工作，分别由<语句序列 1>、<语句序列 2>、……、<语句序列 n>来实现，而选择哪一项将由<条件表达式 1>、<条件表达式 2>、……、<条件表达式 n-1>中的某个条件满足与否来确定。如果所有 n-1 个条件都不满足，则执行 OTHERWISE 后的<语句序列 n>。当语句中任意一个<语句序列>执行完毕后，都将跳过它与 ENDCASE 之间的所有语句，执行 ENDCASE 之后的语句。若省略选项 OTHERWISE，则在条件表达式都不满足时，不执行 CASE 语句中任何<语句序列>，直接执行 ENDCASE 之后的语句。若有多个条件同时满足，则仅执行第一个满足条件的<语句序列>，然后执行 ENDCASE 后面的语句。

CASE 语句允许嵌套，但不能交叉嵌套。DO CASE 与 ENDCASE 必须成对出现，二者缺一不可。在 DO CASE 与第一个 CASE 之间的任何语句，永远不会执行。

【例 6-13】用 CASE 语句编程求例 6-12 中的税金。程序文件名为 PROG13.PRG。

```
SET TALK OFF
CLEAR
INPUT  "请输入收入："  TO P
DO  CASE
     CASE  P<800
           R=0
     CASE  P<2000
           R=0.05
     CASE  P<5000
           R=0.08
     OTHERWISE
           R=0.1
ENDCASE
TAX=P*R
?  "税金为：",TAX
SET TALK ON
RETURN
```

【例 6-14】在 STUDENT 数据库的 STUD 表中分别利用 LOCATE、FIND、SEEK 命令之一查询某学生的有关信息。程序文件名为 PROG14.PRG。

```
SET TALK OFF
CLEAR
OPEN DATABASE STUDENT
USE STUD
INDEX ON 姓名 TO XMIDX
ACCEPT "请输入查询姓名：" TO NAME
? "1. 按 LOCATE 查询"
? "2. 按 FIND 查询"
? "3. 按 SEEK 查询"
ACCEPT "请选择(1. 2. 3)：" TO CHO
DO  CASE
    CASE  CHO="1"
          LOCATE FOR 姓名=NAME
          DISPLAY
    CASE  CHO="2"
          FIND &NAME
          DISPLAY
    CASE  CHO="3"
          SEEK NAME
          DISPLAY
    OTHERWISE
          ? "选择数字错误"
ENDCASE
CLOSE ALL
SET TALK ON
RETURN
```

6.2.3　循环结构

循环是程序设计中的一种重要方法。对于顺序程序和选择程序，它们的每一条语句最多执行一次。然而在实际问题中，某程序段可能要重复运行多次才能达到目的。Visual FoxPro 提供的循环语句能方便地解决这一问题。所谓循环就是程序中某一部分命令序列按指定条件的控制重复执行的运行方式。

Visual FoxPro 支持循环结构的语句包括：DO WHILE-ENDDO、FOR-ENDFOR 和 SCAN-ENDSCAN。

一个循环结构一般应具备如下几个条件：

（1）循环的初始条件：一般为给循环控制变量赋初值。

（2）循环头：循环语句的起始，设置、判断循环条件。

（3）循环尾：循环语句的结尾。

（4）循环体：位于循环头和循环尾之间，控制重复执行的语句序列。

循环结构的执行：在循环体外先给循环控制变量赋初值，在循环头判断循环控制变量是否为真。当循环控制变量为真时，执行循环体的语句序列，到循环尾时再返回循环头。当循环控制变量为假时，跳过循环体执行循环尾后的语句。

1. DO WHILE 循环语句

【格式 1】
```
DO  WHILE  <条件表达式>
    <语句序列>
ENDDO
```

循环语句流程框图之一如图 6-4 所示。

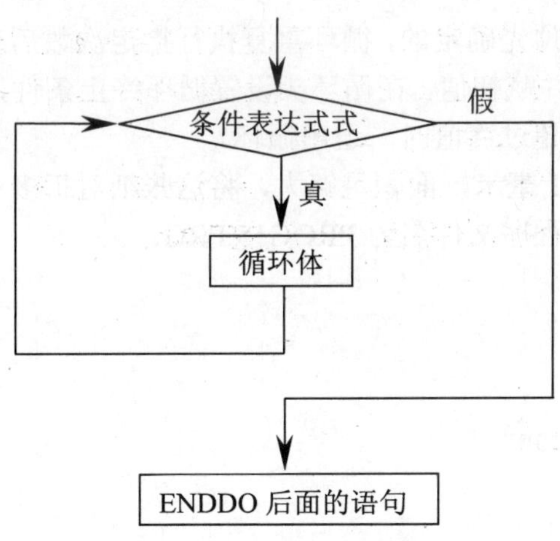

图 6-4　循环语句流程框图之一

【格式 2】
```
DO  WHILE  <条件表达式>
    <语句序列 1>
      [LOOP]
      <语句序列 2>
      [EXIT]
      <语句序列 3>
```

```
ENDDO
```

循环语句流程框图之二如图 6-5 所示。

错误！

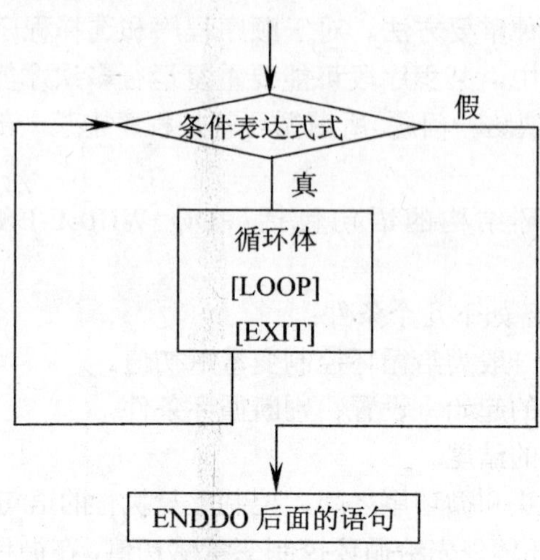

图 6-5　循环语句流程框图之二

DO WHILE <条件表达式>称为循环开始语句，判断循环条件，即<条件表达式>是否满足，表达式必须是逻辑表达式或关系表达式，表达式中的变量称为循环控制变量；ENDDO 为循环终端语句，表示每次重复的终点；<语句序列>称为循环体，它是重复执行的语句。

LOOP 语句：强行返回到循环开始语句。

EXIT 语句：强行跳出循环，接着执行 ENDDO 后的语句。

（1）确定次数的循环。

其特点是循环次数是可预先确定的，循环重复执行指定次数后退出循环。实现这种循环的方法：先定义循环控制变量并赋初值，在循环头设置循环终止条件，在循环体内修改循环控制变量的值，当循环控制变量超过终值时，退出循环。

【例 6-15】设一张纸厚 1 毫米，面积足够大，将这张纸对折多少次后，其厚度可达到 100 米，编程计算对折的次数。程序文件名为 PROG15.PRG。

```
SET TALK OFF
CLEAR
H=1
N=0
DO  WHILE  H<100000
     H=H*2
     N=N+1
ENDDO
? "共需对折次数为：",N
SET TALK ON
RETURN
```

【例 6-16】编程求 1+2+3+…+100 之和。程序文件名为 PROG16.PRG。

```
SET TALK OFF
CLEAR
S=0
```

```
I=1
DO  WHILE I<=100
    S=S+I                    && 试将循环体内两语句交换位置，结果会怎么样？
    I=I+1
ENDDO
? "1+2+3+…+100=",S
SET TALK ON
RETURN
```

【例 6-17】有一篮鸡蛋（总数小于 500），二个一数多一个，三个一数多二个，四个一数多三个，五个一数多四个，六个一数多五个，七个一数正好。编程求鸡蛋的数量。程序文件名为 PROG17.PRG。

```
SET TALK OFF
CLEAR
I=0
DO  WHILE I<500
    IF  MOD(I,2)=1.AND.MOD(I,3)=2.AND.MOD(I,4)=3.AND.MOD(I,5)=4.AND.MOD
    (I,6)=5
        ? I
    ENDIF
    I=I+7
ENDDO
SET TALK ON
RETURN
```

（2）随机次数的循环。

实现这种循环的方法：在循环头以逻辑值. T. 为条件，构成一个永远为真的循环；在循环体内用分支结构构成退出循环的条件，一旦满足该条件，强行跳出循环。

【例 6-18】编程求例 6-15 中纸的对折次数。程序文件名为 PROG18.PRG。

```
SET TALK OFF
CLEAR
H=1
N=0
DO  WHILE .T.
    H=H*2
    N=N+1
    IF H>=100000
       EXIT
    ENDIF
ENDDO
? "共需对折次数为：",N
SET TALK ON
RETURN
```

【例 6-19】编程求例 6-17 中的鸡蛋数量。程序文件名为 PROG19.PRG。

```
SET TALK OFF
CLEAR
I=0
```

```
DO  WHILE .T.
  IF MOD(I,2)=1.AND.MOD(I,3)=2.AND.MOD(I,4)=3.AND.MOD(I,5)=4.AND.MOD(I,6)=5
    ? I
    EXIT
  ENDIF
I=I+7
ENDDO
SET TALK ON
RETURN
```

（3）记录指针控制的循环。

实现这种循环的方法：利用逻辑表达式.NOT. EOF()作为循环控制条件，在循环体内设置记录指针移动命令，当记录指针指向表中最后一条记录后面时，条件.NOT. EOF()为.F.，退出循环。

【格式】
```
DO  WHILE  .NOT. EOF()
        [<语句序列>]
        SKIP
    ENDDO
```

【例 6-20】逐条显示在 STUDENT 数据库的 STUD 表中性别为“男”的所有记录。程序文件名为 PROG20.PRG。

```
SET TALK OFF
CLEAR
OPEN DATABASE STUDENT
USE STUD
DO  WHILE .NOT. EOF()
    IF  性别="男"
       DISPLAY
    ENDIF
    SKIP
ENDDO
CLOSE DATABASE
SET TALK ON
RETURN
```

【例 6-21】统计 STUDENT 数据库的 STUD 表中各有多少男、女学生。程序文件名为 PROG21.PRG。

```
SET TALK OFF
CLEAR
STORE 0 TO A,B
OPEN DATABASE STUDENT
USE STUD
DO  WHILE  .NOT. EOF()
     DO  CASE
          CASE 性别="男"
                A=A+1
          CASE  性别="女"
                B=B+1
```

```
        ENDCASE
        SKIP
    ENDDO
    ? "男学生共有:"+STR(A,2)+"人!"
    ? "女学生共有:"+STR(B,2)+"人!"
    CLOSE DATABASE
    SET TALK ON
    RETURN
```

（4）强行返回循环头。

在循环程序执行过程中，一般在一次循环执行完毕才能执行下一次循环。而实际编程中，有时需要在本次循环未执行完的情况下，当满足某条件时重新开始循环，这就是循环的强行返回。

【例 6-22】编程显示 STUDENT 数据库的 STUD 表中除“李宁”以外的所有记录。程序文件名为 PROG22.PRG。

```
SET TALK OFF
CLEAR
OPEN DATABASE STUDENT
USE STUD
DO  WHILE .NOT. EOF()
    IF 姓名="李宁"
       SKIP
       LOOP
   ENDIF
   DISPLAY
   SKIP
ENDDO
CLOSE DATABASE
SET TALK ON
RETURN
```

2. FOR 循环语句

该语句通常用于实现已知循环次数情况下的循环结构。

【格式】
```
FOR <循环变量>=<初值> TO <终值> [STEP<步长>]
    <循环体>
ENDFOR|NEXT
```

这种循环也叫计数循环，它的循环次数是确定的。循环次数=1+(终值-初值)/步长的绝对值。

执行该语句时，首先将初值赋给循环变量，然后判断循环条件是否成立。步长为正，当〈循环变量〉≤〈终值〉时循环条件成立；步长为负，当〈循环变量〉≥〈终值〉时循环条件成立。若循环条件成立，则执行循环体，然后循环变量增加一个步长值，并再次判断循环条件是否成立，以确定是否再次执行循环体。若循环条件不成立，则结束该循环语句，执行 ENDFOR 后面的语句。

使用 FOR 循环语句的有关说明：

- 省略 STEP <步长>，则<步长>为默认值 1。
- <初值>、<终值>和<步长>都可以是数值表达式，但这些表达式仅在循环语句开始执行时计算一次。循环语句执行过程中，初值、终值和步长是不会改变的，并由此确定循环的次数。

➢ 可以在循环体内改变循环变量的值，但会改变循环执行的次数。

➢ EXIT 和 LOOP 命令可以出现在循环体内。执行 LOOP 命令时，结束本次循环，循环变量增加一个步长值，返回 FOR 循环头判断循环条件是否成立。执行 EXIT 命令时，程序跳出循环，执行循环尾后面的语句。

【例 6-23】从键盘输入 10 个数，编程找出其中的最大值和最小值。程序文件名为 PROG23.PRG。

```
SET TALK OFF
CLEAR
INPUT "请从键盘输入一个数：" TO A
STORE A TO MAX,MIN
FOR  I=2 TO 10
INPUT "请从键盘输入一个数：" TO A
IF  MAX<A
        MAX=A
ENDIF
IF  MIN>A
        MIN=A
ENDIF
ENDFOR
?  "最大值为：" , MAX
?  "最小值为：" , MIN
SET TALK ON
RETURN
```

【例 6-24】编程显示上三角形九九乘法口诀表。程序文件名为 PROG24.PRG。

```
SET TALK OFF
CLEAR
@ 1,30 SAY "九九乘法口诀表"
@ 3,5 SAY "*"
FOR  I=1 TO 9
     @ 3,5+I*5 SAY STR(I,2)
ENDFOR
FOR  I=1 TO 9
     @ 3+2*I,5 SAY STR(I,2)
     FOR  J=1 TO I
          @3+2*I,5+J*5 SAY STR(I*J,2)
     ENDFOR
ENDFOR
SET TALK ON
RETURN
```

3. SCAN 循环语句

【格式】SCAN　[NOOPTIMIZE]　[<范围>]　[FOR <条件 1>]　[WHILE <条件 2>]

　　<循环体>

　　ENDSCAN

【功能】在当前表指定范围内查找满足条件的记录，若找到，将记录指针指向该记录，然后执行循环体，到达 ENDSCAN 语句时返回循环头，再次查找符合条件的记录，直到在指定范围内找不到满足条件的记录为止。对于 WHILE <条件 2>子句，若下一条记录不满足条件，则停止循环。

SCAN 语句的有关说明：

- NOOPTIMIZE：关闭 SCAN 命令的 Rushmore 优化。
- 〈范围〉的默认值是 ALL。
- 循环体内可以包含 EXIT 和 LOOP 命令。

4. 循环结构与分支结构的嵌套

在实际应用中，循环语句和分支判断语句是可以相互嵌套的，编程时一定要注意它们的嵌套关系。正确的嵌套关系如下：

```
DO WHILE <条件表达式 1>
  IF  <条件表达式 2>
     …
     ELSE
     …
    ENDIF
    …
ENDDO
```

```
IF <条件表达式 1>
 DO WHILE <条件表达式 2>
  …
 ENDDO
  …
ENDIF
```

```
DO  WHILE〈条件表达式 1〉
  DO CASE
     CASE 〈条件表达式 2〉


        …
     CASE 〈条件表达式 3〉
        …
     ENDCASE
ENDDO
```

```
DO  CASE
 CASE 〈条件表达式 1〉
     DO WHILE〈条件表达式 2〉


      …
   ENDDO
CASE〈条件表达式 3〉
      …
ENDCASE
```

【例 6-25】编程修改数据库 STUDENT 中的表 SC. DBF，成绩小于 60 分的增加 20 分，大于等于 60 分的增加 10 分。程序文件名为 PROG25.PRG。

```
SET TALK OFF
CLEAR
OPEN DATABASE STUDENT
USE  SC
LIST
GOTO TOP
DO  WHILE  .NOT.  EOF()
    DO  CASE
        CASE  成绩<60
              REPLACE 成绩 WITH 成绩+20
        CASE  成绩>60 .OR.成绩=60
              REPLACE 成绩 WITH 成绩+10
```

```
      ENDCASE
      SKIP
   ENDDO
   LIST
   CLOSE ALL
   SET TALK ON
   RETURN
```

【例 6-26】编程从 1 开始求奇数的和，当和值大于 500 时，输出和值及已累加的奇数个数。程序文件名为 PROG26.PRG。

```
SET TALK OFF
CLEAR
STORE 0 TO X,Y,N
DO  WHILE  Y<=500
     X=X+1
     IF  INT(X/2)=X/2
         LOOP
       ELSE
         Y=Y+X
         N=N+1
     ENDIF
ENDDO
? "和值为：",Y
? "已累加的奇数个数为：",N
SET TALK ON
RETURN
```

5. 多重循环

多重循环即循环的嵌套，是在一个循环结构的循环体中又包含另一个循环。称外层循环为外循环，被包含的循环为内循环。嵌套层数一般没有限制，但内循环的循环体必须完全包含在外循环的循环体中，不能相互交叉。正确的嵌套关系如下：

```
DO  WHILE  <条件表达式 1>
  <语句序列 11>
    DO  WHILE  <条件表达式 2>
          <语句序列 21>
          DO  WHILE  <条件表达式 3>
                 <语句序列 3>
          ENDDO
                 <语句行序列 22>
    ENDDO
           <语句行序列 12>
ENDDO
```

【例 6-27】编程输出下三角形乘法口诀表。程序文件名为 PROG27.PRG。

```
SET TALK OFF
CLEAR
X=1
DO  WHILE  X<=9
```

```
        Y=1
        DO  WHILE  Y<=X
           S=X*Y
           ?? STR(Y,1)+"*"+STR(X,1)+"="+STR(S,2)+"    "
           Y=Y+1
        ENDDO
        ?
        X=X+1
    ENDDO
    SET TALK ON
    RETURN
```

运行结果如下：

```
1*1= 1
1*2= 2  2*2= 4
1*3= 3  2*3= 6  3*2= 9
1*4= 4  2*4= 8  3*4= 12 4*4=16
1*5= 5  2*5=10  3*5=15  4*5=20  5*5=25
1*6= 6  2*6=12  3*6=18  4*6=24  5*6=30  6*6=36
1*7= 7  2*7=14  3*7=21  4*7=28  5*7=35  6*7=42  7*7=49
1*8= 8  2*8=16  3*8=24  4*8=32  5*8=40  6*8=58  7*8=56  8*8=64
1*9= 9  2*9=18  3*9=27  4*9=36  5*9=45  6*9=54  7*9=63  8*9=72  9*9=81
```

【例 6-28】趣味编程：36 块砖，36 人搬，男人每次搬 4 块，女人每次搬 3 块，两个小孩抬一块。问：男人、女人、小孩各有多少人。程序文件名为 PROG28.PRG。

这是一个不定方程 4X+3Y+(36−X−Y)/2=36 求整数解的问题，X 表示男人，最多 9 人；Y 表示女人，最多 12 人，采用多重循环实现。

```
SET TALK OFF
X=1
? "        男        女        小孩"
DO  WHILE  X<=9
    Y=1
    DO  WHILE  Y<=12
        IF  4*X+3*Y+(36-X-Y)/2=36
            ? X,Y,36-X-Y
        ENDIF
        Y=Y+1
    ENDDO
    X=X+1
ENDDO
SET TALK ON
```

程序运行结果如下：

```
男        女        小孩
3         3         30
```

【例 6-29】编程输出 3～100 之间的所有素数。程序文件名为 PROG29.PRG。

除 1 以外，只能被 1 和它本身整除的自然数叫素数。2 是惟一的偶素数。

```
SET TALK OFF
```

```
CLEAR
FOR  M=3  TO 100 STEP 2
     N=M-1                          &&这里改为：N=INT(SQRT(M))效率更高
     FOR  I=3  TO N
          IF  MOD(M,I)=0
              EXIT
          ENDIF
     ENDFOR
     IF  I>N
         ?? M
     ENDIF
ENDFOR
SET TALK ON
RETURN
```

【例 6-30】输出 STUDENT 数据库的 STUD 表中所有团员的姓名和地址。程序文件名为 PROG30.PRG。

```
SET TALK OFF
CLEAR
OPEN DATABASE  STUDENT
USE STUD
SCAN  FOR 是否团员
      ? 姓名,地址
ENDSCAN
CLOSE  DATABASE
SET TALK ON
RETURN
```

6.3 过程及过程调用

由于实际应用的复杂性，应用程序往往是庞大而复杂的，且程序头绪纷繁，不易阅读。为了便于程序的编写、阅读和修改，Visual FoxPro 与其他高级语言一样，支持结构化程序设计方法，允许将若干命令或语句组合在一起作为整体调用，这些可独立存在并可整体调用的命令语句组合称为过程。

在程序设计中引入过程有如下好处：

（1）可以把程序中不同位置重复出现的语句集中到一个过程中，在需要的地方调用，从而简化程序的编写。

（2）可将一个大程序分解成小的、简单的程序模块，便于程序编写、调试、扩充和维护。

6.3.1 外部过程

外部过程也叫子程序，和主程序一样是以程序文件（.PRG）的形式单独存储在磁盘上。

1. 建立外部过程

建立外部过程与建立程序文件基本相同，一个重要的区别是，过程至少包含一条返回语句 RETURN，以便将程序控制返回到主程序。

2. 过程的调用

过程是在程序中以命令方式被调用执行的。

【格式 1】DO <过程名> WITH <参数表>

选择 WITH <参数表>用于在主程序与过程之间传递参数。

【格式 2】<文件名>()|<过程名>()

格式 2 既可以作为命令使用（忽略返回值），也可以作为函数使用。<文件名>不能包含扩展名。

3. 返回语句

【格式】RETURN [TO MASTER]

【功能】在执行完过程后，返回到调用该过程的上一级程序调用处的下一条语句继续执行程序。如果选择了 TO MASTER 子句，将从嵌套较深的过程中直接返回主程序调用处的下一条语句。

【例 6-31】分别建立如下程序文件，分析执行主程序 MAIN.PRG 的结果。程序文件名为 ProG31.PRG。

```
* MAIN.PRG
SET TALK OFF
? "正在执行主程序"
DO SUB1
? "从 SUB1 返回"
DO SUB2
? "从 SUB2 返回"
SET TALK ON

*SUB1.PRG
? "正在执行 SUB1"
RETURN

*SUB2.PRG
? "正在执行 SUB2"
RETURN
```

创建好以上 3 个文件后分别存盘，从命令窗口执行 DO MAIN，主窗口显示结果如下：

```
正在执行主程序
正在执行 SUB1
从 SUB1 返回
正在执行 SUB2
从 SUB2 返回
```

6.3.2　内部过程

外部过程都是独立存储在磁盘上的程序文件，每调用一个外部过程就要打开一个磁盘文件，增加了系统处理时间，降低了程序运行速度，并增加了系统打开的文件数目，而系统能打开的文件数目总是有限的。解决上述问题的方法是，把多个过程组织在一个文件中，这个文件称之为过程文件。或者把过程放在调用它的程序文件的末尾。这样在打开过程文件或程序文件的同时，所有过程都调入了内存，以后可以任意调用其中的过程，从而减少打开文件的数目和访问磁盘的次数。Visual FoxPro 为了识别过程文件或程序文件中的不同过程，规定过程文件或程序文件中的过程必须用 PROCEDURE 语句说明。

【格式】
```
PROCEDURE <过程名>
    <命令序列>
  [RETURN [<表达式>]]
[ENDPROC|ENDFUNC]
```

过程名必须以字母开头，可以包含字母、数字和下划线。

内部过程也是以 RETURN 语句终止。

内部过程文件的建立方法与程序文件相同。可用 MODIFY COMMAND <过程文件名>命令或调用其他文字编辑软件来建立。

过程文件的结构一般如下：

```
PROCEDURE <过程名 1>
      <命令序列 1>
RETURN

PROCEDURE <过程名 2>
      <命令序列 2>
RETURN
…
PROCEDURE <过程名 N>
      <命令序列 N>
RETURN
```

每对 PROCEDURE 与 RETURN 之间的命令序列称为一个过程。过程名不能与过程文件名同名，同一过程文件中的过程不能同名。不同过程文件中过程可以同名。

1. 过程文件的调用

调用某过程文件中的过程时，必须先打开该过程文件。

【格式】SET PROCEDURE TO <过程文件名>

任何时候系统只能打开一个过程文件，当打开一个新的过程文件时，原来已打开的过程文件自动关闭。

2. 过程文件的关闭

【格式 1】SET PROCEDURE TO

【格式 2】CLOSE PROCEDURE

【说明】过程文件打开后，其中的过程就可以被调用，调用方法与调用外部过程相同；过程文件虽然也是程序文件，扩展名也是.PRG，但是，我们不能用 DO <过程文件名>来执行一个过程文件，而只能用 DO <过程名>命令调用其中的某个过程。

【例 6-32】用过程文件实现对 STUDENT 数据库的 STUD 表进行查询、删除和插入操作。

主程序如下：

```
* PROG32                                   && 主程序文件名
SET TALK OFF
CLEAR
OPEN DATABASE STUDENT
```

```
SET PROCEDURE TO PROCE                      && 打开过程文
USE STUD
INDEX ON 姓名 TO XM
DO WHILE .T.                                && 显示菜单
    CLEAR
    @ 2,20 SAY "学籍管理系统"
    @ 4,20 SAY "A:按姓名查询"
    @ 6,20 SAY "B:按记录号删除"
    @ 8,20 SAY "C:插入新的记录"
    @ 10,20 SAY "D:退出"
    CHOISE=" "
    @ 12,20 SAY "请选择 A、B、C、D: " GET CHOISE
    READ
    DO CASE
        CASE CHOISE="A"
             DO PROCE1
        CASE CHOISE="B"
             DO PROCE2
        CASE CHOISE="C"
             DO PROCE3
        CASE CHOISE="D"
             EXIT
    ENDCASE
ENDDO
SET PROCEDURE TO                            && 关闭过程文件
CLOSE DATABASE
SET TALK ON
```

过程文件如下：

```
*PROCE.PRG                                  && 过程文件名
PROCEDURE PROCE1                            && 查询过程
CLEAR
ACCEPT "请输入姓名：" TO NAME
SEEK NAME
IF FOUND()
   DISPLAY
 ELSE
   ? "查无此人"
ENDIF
WAIT
RETURN

PROCEDURE PROCE2                            && 删除记录过程
CLEAR
INPUT "请输入要删除的记录号：" TO N
GO N
DELETE
```

```
WAIT "物理删除吗Y/N:" TO FLAG
IF FLAG="Y" .OR. "y"
   PACK
ENDIF
RETURN

PROCEDURE PROCE3                        && 插入新的记录过程
CLEAR
APPEND
RETURN
```

【例 6-33】用程序文件实现例 6-32 的功能。

程序如下：

```
* PROG33                                && 程序文件名
SET TALK OFF
CLEAR
OPEN DATABASE STUDENT
USE STUD
INDEX ON 姓名 TO XM
DO WHILE .T.
   CLEAR
   @ 2,20 SAY  "学籍管理系统"
   @ 4,20 SAY "A:按姓名查询"
   @ 6,20 SAY "B:按记录号删除"
   @ 8,20 SAY "C:插入新的记录"
   @ 10,20 SAY "D:退出"
   CHOISE=" "
   @ 12,20 SAY "请选择A、B、C、D: " GET CHOISE
   READ
   DO  CASE
       CASE  CHOISE="A"
             DO PROCE1
       CASE  CHOISE="B"
             DO PROCE2
      CASE   CHOISE="C"
             DO PROCE3
      CASE  CHOISE="D"
            EXIT
   ENDCASE
ENDDO
CLOSE ALL
SET TALK ON

PROCEDURE PROCE1                        && 查询过程
CLEAR
ACCEPT "请输入姓名:" TO NAME
```

```
SEEK NAME
IF  FOUND()
   DISPLAY
  ELSE
    ? "查无此人"
ENDIF
WAIT
RETURN

PROCEDURE PROCE2                          && 删除记录
CLEAR
INPUT "请输入要删除的记录号" TO N
GO N
DELETE
WAIT "物理删除吗 Y/N:" TO FLAG
IF  FLAG="Y" .OR. "y"
   PACK
ENDIF
RETURN

PROCEDURE PROCE3                          && 插入新的记录
CLEAR
APPEND
RETURN
```

6.3.3　过程调用中的参数传递

Visual FoxPro 中的过程可分为有参过程和无参过程。前面例题中的过程均为无参过程。

1. *有参过程中的形式参数定义*

【格式】PARAMETERS <参数表>

该语句必须是过程中的第一条语句。<参数表>中的参数可以是任意合法的内存变量名。

2. *程序与被调用过程间的参数传递*

程序与被调用过程间的参数传递是通过过程调用语句 DO <过程名> WITH <参数表>中的 WITH <参数表>子句来实现的。

【说明】DO 命令<参数表>中的参数称为实际参数，PARAMETERS 命令<参数表>中的参数称为形式参数。两个<参数表>中的参数必须相容，即个数相同，类型和位置一一对应；实际参数可以是任意合法的表达式，形式参数是过程中的局部变量，用来接收对应实际参数的值；Visual FoxPro 的参数传递规则为：如果实际参数是常数或表达式则传值；如果实际参数是变量则传址，即传递的不是实参变量的值而是实参变量的地址，这样，过程中对形参变量值的改变也使实参变量值改变。如果实参是内存变量而又希望进行值传递，则可以用圆括号将该内存变量括起来，强制该变量以值方式传递数据。

【例 6-34】用参数传递编程，计算圆的面积。

```
* 主程序名 PROG34
```

```
SET TALK OFF
CLEAR
S=0
INPUT "请输入圆的半径:" TO R
DO AREA WITH R,S
? "圆的面积为:",S
SET TALK ON

PROCEDURE AREA                              && 计算面积的过程
PARAMETER X,Y                               && 形参说明
Y=3.1416*X**2
RETURN
```

程序运行结果如下：

```
请输入圆的半径:10
圆的面积为:314.16
```

【例 6-35】参数传值与传址的区别。

```
* 主程序名 PROG35
SET TALK OFF
CLEAR
X=5
Y=5
DO PROCE1 WITH X,Y+10
? "X=",X
? "Y=",Y
SET TALK ON

PROCEDURE PROCE1                            && 定义过程 PROCE1
PARAMETER X,Y
X=X+10
Y=Y+10
RETURN
```

程序输出结果如下：

```
  X=15
  Y=5
```

注意：例题中实参 X、Y 与形参 X、Y 同名，但它们代表不同的变量。

6.3.4 过程的嵌套调用

Visual FoxPro 中允许一个过程调用第 2 个过程，第 2 个过程又可以调用第 3 个过程，依此类推，这种调用关系称为过程的嵌套调用。如图 6-6 所示。

图 6-6 表示 3 个过程的嵌套调用。每个过程都是使用 RETURN 语句返回调用处的下一条语句。

如果过程 C 的返回语句为 RETURN TO MASTER，则过程 C 执行完后，程序控制直接返回主程序中 DO <过程 A> 的下一条语句，如图 6-7 所示。

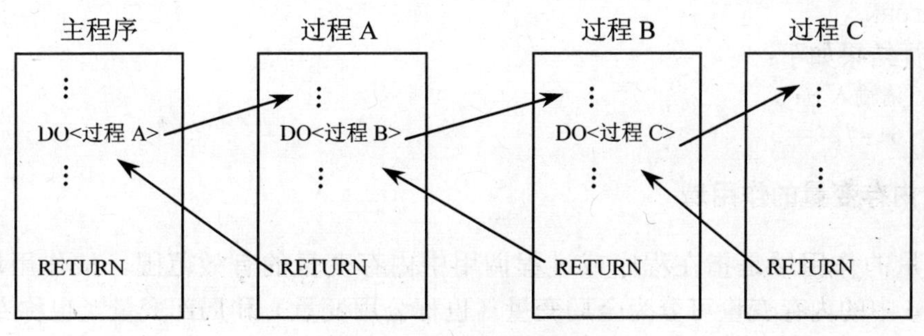

图 6-6　过程的嵌套调用

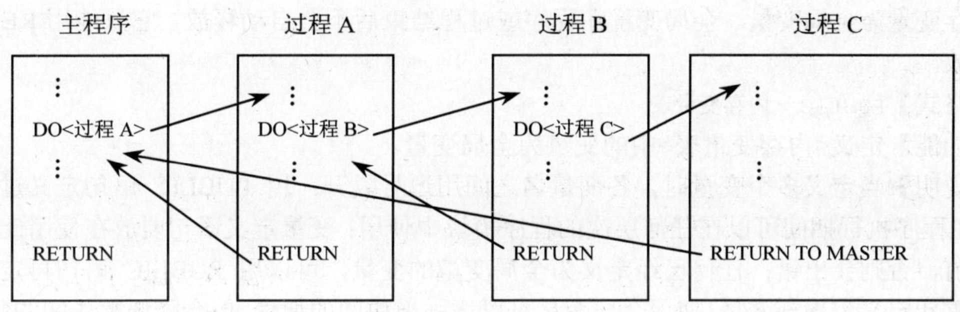

图 6-7　过程嵌套调用中直接返回主程序

6.3.5　过程的递归调用

Visual FoxPro 允许递归调用，所谓递归调用，即某一过程直接或间接调用自己。过程直接调用自己称为直接递归（如图 6-8 所示），间接调用自己称为间接递归（如图 6-9 所示）。

图 6-8　直接递归　　　　图 6-9　间接递归

【例 6-36】编程用递归方法求 N 的阶乘。程序文件名为 PROG36.PRG。

```
SET TALK OFF
CLEAR
INPUT "请输入N:" TO N
Y=1
DO PROCE1 WITH N,Y
? STR(N,2)+"!=",Y
SET TALK ON

PROCEDURE PROCE1                          && 求阶乘的过程
PARAMETER X,Y
IF  X>1
    DO PROCE1 WITH X-1,Y                  && 递归调用
    Y=X*Y
ENDIF
```

```
RETURN
```

程序运行结果如下：

```
    请输入 N:6
    6!=720
```

6.3.6　内存变量的作用域

内存变量的作用域是指在程序或过程调用中内存变量的有效范围。按作用域的不同，Visual FoxPro 中的内存变量可分为全局变量（也称公用变量）和局部变量（也称专用变量）。

1. 全局变量

全局变量是指在所有程序模块中都有效的内存变量。在命令窗口建立的或用 PUBLIC 定义的内存变量为全局变量。全局变量在程序或过程结束后不会自动释放，它只能用 RELEASE 命令释放。

【格式】PUBLIC <内存变量表>

【功能】定义<内存变量表>中的变量为全局变量。

【说明】当定义多个变量时，各变量名之间用逗号隔开；用 PUBLIC 语句定义过的内存变量，在程序执行期间可以在任何层次的程序模块中使用；变量定义语句要放在使用此变量的语句之前，否则会出错；任何已经定义为全局变量的变量，可以用 PUBLIC 语句再定义，但不允许重新定义为局部变量；使用全局变量可以增强模块间的通信，但会降低模块间的独立性。

【例 6-37】用全局变量代替参数传递，改写例 6-34 中求圆面积的程序。程序文件名为 PROG37.PRG。

```
SET TALK OFF
CLEAR
INPUT "请输入圆的半径：" TO R
DO AREA
? "圆的面积为：",Y
SET TALK ON

PROCEDURE AREA                  && 计算面积的过程
PUBLIC Y
Y=3.1416*R**2
RETURN
```

程序运行结果与例 6-34 完全相同。

2. 局部变量

局部变量是指在建立它的程序以及被此程序调用的程序中有效的内存变量。局部变量在建立它的过程结束后自动释放。

在程序中没有被说明为全局变量的内存变量都被看作是局部变量。局部变量也可以用 PRIVATE 说明。

【格式 1】PRIVATE <内存变量表>

【格式 2】PRIVATE ALL [LIKE | EXCEPT <通配符>]

【功能】格式 1 定义<内存变量列表>中列出的内存变量为局部变量；格式 2 定义一组内存变量为局部变量，有下列 3 种形式：

- ALL：全部内存变量。
- ALL LIKE <通配符> ：所有与通配符一致的内存变量。
- ALL EXCEPT <通配符>：所有与通配符不一致的内存变量。

【说明】用 PRIVATE 语句说明的内存变量，只能在本程序及其下属过程中使用，退出程序时，变量自动释放；用 PRIVATE 语句在过程中说明的局部变量，可以与上层调用程序出现的内存变量同名，但它们是不同的变量，在执行被调用过程期间，上层过程中的同名变量将被隐藏。

【例 6-38】将例 6-37 作少许修改，分析程序运行结果。程序文件名为 PROG38.PRG。

```
SET TALK OFF
CLEAR
Y=0
INPUT "请输入圆的半径:" TO R
DO AREA
? "圆的面积为:",Y
SET TALK ON

PROCEDURE AREA                    && 计算面积的过程
PRIVATE Y
Y=3.1416*R**2
RETURN
```

程序运行结果如下：

```
请输入圆的半径:10
圆的面积为:0
```

其原因是，过程 AREA 中的变量 Y 是局部变量，与主程序中的变量 Y 是不同的变量。

6.3.7　自定义函数

Visual FoxPro 系统提供了丰富的内部函数，这些函数具有不同的功能，能够解决用户遇到的许多问题。但在实际应用中，可能需要一些解决特殊问题的函数。为此，Visual FoxPro 允许用户自定义函数。

自定义函数和过程一样，可以以独立的程序文件形式单独存储在磁盘上，也可以放在过程文件或直接放在程序文件中。自定义函数必须用 FUNCTION 语句说明，而且在返回命令 RETURN 中，必须返回一个值作为函数的值。

自定义函数必须以函数说明语句定义。

【格式】`FUNCTION <函数名>`

【功能】定义一个自定义函数。函数名的命名规则与过程的命名规则相同。

下面介绍函数返回语句的格式。

【格式】`RETURN <表达式>`

【功能】返回表达式的值给函数的调用者。

自定义函数具有如下语法结构：

```
FUNCTION <函数名>
PARAMETER <参数表>
```

```
    <函数体命令序列>
  RETURN <表达式>
```

自定义函数的调用语法与系统函数的调用语法相同。

【例 6-39】编程用自定义函数改写例 6-34，计算圆面积。程序文件名为 PROG39.PRG。

```
SET TALK OFF
CLEAR
INPUT "请输入圆的半径:" TO R
? "圆的面积为:",AREA(R)
SET TALK ON

FUNCTION AREA                 && 计算面积的函数
PARAMETER X                   && 形参说明
RETURN (3.1416*X**2)
```

程序运行结果：

```
    请输入圆的半径:10
    圆的面积为:314.16
```

习题六

一、问答题

1．FoxPro 程序如何建立？怎样执行？

2．程序有哪 3 种基本结构？各有什么特点？

二、填空题

1．程序 CC.PRG 的清单如下：

```
SET TALK OFF
STORE 0 TO A,B
DO WHILE .T.
  A=A+1
  IF INT(A/3)=A/3
    LOOP
  ELSE
      IF A>=10
        EXIT
      ELSE
        B=B+A
      ENDIF
  ENDIF
ENDDO
?'B='+STR(B,2)
```

```
B= ________
```

2．设 A="123"，B="234"，表达式.NOT.(A<>B)的值为________（真/假）；.NOT.(A==B).OR.(B$"ABC")的值为________（真/假）。

3．完成下面程序，使得 N 的值从 100 开始，逐次减 4，直至 0 为止。

```
SET TALK OFF
N=100
DO WHILE .T.
   ________
      EXIT
     ENDIF
     ? N
N=N-4
ENDDO
?'N='+________(N,3)
```

4．有如下程序段，其功能是将汉字信息“计算机等级考试”从屏幕底部移至顶部，请填空：

```
SET TALK OFF
X="计算机等级考试"
CLEAR
K=23
DO WHILE K>0
   CLEAR
   @K,26  SAY  SPACE(34)
   @__________,26  SAY  X
   P=INKEY(1)
   K=K-1
ENDDO
SET TALK ON
```

5．求 100 以内能被 3 整除但不能被 7 整除的数之和。

```
MODIFY COMMAND T5
SET TALK OFF
CLEAR
STORE 0 TO S,N
DO WHILE N<=100
    __________
      S=S+N
   ENDIF
    __________
ENDDO
? "S="+STR(S)
SET TALK ON
```

6．从键盘输入一字符串（最多 80 个字符），然后删除其中非数字字符，最后输出。

```
MODIFY COMMAND T6
SET TALK OFF
CLEAR
STR=SPACE(80)
```

```
@5,10 SAY "请输入一字符串"
@6,0 GET STR
________
ST=""
I=1
N=LEN(STR)
DO WHILE I<=N
    X=SUBSTR(STR,I,1)
     IF X>="0" .AND. X<="9"
        ________
     ENDIF
     I=I+1
ENDDO
? "原串为:"+STR
? "新串为:"+ST
SET TALK ON
```

三、改错题

1．以下程序是显示学员通讯库 TXL.DBF 中的所有男学员的姓名、性别、电话字段，其中有 2 个错误，请改正。

```
Set talk off
clear
use txl
locate for 性别
do while .not.eof()
    ? "姓名："+姓名
    ?? "性别："+性别
    ?? "电话："+电话
     skip
enddo
use
set talk on
```

2．以下程序的功能是按姓名进行连续查询，其中有 3 个错误，请调试修改。注意，不要增加或删除程序行。

```
set talk off
use cjb
index on 姓名 to name3
clear
wait "请输入姓名：" to xm
  do while .t.
  clear
  seek for 姓名=xm
  if found()
   ? "姓名："+姓名,"  总评成绩"+str(总评成绩,2)
  endif
```

```
    wait "继续查询吗？(Y/N)" to jx
    if jx="y"
      clear
      accept "请输入姓名：" to xm
      loop
    else
      exit
    endif
  enddo
  use
  set talk on
```

四、写出下列程序的运行结果

1. MODIFY COMMAND Z1

```
SET TALK OFF
CLEAR
X1=4
?
DO WHILE X1>=1
    X2=1
    DO WHILE X2<X1
      ?? X2*X1
      X2=X2+1
    ENDDO
    ?
    X1=X1-1
ENDDO
SET TALK ON
```

程序的运行结果为____________。

2. MODIFY COMMAND Z2

```
SET TALK OFF
CLEAR
@2,2 SAY "*"
N=1
DO WHILE N<3
    @2,2+N SAY "*"
    @N+2,2 SAY "*"
    N=N+1
ENDDO
SET TALK ON
```

程序的运行结果为____________。

3. MODIFY COMMAND Z3

```
SET TALK OFF
CLEAR
S=0
```

```
N=1
K=1
DO WHILE K<=10
   IF INT(K/2)#K/2
      S=S+K
   ELSE
      N=N*K
   ENDIF
   K=K+1
ENDDO
? "S=",S
? "N=",N
SET TALK ON
```

程序的运行结果为____________。

4. MODIFY COMMAND Z4

```
SET TALK OFF
CLEAR
ACCEPT "请输入一字符串:" TO X
I=1
S=""
DO WHILE I<=LEN(X)
   S=SUBSTR(X,I,1)+S      && 考虑将此句改为 S=S+SUBSTR(X,I,1),结果会如何?
   I=I+1
ENDDO
? "X=",UPPER(X)
? "S=",LOWER(S)
SET TALK ON
```

程序的运行结果为____________。

5. MODIFY COMMAND Z5

```
SET TALK OFF
CLEAR
STORE 0 TO X,Y
DO WHILE X<101
   X=X+1
   IF MOD(X,3)=0
      LOOP
   ENDIF
   Y=Y+1
ENDDO
? "Y="
?? STR(Y,2)
SET TALK ON
```

程序的运行结果为____________。

6. MODIFY COMMAND Z6

```
SET TALK OFF
```

```
CLEAR
DIMENSION A(7)
I=1
DO WHILE I<=7
    A(I)=3*I+1
    I=I+1
ENDDO
? A(A(1)+1),A(A(3)-5)-1
SET TALK ON
```

程序的运行结果为＿＿＿＿＿＿。

五、编程题

1．编写计算电费程序，其收费标准为：10 度以内每度电 0.5 元；超过 10 度时，超过部分每度电 1 元。

2.编程修改 RSDA 数据库 JBGZ 字段的数据。当 JBGZ>800 元时，增加 10%；当 JBGZ<500 元时，增加 30%；JBGZ 在 500～800 元之间者，增加 20%。

3．现有大、中、小 3 种鱼。大鱼每条 5 元，中鱼每条 3 元，小鱼每 5 条 1 元。要使 100 元正好买 100 条鱼，编程求大、中、小的鱼数。

4. 设有一个学生成绩库 CJ.DBF，该库文件有学号、姓名、数学、英语、操作系统、FoxPro、总分、平均分 8 个字段，前两个字段为 C 型，其他为 N 型，除总分、平均分两字段外，其他字段均有数据，编写程序完成下列任务：

（1）计算总分和平均分。

（2）统计各单科平均成绩及单科不及格人数。

（3）按总分排出学生名次。

（4）统计一科、二科、三科、四科不及格的人数，并列出学生的学号、姓名和不及格的科目和分数。

5．有某单位的工资数据库 GZZ.DBF，其中职工号的前 4 位是部门编码（1001～1005，共 5 个部门），先建立一个统计数据库 GZTJ.DBF，包括 3 个字段：部门编码（C，4)、职工号（C，6)和增资额(V，7.2)。请编写程序 RROGL.PRG，在程序中首先由工资数据库拷贝生成 GZ.DBF，然后再修改 GZ，把实发工资等于或低于本部门平均工资的职工的工资提高 30%，并计算每人增资额，把有关数据存放到 GZTJ.DBF。

6．建立数据库文件 EXAMPLE.DBF，它具有 3 个字段：field1（c，2)、field2（c，2）和 field3（c，2)。请编写程序 PROGL.PRG 使其实现向库文件 EXAMPLE.DBF 追加 50 条记录。其中：

field1 字段各记录的数据从字母 A～Z 依次顺序取值，即 A、B、C…Z、A、B。

field2 字段各记录的数据从字母 A～Z 依次隔 2 顺序循环取值，即：A、D、G…Y、B、E…Y、C、F…X。

field3 字段各记录的数据依次为：1、2、3…49、50。

提示：CHR（数值型表达式）为 ASCII 码转换字符函数，字母“A”的 ASCII 码值为 65，调试运行此程序。

7．编一个程序，从键盘上输入 10 个逻辑值，统计并输出其中逻辑值为真的数目。

8．编一个程序，从键盘上输入一个数值 X，按下列公式计算并输出 Y 值。

$$Y=\begin{cases} X & (X<0) \\ 0 & (X=0) \\ X^2 & (X>0) \end{cases}$$

9．编一个程序，以 60 以下、60 分～85 分之间、85 分以上 3 个档次来对学员成绩库中的总评成绩进行分档，输出每档的学员数和所占的比例。

10．编一个密码校对程序：密码为字符串“12345”。用户从键盘上输入密码，如果输入的密码正确，则显示“身份确认，欢迎您使用本系统！”；如果输入的密码不正确，则显示“请重新输入密码：”。

只给用户 3 次机会，若用户连续 3 次输入的密码均不正确，则显示“你是非法用户，本系统拒绝你进入！”

11．编程完成下列图案的输出：

```
    @              @          @@@@@
   @@@             @@         @@@@
  @@@@@            @@@        @@@
 @@@@@@@           @@@@       @@
@@@@@@@@@          @@@@@      @
   (1)              (2)        (3)
```

12．编程求 100 以内的素数之和。

第 7 章　表单设计与应用

表单（Form）是 Visual FoxPro 提供的用于建立应用程序界面的最主要的工具之一。表单相当于 Windows 应用程序的窗口，表单内可以包含命令按钮、文本框、列表框等各种界面元素，产生标准的窗口或对话框，通过各种界面元素，可以在窗口中显示输出的数据或接收用户的输入数据。本章首先简单介绍面向对象的若干基本概念及 Visual FoxPro 中的基类，然后介绍表单的创建与管理，表单设计器环境以及常用表单控件的使用，最后简单介绍自定义子类的创建方法。

7.1　面向对象的概念

7.1.1　对象与类

对象与类是面向对象方法的两个基本概念。

1. 对象（Object）

客观世界里的任何实体都可以被看作是对象。对象可以是具体的物，也可指某些概念。

从编程的角度来看，对象是一种将数据和操作过程结合在一起的数据结构，或者是一种具有属性（数据）和方法（过程和函数）的集合体。事实上程序中的对象就是对客观世界中对象的一种抽象描述。

（1）对象属性：属性用来表示对象的状态。不同对象有不同特性，属性用于描述对象不同的特性，一个对象之所以不同于另一个对象，就是因为它们有不同的属性集。例如，一个学生，我们可以用学号、姓名、性别、年龄、班级等属性来描述。对对象属性的访问与对一般变量的访问不同，在设计时为属性赋值，可在属性窗口中进行设置或修改，在程序中设置或修改属性值的格式为：

[表单集名].表单名.属性名=表达式

在程序中引用属性值的格式为：

[变量名=][表单集名].表单名.属性名

（2）对象方法：对象方法是描述对象行为的过程。方法与普通的 Visual FoxPro 过程不同，方法与对象紧密联系，方法为对象所私有，不同对象有不同的方法。方法的调用与一般过程或函数的调用不同，方法要通过对象名调用。方法的调用格式如下：

[变量名=][表单集名].表单名.对象名.方法名(参数表)

2. 类

类是对一类相似对象的性质描述，这些对象具有相同种类的属性以及方法。类和对象关系密切，但并不相同，类就像是一类对象的模板。有了类定义后，基于类就可以生成这类对象中的任何一个对象，这些对象虽然采用相同的属性来表示状态，但它们在属性上的取值完全可以不同，这些对象一般有着不同的状态，且彼此间相对独立。

在类的定义中，也可以为某个属性指定一个值，这个值将作为基于该类生成的每个对象在该属性上的默认值。

通常，我们把基于某个类生成的对象称为这个类的实例。可以说，任何一个对象都是某个类的一个实例。

注意： 方法尽管定义在类中，但执行方法的主体是对象。如果由不同的对象去执行，一般会产生不同的结果。因为方法中引用的属性为调用方法的对象的属性，所以调用方法时一定要加对象名。

7.1.2 子类与继承

继承表达了一种从一般到特殊的进化过程。例如，如果了解了飞机的一般原理，那么对认识客机就有了一个好的基础。这里，飞机和客机就是一个一般和特殊的关系，客机具有飞机的特性和行为，同时客机又有自己独特的特性和行为。

在面向对象的方法里，继承是指在基于现有的类创建新类时，新类继承了现有类里的方法和属性。此外，可以为新类添加新的方法和属性。我们把新类称为现有类的子类，而把现有类称为新类的父类。一个子类的成员一般包括：

（1）从其父类继承的属性和方法。

（2）由子类自己定义的属性和方法。

继承可以使在一个父类所作的改动自动反映到它的所有子类上。这种自动更新节省了用户的时间和精力。例如，当为父类添加一个属性时，它的所有子类也将同时具有该属性。同样，当修复了父类中的一个错误时，这个修复也将自动体现在它的全部子类中。但是对子类的修改不会自动反映到它的父类上。Visual FoxPro 不允许用户自定义基类，但允许用户自定义子类，也就是说，用户可以在已有类的基础上定义自己的子类。

7.2 Visual FoxPro 的基类

7.2.1 Visual FoxPro 的基类

Visual FoxPro 基类是系统本身内含的，并不存放在某个类库中。用户可以基于基类生成所需要的对象，也可以扩展基类创建自己的子类。表 7-1 列出了 Visual FoxPro 的所有基类。

每个 Visual FoxPro 基类都有自己的一组属性、方法和事件。当扩展某个基类创建用户自定义类时，该基类就是用户自定义的父类，用户自定义类继承该基类中的属性、方法和事件。在程序设计中，可以使用 CREATEOBJECT 函数来直接生成基于某个类的对象。该函数的格式如下：

```
CREATEOBJECT(<类名>[,<参数 1>,<参数 2>,……])
```

函数基于指定的类生成一个对象，并返回对象的引用。通常，可以把函数返回的对象引用赋给某个变量，然后，通过这个变量来识别对象、访问对象的属性以及调用对象的方法。

对象属性的方法访问以及对象调用的基本格式如下：

```
<对象引用>.<对象属性>
<对象引用>.<对象方法>[(参数列表)]
```

表 7-1　Visual FoxPro 的基类

类名	含义	类名	含义
ActiveDoc	活动文档	Label	标签
CheckBox	复选框	Line	线条
Column	（表格）列	Listbox	列表框
ComboBox	组合框	Olecontrol	OLE 容器控件
CommandButton	命令按钮	Oleboundcontrol	OLE 绑定控件
CommandGroup	命令按钮组	OptionButton	选项按钮
Container	容器	Optiongroup	选项按钮组
Contorl	控件	Page	页
Custom	定制	PageFrame	页框
EditBox	编辑框	ProjectHook	项目挂钩
Form	表单	Separator	分隔符
FormSet	表单集	Shape	图形
Grid	表格	Spinner	微调控件
Header	（列）标头	TextBox	文本框
HyperLink	超级链接	Timer	定时器
Image	图象	ToolBar	工具栏

【例 7-1】基于 Visual FoxPro 的 FORM 类生成一个对象，然后访问该对象的一些属性和方法。

```
Oform=CREATEOBJECT("Form")          &&生成一个空白表单
Oform.show                          &&显示表单
Oform.caption="演示"                &&修改表单的标题
? "这是一个生成对象的演示程序"      &&在表单上输出字符串
Oform.release
```

7.2.2　容器与控件

Visual FoxPro 中的类一般可分为两种类型：容器类和控件类。相应地，可分别生成容器（对象）和控件（对象）。

容器可以被认为是一种特殊的控件，它能包容其他的控件或容器，例如一个表单、一个表格等，一般把容器对象称为那些被包容对象的父对象。例如在表单中放置一个命令按钮，那么表单就是命令按钮的父对象。

控件是一个可以以图形化的方式显示出来，并能与用户进行交互的对象，控件类不能包含其他对象，例如一个命令按钮、一个文本框等，控件通常被放置在一个容器里。

一个容器内的对象本身也可以是容器，如表单作为表单集容器内的对象，其本身也是一个容器对象，可包容页框等对象，而页框又可以包容页对象等，这样就形成了对象的嵌套层次关系。

注意：对象的层次概念和类的层次概念是两个完全不同的概念：对象的层次指的是包容

与被包容的关系，而类的层次指的是继承与被继承的关系。

在对象的嵌套层次关系中，要引用其中的某个对象，需要指明对象在嵌套层次中的位置。在 Visual FoxPro 中，对象的引用有两种方式：相对引用和绝对引用。

（1）绝对引用：从最高容器开始逐层向下直到某个对象为止的引用称为绝对引用。例如，在任何对象的任何事件过程中，可用下列绝对引用方式访问某表单中的命令按钮：

```
Formset1.form1.command1.caption="ok"
```

如果要访问命令按钮组中的命令按钮，则可用下列方法：

```
Formset1.form1.commdgroup1.command1.caption="no"
```

（2）相对引用：从正在为编写事件代码的对象出发，通过逐层向高一层或低一层直到另一对象的引用称为相对引用。使用相对引用常用到表 7-2 所列的属性或关键字。

表 7-2　容器层次中的对象引用属性或关键字

属性或关键字	引用
Parent	当前对象的直接容器对象
This	当前对象
ThisForm	当前对象所在的表单
ThisFormSet	当前对象所在的表单集

【例 7-2】如果 Form1 中有一个命令按钮组 commandgroup1，该命令按钮组有两个命令按钮：command1 和 command2，label1 是表单 form1 上的一个标签控件。

如果要在命令按钮 command1 的事件（如单击事件）代码中修改该按钮的标题可用下列命令：

```
this.caption="确定"
```

如果要在命令按钮 command1 的事件代码中修改命令按钮 command2 的标题可用下列命令：

```
thisform.Commandgroup1.command2.caption="取消"
```

或者

```
this.parent.command2.caption="取消"
```

但不能写成下列命令：

```
thisform.command2. caption="取消"
```

如果要在命令按钮 command1 的事件代码中修改表单的标题可用下列命令：

```
This.Parent.parent.Caption="测试窗口"
```

或者

```
thisform.caption="测试窗口"
```

7.2.3　事件

事件是一种由系统预先定义而由用户或系统发出的动作。事件作用于对象，对象识别事件并作出相应反应。事件可以由系统引发，如生成对象时，系统就引发一个 Init 事件，对象识别该事件，并执行相应的 Init 事件代码。事件也可以由用户引发，如用户单击程序界面上的一个命令按钮就引发了一个 Click 事件，命令按钮识别该事件并执行相应的 Click 事件代码。与方法集可以无限扩展不同，事件集是固定的，用户不能定义新的事件。Visual FoxPro 中常用事件有：

Load：当表单或表单集被加载到内存中时发生的事件。

Unload：从内存中释放表单或表单集时发生的事件。

Init：创建对象时发生的事件。

Destroy：从内存中释放对象时发生的事件。

Click：单击对象时发生的事件。

Dbclick：双击对象时发生的事件。

Rightclick：右击对象时发生的事件。

GotFocus：对象接收到焦点时发生的事件。

LostFocus：对象失去焦点时发生的事件。

对象接收或失去焦点的事件，可能由用户操作引起，如用户按 Tab 键或单击，也可能在程序中使用方法程序 SetFocus 把焦点移到其他对象上。

KeyPress：当用户按下或释放键时发生的事件。

InteractiveChange：以交互方式改变对象的值时发生的事件。

ProgrammaticChange：以编程方式改变对象的值时发生的事件。

事件代码既能在事件引发时执行，也可以像方法一样被显式调用。如在产生一个表单对象 Form1 时，系统会自动执行 Init 代码，但用户也可以在随后用下面的命令显式调用该表单对象的 Init 事件代码：

```
Form1.Init
```

在容器对象的嵌套层次中，事件的处理遵循独立性原则，即每个对象识别并处理属于自己的事件。例如，当用户单击表单中的一个命令按钮时，将引发命令按钮的 Click 事件，而不会引发表单的 Click 事件。如没有指定的命令按钮的 Click 事件代码，那么该事件不会有任何反应。

但这个原则有一个例外，它不适合于命令按钮组和选项按钮组。在命令按钮组或选项按钮组中，如果为按钮组编写了某事件编码，而组中的某个按钮没有与该事件相关联的代码，那么当这个按钮的事件引发时，将执行组事件代码。例如，一个选项按钮组包含两个选项按钮 Option1 和 Option2，其中按钮组和按钮 Option1 都有 Click 事件代码，而按钮 Option2 没有指定的 Click 事件代码。那么当用户单击按钮 Option1 时，将引发按钮 Option1 的 Click 事件，执行相应的事件代码，此时不会引发按钮组的 Click 事件。但如果单击按钮 Option2，则会引发按钮组的 Click 事件，执行按钮组中的相应事件代码。

7.3　创建表单

表单可以属于某个项目，也可以游离于任何项目之外，它是一个特殊的磁盘文件，其扩展名为.SCX。在项目管理器中创建的表单自动隶属于该项目。创建表单一般有两种途径：使用表单向导创建简易的数据表单、使用表单设计器创建或修改任何形式的表单。

7.3.1　使用表单向导

启动表单向导有以下 4 种途径：

（1）打开“项目管理器”，选择“文档”选项卡，从中选择“表单”，然后单击“新建”

按钮。在弹出的“新建表单”对话框中单击“表单向导”按钮。

（2）在系统菜单中选择【文件】|【新建】命令，或者单击工具栏上的“新建”按钮，打开“新建”对话框，在文件类型栏中选择“表单”。然后单击“向导”按钮。

（3）在系统菜单中选择【工具】|【向导】|【表单】命令。

（4）直接单击“常用”工具栏上的“表单向导”按钮。

表单向导启动时，首先弹出“向导选取”对话框，如图 7-1 所示。

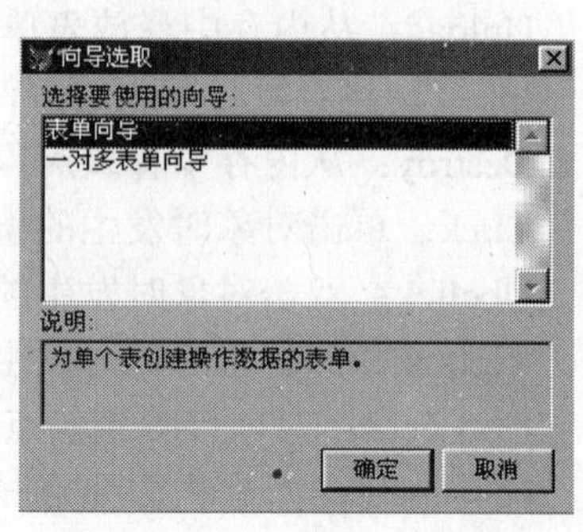

图 7-1　“向导选取”对话框

如果数据源是一个表，应选取“表单向导”；如果数据源包括父表和子表，则应选取“一对多表单向导”。

下面通过例子来说明使用表单向导的操作步骤。

【例 7-3】利用表单向导创建一个学生信息录入表单。

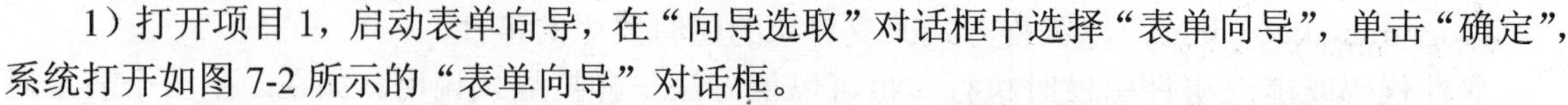

1）打开项目 1，启动表单向导，在“向导选取”对话框中选择“表单向导”，单击“确定”，系统打开如图 7-2 所示的“表单向导”对话框。

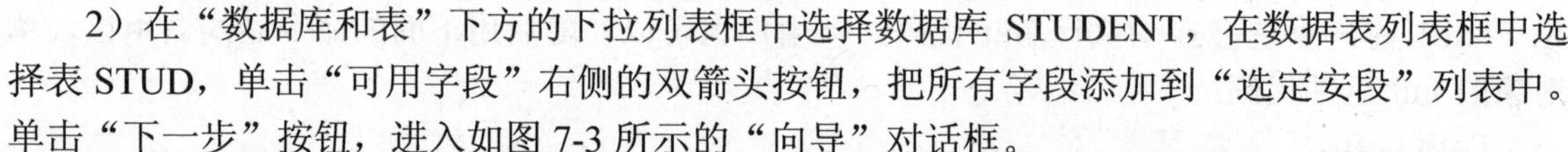

2）在“数据库和表”下方的下拉列表框中选择数据库 STUDENT，在数据表列表框中选择表 STUD，单击“可用字段”右侧的双箭头按钮，把所有字段添加到“选定安段”列表中。单击“下一步”按钮，进入如图 7-3 所示的“向导”对话框。

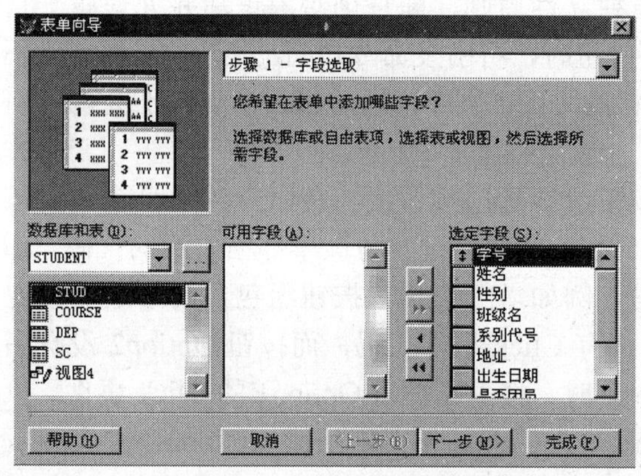

图 7-2　表单向导-步骤 1

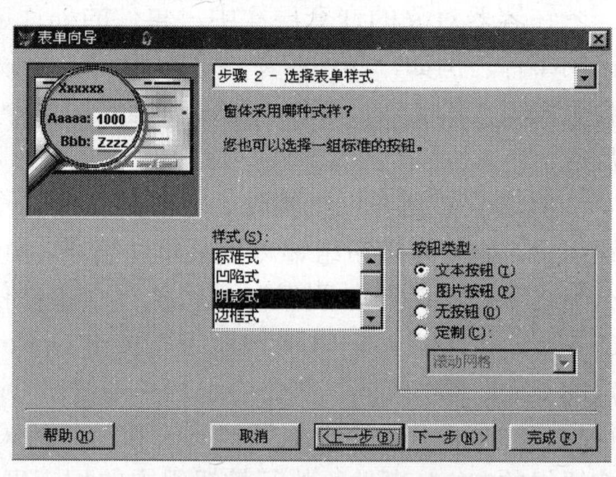

图 7-3　表单向导-步骤 2

3）选择表单样式和按钮类型，本例样式选择“阴影式”，按钮类型选择“文本按钮”。对话框的左上角为所选样式的预览效果。单击“下一步”按钮，进入如图 7-4 所示的“向导”对话框。

4）选择排序字段，本例选择“学号”，然后单击“添加”按钮，这样表单显示数据时将按学号从小到大的顺序。单击“下一步”按钮，进入如图 7-5 所示的“向导”对话框。

5）输入表单标题：本例输入“学生信息管理”。单击“预览”按钮可以预览表单的设计效果。如果对样式、按钮类型不满意，可以单击“上一步”按钮回到前面的步骤重新设置，如果满意，单击“完成”按钮，在打开的“保存”对话框中输入文件名，本例输入：form1。

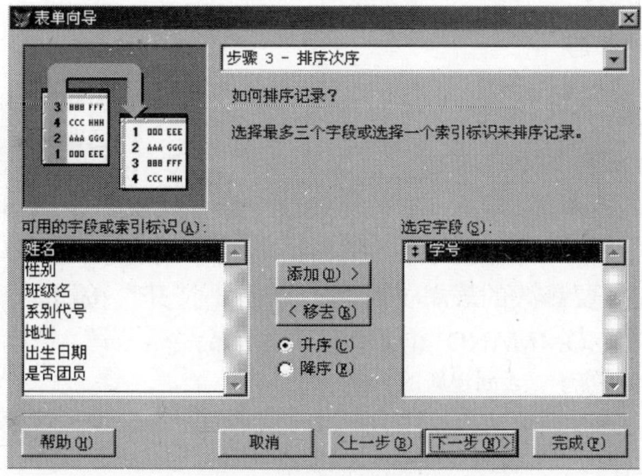

图 7-4　表单向导-步骤 3

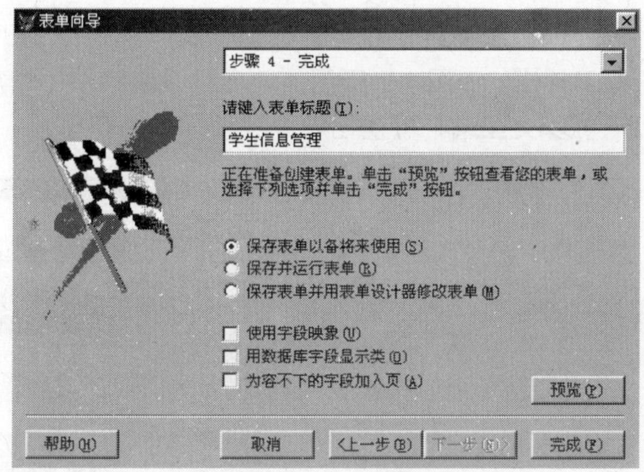

图 7-5　表单向导-步骤 4

本例设计的表单运行效果如图 7-6 所示。如果用户还不满意，可以在表单设计器中作进一步修改。

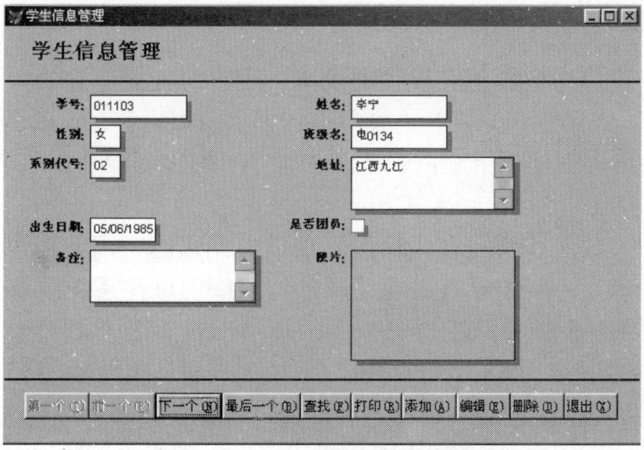

图 7-6　“学生信息管理”表单

7.3.2　使用表单设计器

1．*启动表单设计器*

启动表单设计器方法有如下 3 种：

（1）菜单方法：若是新建表单，在系统菜单中选择【文件】|【新建】，在“文件类型”对话框中选择“表单”，单击“新建文件”按钮；若是修改表单，则单击【文件】|【打开】，在“打开”对话框中选择要修改的表单文件名，单击“打开”按钮。

（2）命令方法：在 COMMAND 窗口中输入如下命令：

```
CREATE  FORM  <文件名>    &创建新的表单
```

或

```
MODIFY  FORM <文件名>    &打开一个已有的表单
```

（3）在项目管理器中，先选择“文档”标签，然后选择表单，单击“新建”按钮。若是修改表单，选择要修改的表单，单击“修改”按钮。

不管采用上面哪种方式，系统都将打开“表单设计器”窗口、“属性”窗口、“表单控件”工具栏及“表单设计器”工具栏，如图 7-7 所示，并会在系统菜单中增加【表单】菜单项。在表单设计器环境下，用户可以交互式、可视化设计各种样式的表单。

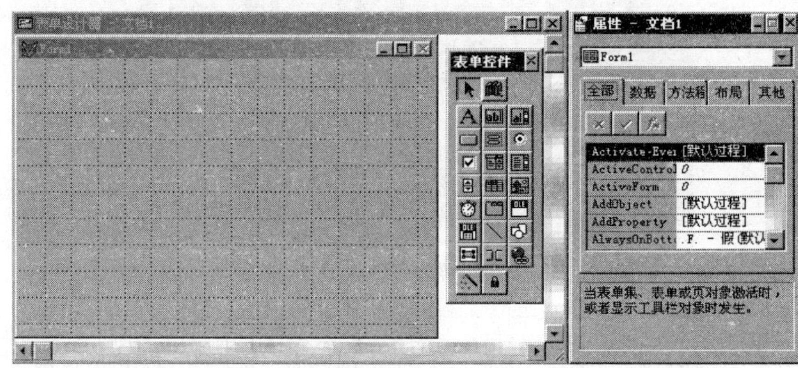

图 7-7　表单设计器

2．*表单设计器环境介绍*

（1）设计器窗口。

“表单设计器”窗口内包含正在设计的表单。用户可在表单窗口中可视化地添加和修改控件、改变控件布局，表单窗口只能在“表单设计器”窗口内移动。以新建方式启动表单设计器时，系统将默认为用户创建一个空白表单，如图 7-7 的左侧部分。

（2）属性窗口。

设计表单的绝大多数工作都是在“属性”窗口中完成的，因此用户必须熟悉“属性”窗口的用法。如果在表单设计器中没有出现“属性”窗口，可在系统菜单中单击【显示】|【属性】，“属性”窗口如图 7-8 所示。

在“属性”窗口的顶部，有一个“对象”下拉列表框，其中含有当前表单以及当前表单中所有对象的名称，可在下拉列表中选择一个对象，或者在表单上单击选择一个对象。每次选中不同的对象时，“属性”窗口显示的内容也有所不同，因为不同的对象有不同的属性。

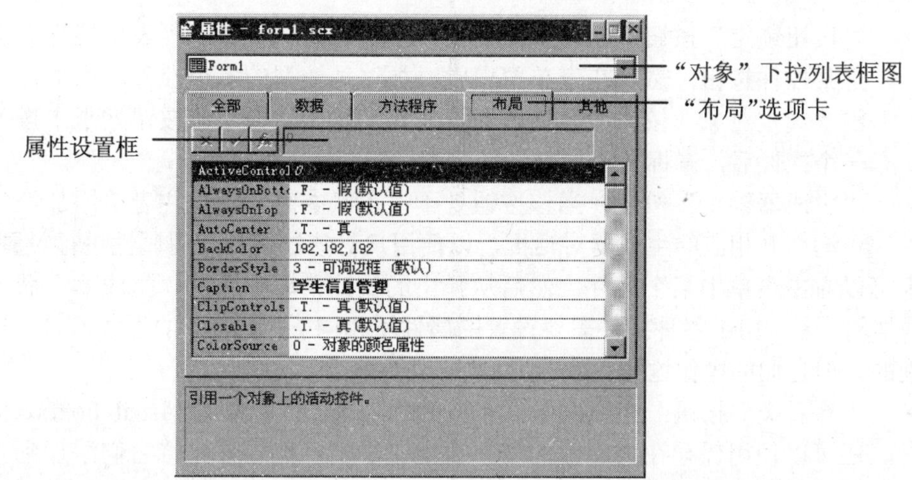

图 7-8　"属性"窗口

在"布局"选项卡的下面有一个属性设置框，当在属性列表框中选择不同的属性时，该属性的值就显示在属性设置框中，如果要修改该属性值，用户可直接在属性设置框中输入一个新的值或表达式，输入表达式时必须用"="开头。为引导用户输入合法的属性值，用户可单击设置框右侧的下拉按钮，从中选择一个符合要求的属性值，或者单击位于设置框左侧的"*fx*"按钮，启动"表达式生成器"，用表达式的值作为属性的值。

在"属性"窗口中更改某属性的值后，新的属性值在属性列表框中以"黑体"字型显示，以区别其他未更改的属性值，同时，在表单和表单对象上反映出更新后的结果。有的属性用"斜体"显示，表示该属性的值不能更改，默认情况下，事件或方法都以"[默认过程]"显示，如果已为事件或方法编写了程序代码，则显示内容为"[用户自定义过程]"。

双击事件或方法程序属性，可打开代码编写器，用户可在代码编写器中为相关的事件或方法编写程序代码。

（3）表单控件工具栏。

设计表单的主要任务就是利用"表单控件"设计交互式用户界面。"表单控件"工具栏是表单设计的主要工具。默认包含 21 个控件、4 个辅助按钮，如图 7-9 所示。

在表单设计器中，可以单击"表单设计器"工具栏中的"表单控件工具栏"按钮或单击系统菜单中的【显示】|【工具栏】命令，打开或关闭"表单控件"工具栏。利用"表单控件"工具栏可以方便地往表单中添加控件，方法如下：

1）单击"表单控件"工具栏中相应的控件按钮。

2）将鼠标移至表单窗口的合适位置单击或拖动鼠标以确定控件大小。

图 7-9　表单控件

常用控件的功能和用法在 7.5 节有详细介绍。

"表单控件"工具栏中 4 个辅助按钮的功能如下：

- "选定对象"按钮：当该按钮处于按下状态时，鼠标为指针形状，此时可以在表单中选择对象并进行编辑，如改变大小、移动位置等。

- “按钮锁定”按钮：当该按钮处于按下状态时，可以从“表单控件”工具栏单击选定某控件按钮，然后在表单窗口中添加这种类型的多个控件。添加控件后，必须单击“选定对象”按钮，鼠标才会恢复指针状态。如果该按钮处于未按下状态，添加一个控件后，鼠标自动恢复指针状态。
- “生成器锁定”按钮：当该按钮处于按下状态时，每次往表单添加控件，系统都会自动打开相应的生成器对话框，以便用户对该控件的常用属性进行设置。

也可以右击表单中某个控件，然后从弹出的快捷菜单中选择“生成器”命令来打开控件的生成器对话框。由于各种控件需要设置的属性不相同，所以打开的生成器对话框中的内容是有差别的，但它们的操作过程大致相同。

- “查看类”按钮：在可视化设计表单时，除了可以使用 Visual FoxPro 提供的基类，还可以使用保存在类库中的用户自定义子类，但应该先将它们添加到“表单控件”工具栏中。将一个类库文件中的类添加到“表单控件”工具栏中的方法如下：

单击工具栏上的“查看类”按钮，然后在弹出的快捷菜单中选择【添加】命令，调出“打开”对话框，在对话框中选定所需的类库文件，并单击“确定”按钮，这时“表单控件”中显示类库中的自定义类。要使“表单控件”工具栏重新显示 Visual FoxPro 基类，可选择“查看类”按钮，在弹出菜单中选择【常用】命令。

（4）表单设计器工具栏。

打开“表单设计器”时，主窗口中会自动出现“表单设计器”工具栏，如图 7-10 所示。

图 7-10 “表单设计器”工具栏

此工具栏各图标按钮（从左至右）的功能如下：

- “设置 Tab 键次序”按钮：表单在运行时，用户可按 Tab 键选择控件，设计时，单击“设置 Tab 键次序”按钮可显示或修改各控件的 Tab 键次序。
- “数据环境”按钮：显示表单的“数据环境设计器”窗口。相当于显示菜单中的“数据环境”命令。
- “属性窗口”按钮：打开或关闭属性窗口
- “代码窗口”按钮：打开或关闭代码窗口。
- “表单控件工具栏”按钮：用于显示或关闭“报表控件”工具栏。
- “调色板工具栏”按钮：用于显示或关闭“调色板”工具栏。
- “布局工具栏”按钮：显示或关闭“布局”工具栏。
- “表单生成器”按钮：启动快速表单生成器。
- “自动格式”按钮：打开“自动格式”对话框。

7.3.3 数据环境

在“表单控件”工具栏中，大多控件可以与数据表或字段进行绑定，以便对数据库中的数据进行显示或编辑。如果表单需要处理数据表或视图中的数据，可以为表单建立数据环境，数据环境中可以包含与表单元素有联系的表和视图，以及表之间的关系。默认情况下，数据环境中的表或视图会随表单的运行而打开，并随表单的关闭或释放而关闭。可以用数据环境设计器来设置表单的数据环境。

1. 打开数据环境设计器

表单设计器环境下，单击“表单设计器”工具栏上的“数据环境”按钮，或选择【显示】|【数据环境】命令，即可打开“数据环境设计器”窗口。此时，系统菜单栏上将出现【数据环境】菜单项。

2. 数据环境的常用属性

数据环境是一个对象，有自己的属性、方法和事件，单击“数据环境”窗口，属性窗口会显示“数据环境”的所有属性，常用的两个数据环境属性是 AutoOpenTables 和 AutoCloseTables，它们的默认设置都为.T.。如果用户不希望数据环境中的表或视图随表单的运行而打开，则将 AutoOpenTables 属性设置为.F.，如果用户不希望数据环境中的表或视图随表单的关闭或释放而关闭，则将 AutoCloseTables 属性设置为.F.。

3. 向数据环境添加表或视图

在数据环境设计器环境下，向数据环境添加表或视图的方法是：在系统菜单中选择【数据环境】|【添加】命令，或右击“数据环境设计器”窗口，然后在弹出的快捷菜单中选择【添加】命令，打开“添加表或视图”对话框，如图 7-11 所示。如果数据环境原来是空的，那么在打开数据环境设计器时，该对话框就会自动出现。

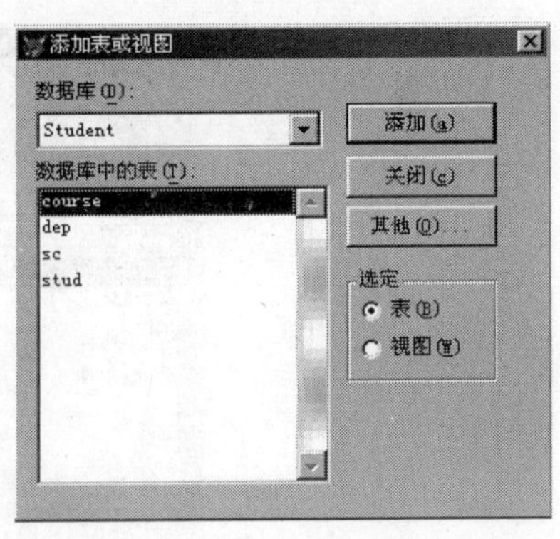

图 7-11　“添加表或视图”对话框

默认情况下，“数据库中的表”列表框中列出了当前打开的数据库中的所有表，如果要添加视图，可选中“视图”单选按钮，这时列表框中将显示当前打开的数据库中的所有视图。在列表中选择要添加的表或视图并单击“添加”按钮。如果要添加游离表，则单击“其他”按钮，将显示“打开”对话框，用户可以选择需要的表。

4. 从数据环境中移去表或视图

在“数据环境设计器”窗口中，选择要移去的表或视图，在系统菜单中选择【数据环境】|【移去】命令。也可以右击要移去的表或视图，然后在弹出的快捷菜单中选择【移去】命令。

5. 在数据环境中设置关系

如果添加到数据环境的表之间具有在数据库中设置的永久关系，这些关系也会自动添加到数据环境中。如果表之间没有永久关系，可以根据需要在数据环境设计器下为这些表设置关系。设置关系的方法为：将主表的某个字段（作为关联表达式）拖曳到子表的相匹配的索引标记上即可。如果子表上没有与主表字段相匹配的索引，也可以将主表字段拖到子表的某个字段上，这时应根据系统提示确认创建索引。

关系是数据环境中的对象，它有自己的属性、方法和事件。要设置关系属性，可以先单击表示关系的连线选定关系，然后在“属性”窗口中选择关系属性并设置。常用的关系属性有如下几种：

➢ RelationalExpr：用于指定基于主表的关联表达式。

- ParentAlias：用于指明主表的别名。
- ChildAlias：用于指明子表的别名。
- ChildOrder：用于指定与关联表达式相匹配的索引。
- OneToMany：用于指明关系是否为一对多关系，该属性默认为.F.，如果关系为“一对多关系”，该属性一定要设置为.T.。

7.3.4　快速表单

在表单设计环境下，可以调用“表单生成器”方便、快速地产生表单。调用表单生成器的方法有以下 3 种：

（1）在系统菜单中选择【表单】|【快速表单】命令。

（2）单击“表单设计器”工具栏中的“表单生成器”按钮。

（3）右击表单窗口，然后在弹出的快捷菜单中选择【生成器】命令。

采用上面任意一种方法后，系统都会打开“表单生成器”对话框，如图 7-12 所示。

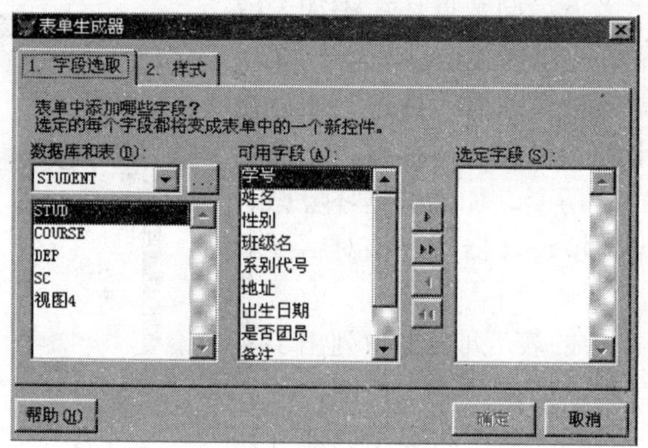

图 7-12　快速表单生成器

在对话框中，用户可以选择相关表和字段，这些字段将以控件形式被添加到表单上。在“样式”选项卡中可以为添加的字段控件选择它们在表单上的显示样式。

利用表单生成器产生的表单一般不能满足用户的需要，还需要在表单设计器中作进一步的编辑、修改和设计。

7.4　管理表单

7.4.1　表单的属性、方法和事件

1．表单常用属性

表单属性大约有 100 多个，但绝大多数很少用到。表 7-3 列出了一些常用属性。

2．表单常用方法

（1）Release 方法：将表单从内存中释放。如表单有一个命令按钮，如果希望单击该命令按钮时关闭表单，就可以在该命令按钮的 Click 事件中包含如下代码：

```
ThisForm.Release
```

表 7-3　表单常用属性

属性	描述	默认值
AlwaysOnTop	指定表单是否总是位于其他打开窗口之上	.F.
AutoCenter	居中显示	.F.
BackColor	指定表单窗口的背景颜色	255,255,255
BorderStyle	指定表单边框的风格	3
Caption	显示于表单标题栏上的文本	Form1
Closable	决定表单的右上角的关闭按钮是否有效	.T.
DataSession	指定表单中的表是在全局能访问的工作区打开（设置值为 1）还是在表单自己的工作区打开（设置值为 2）	1
MaxButton	确定表单右上角是否有最大化按钮	.T.
MixButton	确定表单右上角是否有最小化按钮	.T.
Movable	确定表单是否能移动	.T.
Scrollbars	指定表单的滚动条类型。可取值为：0（无）、1（水平）、2（垂直）、3（既水平又垂直）	0
WindowState	指定表单的状态：0（正常）1、（最小化）、2（最大化）	0
WindowType	指定表单是模式表单（设置值为 1）还是非模式表单（设置值为 0）。在一个应用程序中，如果运行了一个模式表单，那么在关闭该表单之前不能访问应用程序中的其他表单	0

表单运行时，用户单击表单右上角的关闭按钮，系统会自动执行 Relase 方法。

（2）Refresh 方法：刷新表单。

（3）Show 方法：显示表单。该方法将表单的 Visible 属性设置为.T.。

（4）Hide 方法：隐藏表单。该方法将表单的 Visible 属性设置为.F.。与 Relase 方法不同，Hide 只是把表单隐藏，但并不将表单从内存释放，之后可用 Show 方法重新显示表单。

代码中也可以通过直接设置表单的 Visible 属性为.T.或.F.来显示或隐藏表单。

3. *表单常用事件*

（1）Init 事件：在表单创建时引发，在表单对象的 Init 事件引发之前，将先引发它所包含的控件对象的 Init 事件，所以在表单对象的 Init 事件代码中能够访问它所包含的所有控件对象。在该事件中，可以为表单或表单控件设置初始属性值、定义表单的参数、变量、打开数据库和数据表等。

（2）Destroy 事件：在表单对象释放时引发。表单对象的 Destroy 事件在它所包含的控件对象的 Destroy 事件引发之前引发，所以在表单对象的 Destroy 事件代码中能够访问它所包含的所有控件对象。在该事件中，主要是释放有关变量、关闭有关数据库和表等。

（3）RightClick 事件：右击表单时引发，在该事件中可以调用快捷菜单。

7.4.2 添加新的属性和方法

1. 创建新属性

向表单添加新属性的步骤如下：

1）在系统菜单中选择【表单】|【新建属性】命令，打开“新建属性”对话框，如图 7-13 所示。

图 7-13 “新建属性”对话框

2）在“名称”框中输入属性名称。新建的属性同样会在“属性”窗口的列表框中显示出来。

3）有选择地在“说明”框中输入新建属性的说明信息。这些信息将显示在“属性”窗口的底部。

用类似的方法可以向表单添加数组属性，区别是：在“名称”框中不仅要指明数组名，还要指定数组维数。例如 myarray[5,4]。

数组属性在设计时是只读的，在“属性”窗口中以斜体显示。在运行时，可以像访问一般数组一样访问表单的数组属性，甚至可以重新设置数组维数。

4）“Access 方法程序”/“Assign 方法程序”复选框：如果选中“Access 方法程序”，将为新创建的属性创建一个相应的 Access 方法，在运行时读取该属性将自动触发 Access 方法；如果选中“Assign 方法程序”，将为新创建的属性创建一个相应的 Assign 方法，该方法中的代码在属性的值被修改时自动执行。

2. 创建新方法

在表单中添加新方法的步骤如下：

1）在系统菜单中选择【表单】|【新建方法程序】命令，打开类似图 7-13 所示的“新建方法程序”对话框。

2）在“名称”框中输入方法名。

3）有选择地在“说明”框中输入新建方法的说明信息。新建的方法同样会在“属性”窗口的列表框中显示出来，可以双击它打开“代码编辑”窗口，然后输入或修改方法的代码。

要删除用户添加的属性或方法，在系统菜单中选择【表单】|【编辑属性/方法程序】命令，打开“编辑属性/方法程序”对话框，在对话框中选择不需要的属性或方法，然后单击“移去”按钮。

7.4.3 运行表单

1. 在设计时运行表单

在设计时可采用以下方法运行表单文件：

（1）在项目管理器窗口中，选择要运行的表单，然后单击“运行”按钮。

（2）在表单设计器窗口中，在系统菜单中选择【表单】|【执行表单】命令，或单击“常用”工具栏上的“运行”按钮。

（3）在系统菜单中选择【程序】|【运行】命令，打开“运行”对话框，然后在“运行”对话框中选择要运行的表单文件，单击“运行”按钮。

（4）在命令窗口中输入命令：DO FORM <表单文件名> 。

2. 在程序中调用表单

在程序中调用表单可用下列命令：

```
DO FORM <表单文件名> [NAME <变量>][LINKED] [WITH <实参 1><,实参 2>,…] [TO <变量>]
[NOSHOW]
```

各子句或关键字的含义：

- [NAME<变量>]：如果包含 NAME 子句，系统将建立指定名字的变量，并使它指向表单对象。否则，系统将建立与表单文件名相同的变量，并使它指向表单对象。

注意：在运行时对表单或表单集的访问可采用相对引用或绝对引用，但在对表单或表单集的绝对引用中，必需使用指向表单或表单集的变量名。

如果在命令窗口执行 DO FORM 命令，系统创建的指向表单的变量为 PUBLIC 类型，之后可以用该变量访问表单对象

例如在命令窗口中输入：

```
DO FORM FORM1 NAME FRM  && 创建并显示表单 FORM1
FRM.HIDE                && 隐藏表单
FRM.release             &&释放表单
```

如果在程序中执行 DO FORM 命令，系统创建的指向表单的变量的作用范围为从创建起到程序结束。在表单对象被释放之前，变量的有效范围之内，都可以通过该变量访问该表单对象。

例如在某程序中可用下列代码访问表单：

```
DO FORM <表单 1> NAME FORM1
…
FROM1.CAPTION="测试表单" &&重新设置表单的标题
```

- [LINKED]关键字：如果包含 LINKED 关键字，表单和表单对象变量将链接起来，这时，表单对象将随指向它的变量的清除而关闭（释放），否则，即使变量已经清除（如超出作用域，用 RELEASE 命令清除），表单对象依然存在。但不管有没有 LINKED 关键字，指向表单对象的变量并不会随表单的关闭而清除。
- [TO <变量>]：用于从模式表单返回值。
- [WITH <参数列表>]：用于向表单传递参数。
- [NOSHOW]：如果包含 NOSHOW 关键字，表单运行时将不显示，直到将表单的 Visible 属性设置为.T.，或者调用表单的 Show 方法。

7.4.4　表单与其他程序模块间的通信

1. 将参数传递到表单

如果要将参数传递到表单，可按如下操作：

（1）在表单的 init 事件中，用 PARAMETERS 定义形参：

```
PARAMETERS param1,param2
```

（2）在表单的 init 事件中可以直接访问参数，如果在表单的其他方法或事件中需要使用该参数，必须在表单的 init 事件中将参数保存到表单的属性或变量中。

（3）运行表单时，使用带 WITH 子句的 DO FORM 命令，系统会将 WITH 子句的实参值传递到 INIT 事件代码的 PARAMETERS 子句中的各形参。

2. 从表单返回值

只有模式表单可从返回值。要从表单返回值可按如下操作：

（1）将表单的 WINDOWTYPE 属性设置为 1，使表单成为模式表单，

（2）在表单的 Unload 事件中代码中，包含一个带返回值的 RETURN 命令。

（3）运行表单时，在 DO FORM 命令中包含 TO 关键字。

3. 直接访问表单对象

表单运行后，在其释放前可通过指向表单的变量访问表单对象及表单中的所有控件对象。

7.4.5 使用表单集扩充表单

可以将多个表单包含在一个表单集中，作为一组处理。表单集有以下优点：

- 可同时显示或隐藏表单集中的全部表单。
- 可以可视地调整多个表单以控制它们的相对位置。
- 因为表单集中所有表单都是在单个.SCX 文件中用单独的数据环境定义的，可以自动地同步改变多个表单中的记录指针，如果在一个表单的父表中改变记录指针，另一个表单中的子表记录指针则被更新。

1. 创建表单集

表单集是一个包含有一个或多个表单的容器。可在“表单设计器”中创建表单集，若要创建表单集，在系统菜单中选择【表单】|【创建表单集】命令。如果不需要将多个表单处理为表单组，则不必创建表单集。

2. 添加和删除表单

创建了表单集以后，可添加表单或删除表单。若要向表单集添加表单，可在系统菜单中选择【表单】|【添加新表单】命令。若要从表单集中删除表单，方法如下：

1）在“属性”窗口的对象列表框中，选择要删除的表单。

2）在系统菜单中选择【表单】|【移除表单】命令。

如果表单集只有一个表单，可删除表单集而只剩下表单，方法：在系统菜单中选择【表单】|【移除表单集】命令。

7.5 常用表单控件

7.5.1 常用控件的公共属性

Name：控件的名称，它是代码中访问控件的标识（表单或表单集除外）。

Fontname：字体名。

Fontbold：字体样式为粗体。

Fontsize：字体大小。

Fontitalic：字体样式为斜体。

Forecolor：前景色。

Height：控件的高度

Width：控件的宽度。

控件的高度和控件的宽度，也可在设计时通过鼠标拖曳进行可视化调整。

Visible：控件是否显示。

Enable：控件运行时是否有效。如果为.T.，则表示控件有效，否则运行时控件不可使用。

7.5.2　标签（Label）控件

1. 标签控件的功能

标签主要用于显示固定的文本信息。

2. 标签控件常用属性

Caption：指定标签的显示文本。可以在设计时设置，也可以在程序运行时设置或修改。

Autosise：Autosise 如果为真，标签在表单中的大小由 Caption 属性中的文本长度决定，否则其大小由 Width 和 Height 属性决定。

Forecolor：设置标题的字体颜色。

Backstyle：设置标签的背景是否透明：0 透明、1 不透明，默认为不透明。

Name ：标签对象的名称，是程序中访问标签对象的标识。

7.5.3　文本框（TextBox）控件

1. 文本框控件的功能

（1）用于显示或接收单行文本信息（不设置 ControlSource 属性），默认输入类型为字符型，最大长度为 256 个字符。

（2）用于显示或编辑对应变量或字段的值（设置 ControlSource 属性为已有变量或字段名）。

2. 文本框控件常用属性

ControlSource：设置文本框的数据来源。一般情况下，可以利用该属性为文本框指定一个字段或内存变量。

Value：保存文本框的当前内容，如果没有为 ControlSource 属性指定数据源，可以通过该属性访问文本框的内容。它的初值决定文本框中值的类型。如果为 ControlSource 属性指定了数据源，该属性值与 ControlSource 属性指定的变量或字段的值相同。

PassWordChar：设置输入口令时显示的字符。

InputMask：设置文本框中输入值的格式和范围，InputMask 属性值是一个字符串。该字符串通常由一些所谓的模式符组成，每个模式符规定了相应位置上的数据的输入和显示行为。InputMask 属性值中也可以包含其他字符，这些字符在文本框内将会原样显示。模式符的功能如表 7-4 所示。

Readonly：确定文本框是否为只读，为.T.时，文本框的值不可修改。

表 7-4 模式符的功能

模式符	功能
X	任何字符
9	数字和正负号
#	数字、空格和正负号
$	在固定位置上显示当前货币符号（由 SET CURRENCY 命令指定）
$$	在数值前面相邻的位置上显示当前货币符号（浮动货币符）
*	在数值的左边显示星号*
.	指定小数点的位置
,	分隔小数点左边的数字串

7.5.4 命令按钮（CommandButton）控件

1. 命令按钮控件功能

命令按钮典型地用来启动某个事件代码、完成特定功能，如关闭表单、移动记录指针、打印报表等。

2. 命令按钮控件常用属性

Default：命令按钮的 Default 属性默认值为.F.，如果该属性设置为.T.，在该按钮所在的表单激活的情况下，按 Enter 键，可以激活该按钮，并执行该按钮的 Click 事件代码。一个表单只能有一个按钮的 Default 属性为真。

Cancel：命令按钮的 Cancel 属性默认值为.F.，如果设置为.T.，在该按钮所在的表单激活的情况下，按 Esc 键可以激活该按钮，并执行该按钮的 Click 事件代码。一个表单只能有一个按钮的 Cancel 属性为真。

Caption：设置按钮的标题。

Enable：确定按钮是否有效，如果按钮的属性 Enable 为.F.，单击该按钮不会引发该按钮的单击事件。

对命令按钮的使用最重要的是编写 Click 事件代码。

【例 7-4】创建一个如图 7-14 所示的“登录”表单，并将表单保存为 FORM2。

操作方法如下：

1）打开“项目 1”，选择“文档”选项卡，选择表单，然后单击“新建”按钮。

2）调整窗口的大小并设置如下属性：

CAPTION：登录。

WINDOWTYPE：1-模式。

AUTOCENTER：.T.-真。

MaxButton：.F.-假。

MinButton：.F.-假。

Closable：.F.-假。

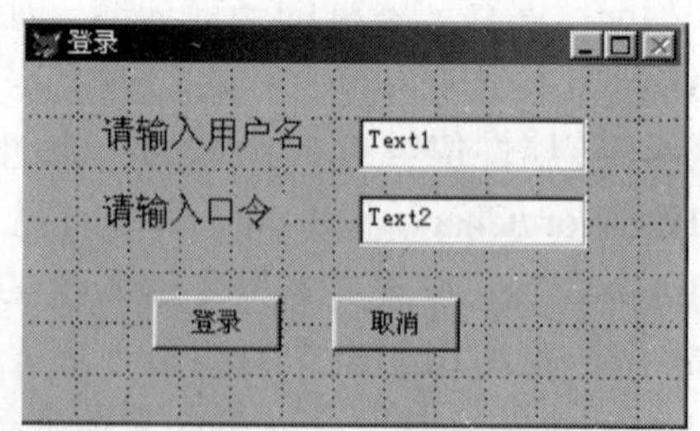

图 7-14 “登录”表单

其他属性取默认值。

3）添加两个标签，并分别设置下列属性：

CAPTION 分别为：请输入用户名、请输入口令。

FONTSIZE：12。

FONTBOLD：.T.-真。

FONTNAME：宋体。

其他属性取默认值

4）添加两个文本框，所有属性取默认值。

5）添加两个命令按钮，并分别设置 CAPTION 属性为：登录、取消。

6）编写事件代码：双击“登录”按钮或选择“登录”按钮后，在“属性”窗口中双击 CLICK EVENT 属性，系统会打开代码编写器，在代码编写器窗口输入如下代码：本例假设应用系统只能用用户名 USER1 和密码 123456 登录。

```
if thisform.text1.value="user1" and thisform.text2.value="123456"
do form mainform        && mainform 是应用系统的主表单
form2.release
else
messagebox("密码或用户名错误",0,"提示")      && messagebox 是系统提供的显示消息的函数，各参数的含义请参阅帮助
endif
```

在“取消”按钮的单击事件中输入如下代码：

```
nAnswer=messagebox("你决定退出系统吗？",4,"提示")
DO CASE
   CASE nAnswer = 6
     thisform.release
   CASE nAnswer = 7
messagebox("请输入用户名和密码",0,"提示")
   ENDCASE
```

7）保存表单：在系统菜单中选择【文件】|【保存】命令，或按 Ctrl+W 键。

7.5.5　命令按钮组（CommandGroup）控件

1. 命令按钮组控件功能

命令按钮组是包含一组命令按钮的容器控件，用户可以单个或作为一组来操作其中的按钮。在表单设计器中，为了选择命令按钮组中的某个按钮，以便为其单独设置属性、方法或事件，可采用下列两种方法：

- 从属性窗口的对象下拉列表中选择所需要的命令按钮。
- 右击命令组，然后从弹出的快捷菜单中选择【编辑】命令，这样命令按钮组就进入了编辑状态，用户可以通过单击来选择某个具体的命令按钮。要退出编辑状态可以单击其他控件或表单。该方法适合所有除表单外的容器控件，如选项组、表格、页框等。

2. 命令按钮组控件常用属性

Buttoncount：命令按钮组中命令按钮的数目。

Value：默认情况下，命令按钮组中的各个按钮被自动赋予了一个编号，如 1、2、3 等，当运行表单时，一旦用户单击某个按钮，则 Value 将保存该按钮的编号，于是在程序中通过检测 Value 的值，就可以为相应的按钮编写特定的程序代码。如果在设计时，给 Value 赋予一个字符型数据，当运行表单时，一旦用户单击某个按钮，则 Value 将保存该按钮的 Caption 属性值。

Buttons：用于存取命令按钮组中每个命令按钮的数组，代码中可以通过该数组访问命令按钮组中的各个按钮，例如下列代码将修改命令按钮组中第 3 个按钮的标题：

```
thisForm.commandgroup1.buttons[3].caption="CANCEL"
```

3. 创建命令按钮组

单击“控件”工具栏的命令按钮组，再在表单中单击，就会创建一个具有默认属性、只有两个垂直排列的命令按钮。右击该命令按钮组，在快捷菜单中选择【生成器】命令，打开“生成器”对话框，在“生成器”对话框中有“按钮”和“布局”两个选项卡，如图 7-15 和图 7-16 所示。

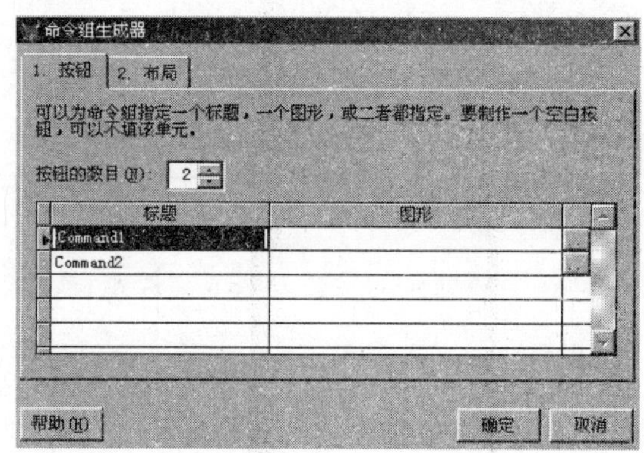

图 7-15 命令组生成器——“按钮”选项卡

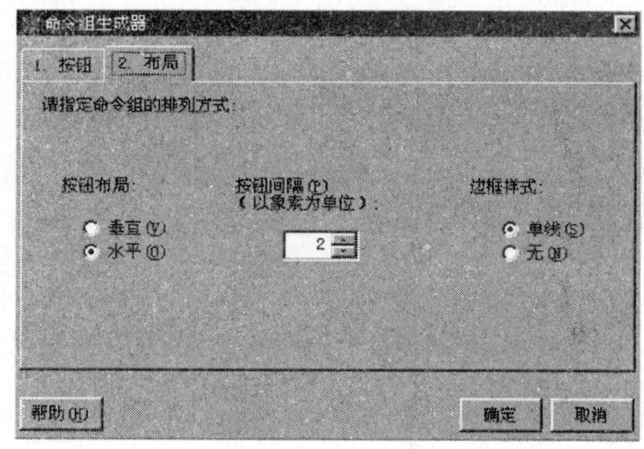

图 7-16 命令组生成器——“布局”选项卡

在“按钮”选项卡中，可以指定命令按钮的数目；在标题栏中可以为每个按钮指定标题（相当于指定每个按钮的 CAPTION 属性）；也可以为每个按钮指定一个显示图形：在图形栏中，用户可以输入一个图形文件的路径和文件名，或单击右侧的“...”按钮，在“打开图片”对话框中选择一个图形文件，该图片将与标题一起显示。

在“布局”选项卡中，用户可以指定按钮的排列方向、按钮间的间隔及边框样式。

7.5.6 编辑框（EditBox）控件

1. 编辑框控件的功能

用于显示或编辑多行文本信息。编辑框实际上是一个完整的简单字处理器，在编辑框中能够选择、剪切、粘贴、复制正文；可以实现自动换行；能够有自己的垂直滚动条。

2. 编辑框常用属性

ControlSource：设置编辑框的数据源，一般为数据表的备注字段。

Value：保存编辑框中的内容，可以通过该属性来访问编辑框中的内容。

SelText：返回用户在编辑区内选定的文本，如果没有选定任何文本，则返回空串。

SelLength：返回用户在文本输入区中所选定字符的数目。

Readonly：确定用户是否能修改编辑框中的内容。

Scroolbars：指定编辑框是否具有滚动条，当属性值为 0 时，编辑框没有滚动条，当属性值为 2（默认值）时，编辑框包含垂直滚动条。

7.5.7　复选框（CheckBox）控件

1. 复选框的功能

用于标识一个两值状态，如真（.T.）或假（.F.）。当处于“真”状态时，复选框内显示一个对勾，当处于“假”状态时复选框内为空白。

2. 复选框常用属性

Caption：用来指定显示在复选框旁边的文字。

Value：用来指明复选框的当前状态。复选框的 Value 属性值的设置有 3 种情况，如表 7-5 所示。

表 7-5　复选框的 Value 属性

属性值	说明
0 或.F.	（默认值），未被选中
1 或.T.	被选中
>=2 或 null	不确定，只在代码中有效

ControlSource 属性：用于指定复选框的数据源。作为数据源的字段变量或内存变量，其类型可以是逻辑型或数值型。对于逻辑变量，值.F.、.T.和 Null 分别对应复选框未被选中、被选中和不确定，对于数值型变量，值 0、1、>=2（或 Null）分别对应复选框未被选中、被选中和不确定。用户对复选框的操作结果会自动存储到数据源变量以及 Value 属性中。

复选框的不确定状态与不可选状态（Enabled 属性值为.F.）不同，不确定状态只表明复选框的当前状态值不属于两个正常状态值中的一个，但用户仍能对其进行操作，而不可选状态则表明用户现在不能对它作出某种选择。在屏幕上，不确定状态复选框以灰色显示，标题文字正常显示。而不可选状态复选框标题文字的显示颜色由 DisabledBackColor 和 Disabled ForeColor 属性值决定，默认是浅灰色。

7.5.8　选项组（OptionGroup）控件

1. 选项组控件的功能

选项组又称为选项按钮组，是包含选项按钮的一种容器。一个选项组中往往包含若干个选项按钮，但用户只能从中选择一个按钮。当用户单击某个选项按钮时，该按钮即成为被选中状态，而选项组中的其他选项按钮，不管原来是什么状态，都变为未选中状态，被选中的选项按钮中会显示一个圆点。

2. 选项组常用属性

ButtonCount：指定选项组中选项按钮的数目。在表单中创建一个选项组时，ButtonCount 属性的默认值是 2，即包含两个选项按钮。可以通过改变 ButtonGroup 属性的值来重新设置选项组包含的选项按钮数目。

Value：用于指定选项组中哪个选项按钮被选中。该属性值的类型可以是数值型的，也可以是字符型的，若为数值型值 N，则表示选项组中第 N 个选项按钮被选中；若为字符型值 C，则表示选项组中 Caption 属性值为 C 的选项按钮被选中。程序中可以通过检测 Value 的值来判断用户选择了哪个选项按钮。

ControlSource：指定选项组数据源。作为选项组数据源的字段变量或内存变量，其类型可以是数值型或字符型，例如，字段变量或内存变量值为 2（数值型），则选项组中第 2 个按钮被选中，若字段变量或内存变量值为 Option2（字符型），则 Caption 属性值为 Option2 的按钮被选中。用户对选项组的操作结果会自动存储到数据源变量以及 Value 属性中。

Buttons：用于存取选项组中每个选项的数组。用户可以利用该属性为选项组中的按钮设置属性或调用其方法。例如，下面这行代码可以放在与选项组 Optiongroup1 处于同一表单中的某个对象的方法或事件代码中，为选项组的第 2 个按钮设置 Caption 属性：

```
thisForm.Optiongroup1.buttons[2].caption="选项 2"
```

相当于：

```
thisForm.Optiongroup1.option2.caption="选项 2"
```

3. 创建选项组

单击“控件”工具栏的“选项组”按钮，再在表单中单击，就会创建一个具有默认属性、只有两个垂直排列的选项按钮。右击该选项组，在快捷菜单中选择【生成器】命令，打开“生成器”对话框，在“生成器”对话框中有“按钮”、“布局”和“值”3 个选项卡，其中“按钮”和“布局”选项卡内容和操作与命令按钮组生成器类似，读者可参照图 7-15 和图 7-16 所示，“值”选项卡用于设置选项组对应的数据源字段。

【例 7-5】命令按钮组、选项组、复选框、编辑框应用示例，按如图 7-17 设计一个表单，要求：用户单击“确定”按钮时，在编辑框中显示用户对选项组和复选框的选择。并将表单保存为 FORM3。

图 7-17 命令按钮组、选项组、复选框、编辑框应用示例

操作方法如下：

1）打开“项目 1”，选择“文档”选项卡，选择表单，然后单击“新建”按钮。

2）调整窗口的大小并设置如下属性：

CAPTION：控件应用示例。

AUTOCENTER：.T.-真其他属性取默认值。

3）添加二个标签并分别设置下列属性：

CAPTION 分别为：“请选择你所在城市”、“你的爱好”。

FONTSIZE：12；FONTBOLD：真。

FONTNAME：宋体。其他属性取默认值。

4）添加一个编辑框，并调适当整大小，所有属性取默认值。

5）添加一个命令按钮组，打开命令按钮组生成器，设置如下属性：

“标题”分别为：确定、退出。按钮数目：2。

按钮布局：水平。

6）添加一个选项组，打开选项组生成器，设置如下属性：

“标题”为：如图 7-17 所示。

按钮数目：4。

按钮布局：水平。

7）添加 3 个复选框，设置相应 CAPTION 属性。

8）编写事件代码。

选择命令按钮组，在“属性”窗口中双击 CLICK EVENT 属性，系统会打开代码编写器，在代码编写器窗口为 CLICK EVENT 事件输入如下代码：

```
if thisform.commandgroup1.value=2
thisform.release
else
cstr="你所在城市"+chr(13);
+thisform.optiongroup1.buttons[thisform.optiongroup1.value].caption+chr(13)
cstr=cstr+"你的爱好"+chr(13)
if thisform.check1.value=1
cstr=cstr+thisform.check1.caption
endif
if thisform.check2.value=1
cstr=cstr+thisform.check2.caption
endif
if thisform.check3.value=1
cstr=cstr+thisform.check3.caption
endif
thisform.edit1.value=cstr
endif
```

9）保存表单：在系统菜单中选择【文件】|【保存】命令，或按 Ctrl+W 键。

7.5.9　列表框（ListBox）控件

1. 列表框控件的功能

列表框提供一组条目（数据项），用户可以从中选择一个或多个条目，一般情况下，列表框显示其中的若干条目，用户可以通过滚动条浏览其他条目。

2. 列表框常用属性

RowSourceType 属性与 RowSource 属性：RowSourceType 属性指明列表框数据源的类型，RowSource 属性指定列表框的数据源。两者常用的搭配如表 7-6 所示。

List 属性：用以存取列表框中数据条目的字符串数组。例如，LIST[1]代表列表框中的第一行（第一个数据项）。

表 7-6 RowSourceType 与 RowSource 属性的常用搭配

RowSourceType 属性值	RowSource 属性
0-无 在程序运行时，通过 AddItem 方法添加列表框条目，通过 RemoveItem 方法移去列表框条目	无
1-值 列出在 RowSource 属性中指定所有数据项	可以是用逗号隔开的若干数据项的集合，例如，在设计时，在本属性框中输入：北京、上海、长沙、武汉
5-数组 列出数组的所有元素	使用一个已定义的数组名
6-字段 列出一个字段的所有值	字段名
7-文件 列出指定目录的文件清单	磁盘驱动器或文件目录
8-结构 列出数据表的结构	表名

ListCount 属性：列表框中数据条目的数目。该属性在设计时不可用，在运行时只读。在程序中可以通过 ListCount 属性和 List 属性遍历每个数据项。例如：

```
FOR I=1 TO LISTCOUNT
  ? LIST[I]
ENDIF
```

ColumnCount 属性：指定列表框的列数。如果 ColumnCount=2，RowSourceType=1，则 RowSource 中的数据项按先行后列顺序显示。如果 ColumnCount=2，RowSourceType=6（字段），RowSource 属性可以输入两个字段，字段名间用逗号隔开，显示时每个字段占一列。

Value 属性：返回列表框中被选中的条目。该属性可以是数值型，也可以是字符型。若为数值型，返回的是被选条目在列表框中的次序号；若为字符型，返回的是被选条目本身的内容，如果列表框不止一列，则返回由 BoundColumn 属性指明的列上的数据项。

ControlSource 属性：该属性在列表框中的用法与在其他控件中的用法有所不同，在这里，用户可以通过该属性指定一个字段或变量用以保存用户从列表框中选择的结果。

Selected 属性：该属性是一个逻辑型数组，第 N 个数组元素代表第 N 个数据项是否为选定状态。该属性在设计时不可用，在运行时可读写。除了列表框，还适用于组合框。例如下面代码用以判断第 3 个条目是否被选中：

```
IF ThisForm.List1.Selected[3]
   Wait window "第 3 项选中"
Else
    Wait window  "第 3 项未选中"
Endif
```

MultiSelect 属性：指定用户能否在列表框控件内进行多重选定。该属性的设置情况如表 7-7 所示，该属性在设计时可用，在运行时可读写，仅适用于列表框。

如果 MultiSelect 属性为 1 或.T.，判定某个数据项是否被选定，不能使用 Value 属性，而应使用 Selected 属性遍历整个列表。

表 7-7　MultiSelect 属性

属性值	说明
0 或.F.	默认值，不能多重选择
1 或.T.	允许多重选择。为选择多个条目，按住 Ctrl 键并单击条目

3. 列表框的创建

单击“控件”工具栏中的“列表框”按钮，再在表单中单击。为了简化属性设置操作，用户可右击列表框，在快捷菜单中选择【生成器】命令，打开“生成器”对话框，在“生成器”对话框中有“列表项”、“样式”、“布局”和“值”4 个选项卡，如图 7-18 所示。

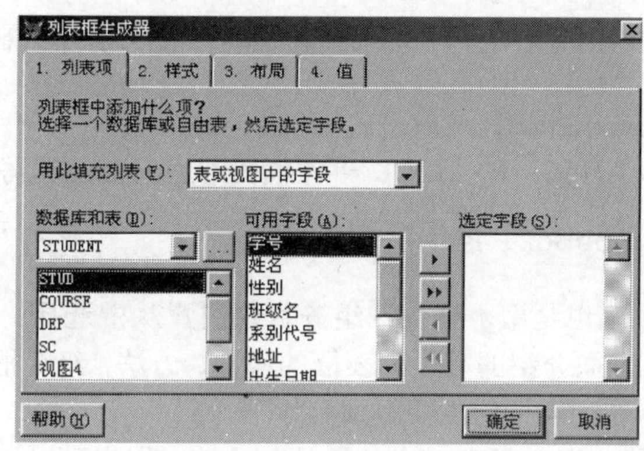

图 7-18　列表框生成器

在“列表项”选项卡中，用户可以确定列表框中显示数据项的类型和来源。在“用此填充列表”下拉列表中有 3 个选项，其中“表或视图中的字段”表示将表或视图的字段作为列表中数据项，如果选择此项，用户可从“数据库和表”列表框中选择一个表，并从“可用字段列表”中选择作为列表项的字段，单击向左的箭头按钮，加入到“选定字段”列表。用户可以选择多个字段，如果选择多个字段，列表框自动多列显示。“样式”选项卡中用户可以定义列表框显示的格式和显示的行数。“布局”选项卡可以调整列表框的列宽和行高。“值”选项卡用于指定一个字段或变量用以保存用户从列表框中选择的结果。

【例 7-6】列表框的应用：按图 7-19 设计一个表单。要求表单运行时，LIST1 列表框显示 STUD 表的所有字段，单击左箭头按钮时，LIST1 中选择的字段加入到 LIST2 中。

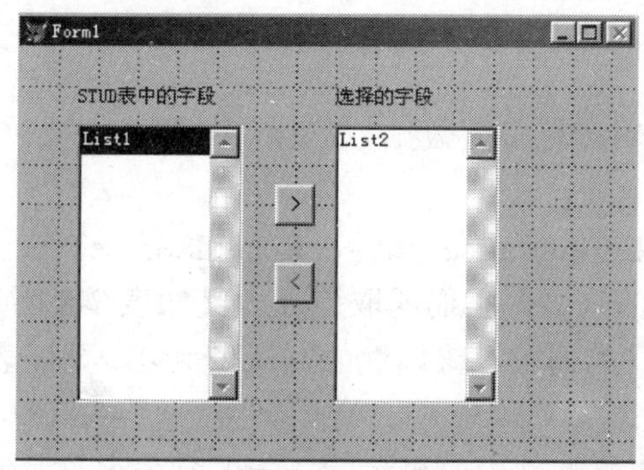

图 7-19　列表框的应用

操作步骤如下：

1）按图 7-19 所示在表单中加入 2 个列表框、2 个标签、2 个命令按钮。

2）在表单的 init 事件中加入如下代码：

```
thisform.list1.value=0        &&初始化列表框的 value 属性
thisform.list2.value=0
open database student
use stud
for i=1 to fcount()
thisform.list1.additem(fields(i))
next
close database
```

3）在左箭头按钮（COMMAND1）的 CLICK 事件中加入如下代码：

```
thisform.list2.addlistitem(thisform.list1.list[thisform.list1.value])
thisform.list1.removeitem[thisform.list1.value]
```

右箭头按钮（COMMAND2）的 CLICK 事件代码请用户自己编写。

7.5.10　组合框（comboBox）控件

组合框与列表框类似，也是用于提供一组条目供用户从中选择。组合框相当于一个列表框和一个文本框的组合。上面介绍的有关列表框的属性、方法，组合框同样具有，并且具有相似的含义和用法。组合框和列表框的主要区别有如下 3 点：

（1）对于组合框来说，通常只有一个条目是可见的。用户可以单击组合框上的下拉箭头按钮打开条目列表，以便从中选择。

（2）组合框不提供多重选择的功能，没有 MultiSelect 属性。

（3）组合框有两种形式：下拉组合框（Style 属性为 0）和下拉列表框（Style 属性为 2）。对下拉组合框，用户既可以从列表中选择，也可以在编辑区输入；对下拉列表框，用户只可从列表中选择。

7.5.11　表格（Grid）控件

表格是一种容器对象，其外观与 Browse 窗口相似，按行和列的形式显示数据。一个表格对象由若干列对象（column）组成，每个列对象包含一个标头对象（Header）和若干控件。这里，表格、列、标头和控件都有自己的属性、事件和方法，这使得用户对表格的控制变得更加灵活。

1. 表格控件的功能

表格控件用于浏览或编辑多行多列数据。

2. 表格控件常用属性

RecordSourceType 和 RecordSource 属性：RecordSourceType 指明表格数据源的类型，RecordSource 属性指定数据的来源，它们的取值及含义如表 7-8 所示。

ColumnCount：指定表格的列数。该属性的默认值为-1，此时表格的列数等于数据源中的字段数。

LinkMaster：用于指定表格控件中所显示的子表的父表名称。使用该属性在父表和表格中显示子表之间建立一对多的关联关系。要在两个表之间建立这种一对多关系。除了要设置该属性，还要用到 ChildOrder 和 RelationalRxpr 属性。

表 7-8　RecordSourceType 与 RecordSource 属性的取值及含义

RecordSourceType 属性值	RecordSource 属性
0-表 数据来源由 RecordSource 属性指定的表，该表能被自动打开	表名
1-别名 数据来源于已打开的表	表的别名
2-提示 运行时，由用户根据提示选择表格数据源	
3-查询 数据来源于查询	查询文件名
4-SQL 语句 数据来源于 SQL 语句	SQL 语句

ChildOrader：指定子表的索引。

RelationalExpr：确定基于主表字段的关联表达式，当主表中的记录指针移至新的位置时，系统首先会计算出关联表达式的结果，然后再从子表中找出在索引表达式上的取值与该结果相匹配的所有记录，并将它们显示在表格中。

AllowAddNew：为真，运行时允许添加新记录，否则不能添加新记录。

AllowRowSizing：为真，运行时用户可以改变行高。

AllowHeaderSizing：为真，运行时用户可以改变列宽。

3. 常用的列属性

每个列都是一个对象，有它自己的属性、方法和事件，设计时要设置列对象的属性，首先得选择列对象，选择列对象的方法有两种：一种是从属性窗口的对象列表中选择相应列；另一种是右击表格，在弹出的快捷菜单中选择【编辑】命令，这时表格进入编辑状态（表格的周围有一个粗框），用户可单击选择列对象。

ControlSource：指定在列中显示的数据源，常见的是表中的一个字段。如果所有列都不设置该属性，将按表格数据源中的字段顺序显示。

CurrentControl：指定列对象中显示和接收数据的控件，缺省为 TextBox。用户可以根据需要往列对象中添加所需要的控件，并将 CurrentControl 属性设置为其中的某个控件。例如，可以用复选框来显示和接收逻辑型字段的数据。向列对象中添加控件方法如下：

1）让表格处于编辑状态下。

2）从“表单控件”工具栏中选择所需要控件，然后单击表格中需要添加该控件的列，新添加的控件可以在属性窗口的对象框列表中看到。如果添加的控件是复选框，通常将复选框的 Caption 属性设置为空串。

Sparse：用于确定 CurrentControl 属性影响列中的所有单元格还是只影响活动单元格。如果该属性值为真，只有列中的活动单元格使用 CurrentControl 属性指定的控件显示和接收数据，其他单元格仍使用缺省的 TextBox。否则，列中所有的单元格都使用 CurrentControl 属性指定的控件显示数据。

4. 常用的标头（Header）属性

列标头也是一个对象，有它自己的属性、方法和事件，设计时要设置标头对象的属性，首先得选择标头对象，选择标头对象的方法与选择列对象的方法类似。

Caption 属性：指定标头对象的标题文本，显示于列顶部。默认为对应字段的字段名。

Alignment 属性：指定标题文本在对象中显示的对齐方式。

5. 调整表格的行高和列宽

一旦指定了表格的列的具体数目，就可以有两种方法来调整表格的行高和列宽：

（1）设置表格的 HeaderHeight 和 RowHeight 属性调整行高；设置列对象的 Width 属性调整列宽。

（2）让表格处于编辑状态下，将鼠标指针置于表格两列的标头之间，这时，鼠标指针变为水平双箭头的形状，拖动鼠标，调整列至所需要的宽度；将鼠标置于表格左侧的第一个按钮和第二个按钮之间，这时，鼠标指针变成垂直双箭头的形状，拖动鼠标，调整行至所需要的高度。

6. 使用表格生成器设计表格

通过表格生成器能够交互式地快速设置表格的有关属性，创建所需要的表格。右击表格，在弹出的快捷菜单中选择【生成器】命令，打开“表格生成器”对话框，如图 7-20 所示。

“表格生成器”对话框包括 4 个选项卡，其作用大致如下：

- “表格项”选项卡：用于设置表格内显示的字段。
- “样式”选项卡：指定表格的样式，如标准型、专业型、账务型等。
- “布局”选项卡：调整行高和列宽、设置列标题、选择控件类型。
- “关系”选项卡：设置一个一对多关系，指明父表中的关键字段与子表中的相关索引。

在对话框中设置有关选项参数后单击“确定”按钮，关闭对话框返回时，系统就会根据指定的选项参数设置表格的有关属性。

【例 7-7】设计如图 7-21 所示的表单，要求按系浏览学生信息。

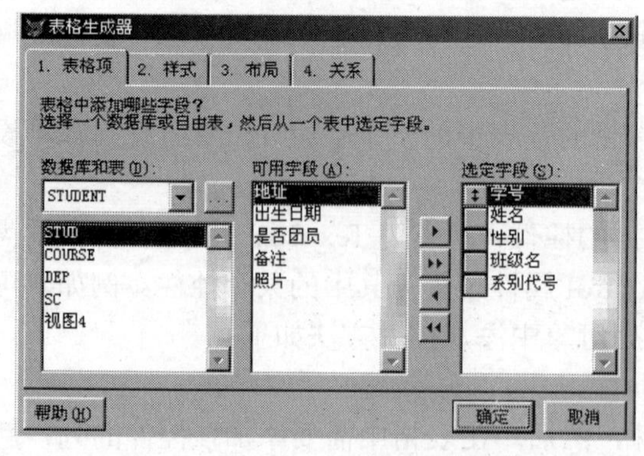

图 7-20　“表格生成器”对话框

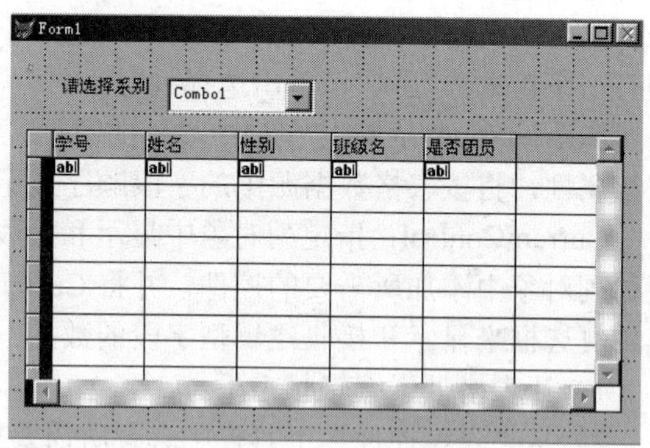

图 7-21　表格的应用

1）设计数据环境：把系别表（DEP）和学生信息表（STUD）加入数据环境，并在系别代号之间建立关系。

2）打开表格生成器，在“表格项”选项卡中设置要显示的字段，在“关系”选项卡中设置“父表中的关键字段”为：DEP.代号，“子表中的相关索引”为：系别代号。

3）组合框属性设置：RecordSourceType：6_字段；RowSource：DEP.系别。

4）表格属性设置：LINKMASTR：DEP；CHILDORDER：系别代号。

运行表单时，在列表框中选择一个系，表格中就只显示该系的学生信息。

7.5.12　页框控件

页框是包含页面（Page）对象的容器对象，页面本身也是一种容器，其中可以包含所需要的控件，图 7-20 所示的“表格生成器”对话框就是一个使用页框控件的典型例子。

利用页框控件可以扩充表单的使用空间，页框中每个页面都可以像设计表单一样添加各类控件。

注意：在添加控件前，一定要使页框控件处于编辑状态，否则，控件将会被添加到表单而不是页框的当前页面中，即使看上去好像在页面中。

1. 页框控件常用属性

PageCount 属性：指定一个页框对象所包含的页对象的数量，其取值范围为 0～99。

Pages 属性：该属性是一个数组，用于存取页框中的某个页对象。该属性仅在运行时可用。例如运行时可用下列代码访问第 2 个页面：

```
Thisform.pageframe1.pages(2).caption="第 2 页"
```

Tabs 属性：指定页框中是否显示页面标签栏，如果属性值为.T.（默认值），则页框中包含页面标签栏。

TabStretch 属性：如果页面标题文本太长或页面太多，标签栏无法在指定宽度的页框内显示出来，可以通过 TabStretch 属性指定其显示方式：0 表示多行显示；1 表示单行显示，单行显示时，标签可能只显示部分文本。该属性仅在 Tabs 属性值为真时有效。

ActivePage 属性：返回页框中活动页的页号，或使页框中的指定页成为活动的。运行时可通过该属性访问当前活动页。

2. 页对象常用属性

CAPTION：页标题，即页标签。

PAGEORDER：页顺序号。

在设计时设置页对象属性必须先选择页对象。

7.5.13　控件操作与布局

1. 控件的基本操作

在表单设计器环境下，经常需要对表单上的控件进行移动、改变大小、复制、删除等操作。

（1）选定控件。

单击控件可以选定该控件，被选定的控件四周出现 8 个控点。也可以同时选定多个控件，如果是相邻的多个控件，只需在“表单控件”工具栏上的“选定对象”按钮按下的情况下，拖动鼠标使出现的框围住要选的控件即可；如果要选定不相邻的多个控件，可以在按住 Shift 键的同时，依次单击各控件。

（2）移动控件。

先选定控件，然后用鼠标将控件拖到需要的位置上。也可用方向键对控件进行移动。

（3）调整控件大小。

选定控件，然后拖动控件四周的某个控点可以改变控件的宽度和高度。也可以在按住 Shift 键的同时，用方向键对控件大小进行微调。

（4）复制控件。

先选定控件，选择【编辑】|【复制】命令，然后选择【编辑】|【粘贴】命令，最后将复制产生的新控件拖动到需要的位置。

（5）删除控件。

选定不需要的控件，然后按 Delete 键或选择【编辑】|【剪切】命令。

2. 控件布局

利用“布局”工具栏中的按钮，可以方便地调整表单窗口中被选中控件的相对大小或位置。“布局”工具栏可以通过单击“表单设计器”工具栏上的“布局”按钮或选择【显示】|【布局工具栏】命令打开或关闭。

7.6 自定义类的创建与使用

7.6.1 将表单和控件保存为类

可以将表单或表单上的控件子集保存为类定义。如果要创建基于表单的子类，可将表单作为类定义来保存，若要将表单或选定的控件保存为类定义，可按如下操作：

1）选择【文件】|【另存为类】命令，打开如图 7-22 所示的“另存为类”对话框。

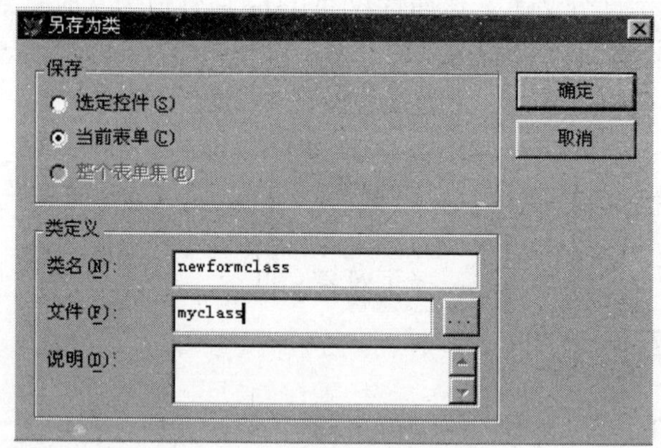

图 7-22 “另存为”类对话框

2）在“另存为类”对话框中选择“当前表单”或“选定控件”。在“类名”框中输入类的名称，在“文件”框中输入保存类的文件名（类库名），单击“确定”按钮。

7.6.2 用类设计器创建类

用表单创建类有很多不足，例如不能为除表单之外的控件添加属性和方法。Visual FoxPro 为用户提供了一个完善的可视化的创建新类的有力工具——类设计器，利用它可以方便快捷地创建任意子类。

1. *启动类设计器*

可以在系统菜单中选择【文件】|【新建】命令，在“新建”对话框中选择“类”，将打开“新建类”对话框，如图 7-23 所示。

也可以用项目管理器创建新类，在项目管理器中启动类设计器的方法为：进入项目管理器，选择“类”选项卡，单击“新建”按钮，出现如图 7-23 所示的“新建类”对话框。

“新建类”对话框的操作方法如下：

1）在“类名”文本框中输入自定义类名，如 newclass。

2）在“派生于”组合框中输入父类的名字。如果父类是基类，可以在下拉列表框中指定。父类可以是容器类，也可以是非容器类。

3）在“存储于” 文本框中输入已有的或新建的类库名，如 Myclass。

4）单击“确定”按钮，则出现“类设计器”窗口，如图 7-24 所示。

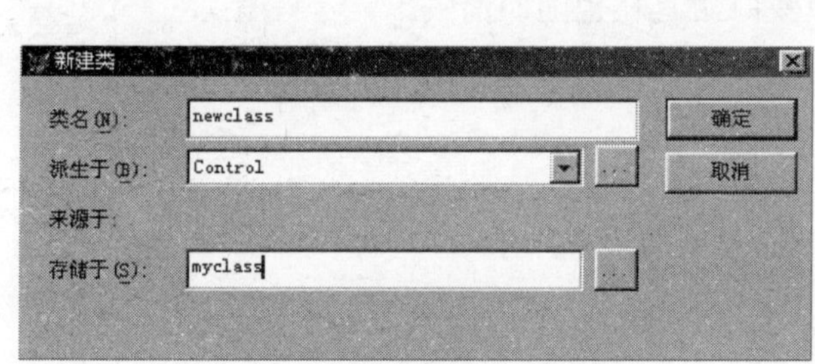

图 7-23　“新建类”对话框

图 7-24　“类设计器”窗口

2. *在类设计器中设计类*

“类设计器”窗口类似于“表单设计器”窗口，也有“表单设计器”工具栏、“表单控件”工具栏、“属性”窗口，而且所有的操作方式与表单的相应操作完全相同。下面通过一个实例介绍类的设计。

【例 7-8】创建工具栏子类。

首先规划工具栏需要哪些对象，假如需要 3 个命令按钮和一个组合框。操作步骤如下：

1）进入项目管理器，在“类”选项卡中单击“新建”按钮。在“新建类”对话框中输入类名 MyTool，在“派生于”组合框中选择基类 ToolBar，并保存在自定义类库 MyClass 中。

2）在“类设计器”中，从“控件”工具栏中把 3 个命令按钮和一个组合框添加到“类设计器”窗口中，并在控件之间插入“分隔符”控件，如图 7-25 所示。

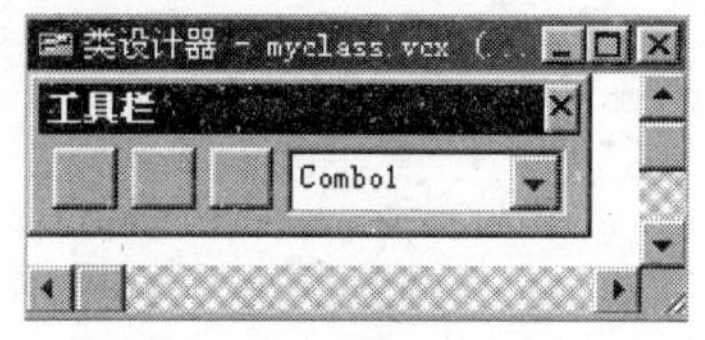

图 7-25　工具栏设计窗口

3）设置工具栏 MyTool 的 Caption 属性为“工具栏”；3 个按钮的 Caption 属性一般设置为空（默认值），但为了让用户在把鼠标指到按钮上时显示按钮的功能，需设置按钮的 ToolTipText 属性为相应提示信息，如本例设置 3 个按钮的 ToolTipText 分别为：“打开数据库”、“打开学生信息录入表单”、“打开报表控制表单”。

4）编写有关代码：假设第一个按钮用于打开 STUDENT 数据库，可在其 CLICK 事件中添加如下代码：

```
OPEN DATABASE STUDENT
```

用户可根据需要编写其他控件的代码。

5）保存子类：按 Ctrl+W 或关闭类设计器，即可保存子类。

7.6.3 在表单集中添加自定义工具栏

工具栏对象必须存在于表单集中，为此先建立一个表单 Form，并在【表单】菜单中执行【创建表单集】命令，于是就生成只有一个表单的表单集 FormSet1。

单击“表单”工具栏中的“查看类”按钮，如果我们自定义的类 MyClass 不在列表中，单击“添加”，在“打开”对话框中选择 MyClass 类库；如果 MyClass 已在类列表中，单击 MyClass，这时“表单”工具栏将列出 MyClass 类库中的所有类，单击 MyTool，然后在表单中单击，即可将其添加到表单集 FormSet1 中。

在运行表单时，拖动工具栏上的非按钮处，可以使工具栏随处浮动，当靠近系统窗口边沿时，自动变成一个窄条形，当关闭表单集时工具栏也随即消失。

习题七

一、选择题

1．以下属于容器类控制的是（　　）。

A）TEXT　　B）FORM　　C）LABEL　　D）COMMANDBUTTON

2．以下属于非容器类控制的是：

A）GRID　　B）LIST　　C）PAGE　　D）CONTAINER

3．不可以作为文体框控制源的是（　　）。

A）数据型字段　　B）数组元素

C）字符型变量　　D）备注型字段

4．面向对象程序设计简称 OOP，下面对于 OOP 的描述正确的是（　　）。

A）OOP 以对象及数据结构为中心

B）OOPET 用“对象”表现事物，用“类”表示对象的抽象

C）OOP 用方法表现处理事物的过程

D）OOP 工作的中心是程序代码的编写

5．（　　）是面向对象程序设计中程序运行的最基本实体。

A）对象　　B）类　　C）方法　　D）函数

6．关于对象属性的描述正确的是（　　）。

A）属性只是对象所具有的内部特征

B）属性就是对象所具有的固有特征，一般用各种类型的数据来表示。

C）属性只是对象所具有的外部特征

D）属性就是对象所具有的固有方法

7．关于类的描述，错误的是（　　）。

A）G 一个类包含了相似的有关对象的特征和行为方法

B）类是实例对象的抽象

C）类并不实行任何行为操作，它仅仅表明该怎样做

D）类可以按所定义的属性、事件、方法进行实际的行为操作

8．运行下面的程序后，？myform2.name 显示的是（　　）。

```
myform1=createobject("form")
myform2=myform1
myform2.name="成绩管理"
myform1.name="报表"
? myform2.name
```

A）myform2　　B）myfrm1　　C）成绩管理　　D）报表

9．在表单 FORM1 的某控件的单击事件中，改变另一控件 command1 的标题属性，下面命令正确的是（　　）。

A）form1.command1.caption="确定"

B）thisform.command1.caption="确定"

C）thisformset.form1.caption="确定"

D）this.parent.caption="确定"

二、填空题

1．创建表单有 3 种方法，它们是_______、_______、_______。

2．组合框控件可以认为是_______和_______组成的。

3．表单也称为_______或_______。

4．用命令_______可启动 Visual FoxPro 的事件处理，用_______可退出 Visual FoxPro 事件循环。

5．类具有_______、_______、_______特征，这就大大加强了代码的可重用性。

6．在 Visual FoxPro 中，创建对象时发生的事件是_______，从内存中释放对象时发生的事件是_______，用户单击对象时发生的事件是_______。

7．在程序中用 do form myform name frm 后，用_______命令可以修改该表单的标题属性为“查询”，用_______命令可以隐藏表单。

8．在命令窗口中可用命令_______启动表单设计器。

9．向表单添加控件的方法是，在表单控件工具栏中选择某控件，然后_______。

10．要使表单中的某控件无效，可设置该控件_______的属性为.F.。

三、操作题

1．使用一对多表单向导创建一个学生成绩录入表单，并运行表单。

2．练习表单工具栏上每个控件的使用，并给常用事件编写程序代码。

3．设计一个登录窗口，要求从数据库验证用户名和密码。

4．设计一个按学号或姓名查询成绩的窗口。

5．设计一个简单的文本编辑器。

第 8 章　报表与标签设计

对于大多数用户来说，报表和标签是数据库管理的一项基本工作，也是 Visual FoxPro 应用程序的基本功能要求。本章将详细介绍报表与标签的设计方法。

8.1　报表设计与应用

Visual FoxPro 提供了不同层次的多种报表方法：

（1）利用带 TO PRINTER 子句的 LIST | DISPLAY 命令。这是一种最简单的报表输出方法。

（2）用 CREATE REPORT<报表文件名> FROM <数据库文件名>命令产生简单的报表。

（3）编程产生报表。这种方法最具灵活性，可以设计任何形式的报表，只是设计程序的工作比较复杂。

（4）利用 Visual FoxPro 生成报表工具：报表向导、快速报表和报表设计器，利用报表工具可以设计各种格式的报表。本节主要介绍用报表工具产生报表。

8.1.1　报表向导

报表向导提示用户回答简单的问题，按照“报表向导”对话框的提示进行操作即可。启动报表向导的方法与启动表单向导类似，请参照 7.3.1 节。

下面通过例子来说明使用报表向导的操作步骤。

【例 8-1】利用报表向导设计学生成绩报表，要求输出学生学号、姓名、课程代号、成绩，并保存为 REPORT1。

1）启动报表向导。因为本例报表数据基于两个表（STUD 和 SC），所以在“向导选取”对话框中应选择“一对多报表向导”并单击“确定”按钮，向导的第一个对话框为“选择父表字段”对话框，如图 8-1 所示。

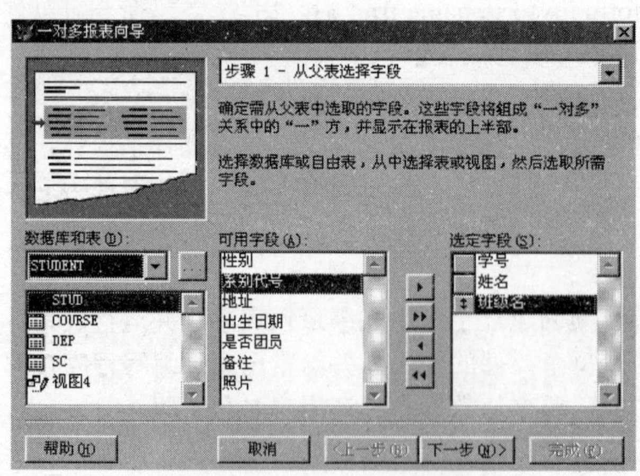

图 8-1　报表向导对话框-步骤 1

2）选择父表字段：在图 8-1 中选择数据表 STUD，从“可用字段”列表中选择“学号”，单击左边的左箭头按钮，或者直接双击“学号”字段，该字段会自动出现在“选定字段”列表中，同样方法添加姓名、班级字段。单击“下一步”按钮，出现“选择子表字段”对话框，如图 8-2 所示。

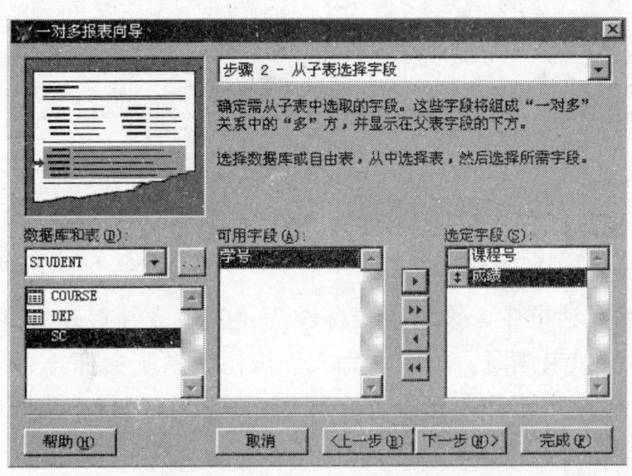

图 8-2　报表向导对话框-步骤 2

3）选择子表字段：在图 8-2 中选择 SC 表，并把课程代号和成绩字段加入到“选定字段”列中。单击“下一步”按钮，出现“建立关系”对话框，如图 8-3 所示。

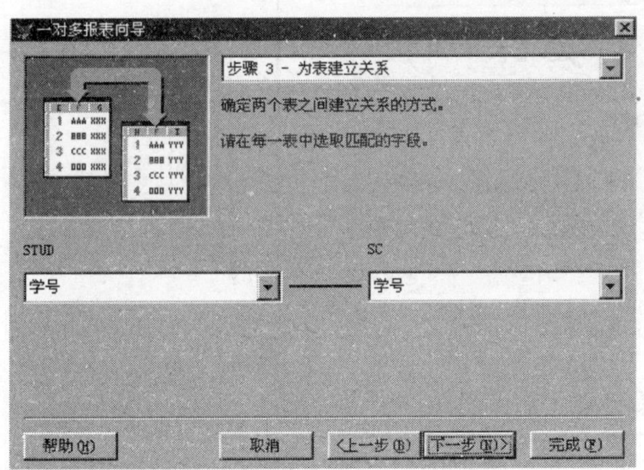

图 8-3　报表向导对话框-步骤 3

4）为父-子表建立关系：在图 8-3 中，在 STUD 表中选择“学号”，在 SC 表中也选择“学号”，这样在 STUD 表和 SC 表之间便依学号字段建立了关系。单击“下一步”按钮，打开“排序”对话框，如图 8-4 所示。

5）排序：在图 8-4 的对话框中选择“学号”，单击“添加”按钮，这样报表将学号进行排序。单击“下一步”按钮，出现如图 8-5 所示的“选择样式”对话框。

6）选择样式：在图 8-5 所示的对话框中选择需要的样式，如“账务式”，选择样式时，对话框左上角可预览样式效果。单击“下一步”按钮，打开最后一个对话框，如图 8-6 所示。

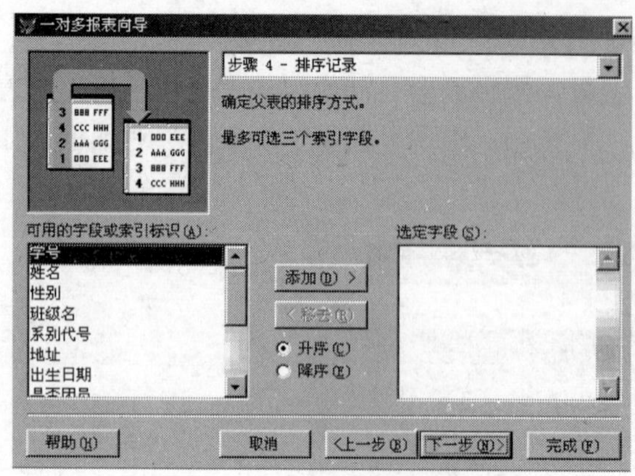

图 8-4　报表向导对话框-步骤 4

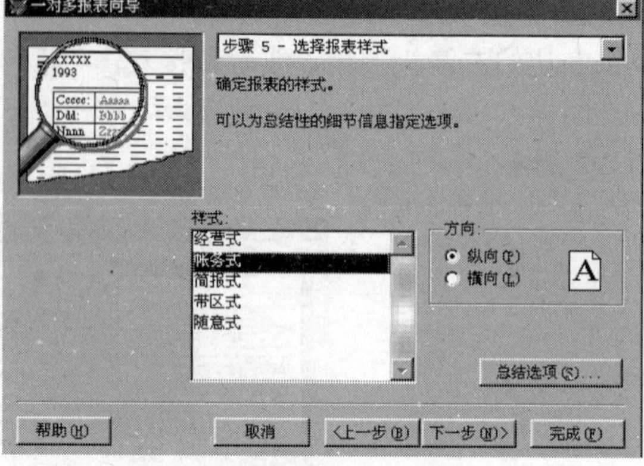

图 8-5　报表向导对话框-步骤 5

7）在图 8-6 所示的对话框中，设置报表标题为“学生成绩报表”，单击“预览”可以观察报表效果如图 8-7 所示，如果满意，单击“完成”按钮，系统会打开“另存为”对话框，输入报表文件名（report1）后，单击“确定”保存报表。由报表向导产生的报表如果不满足要求，可以在报表设计器中作进一步修改。

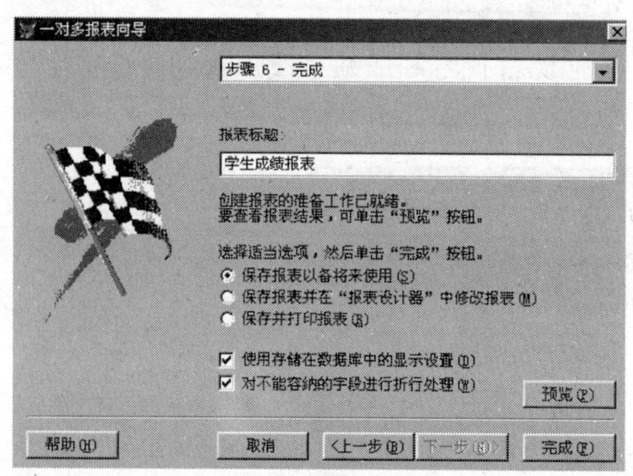

图 8-6　报表向导对话框-步骤 6

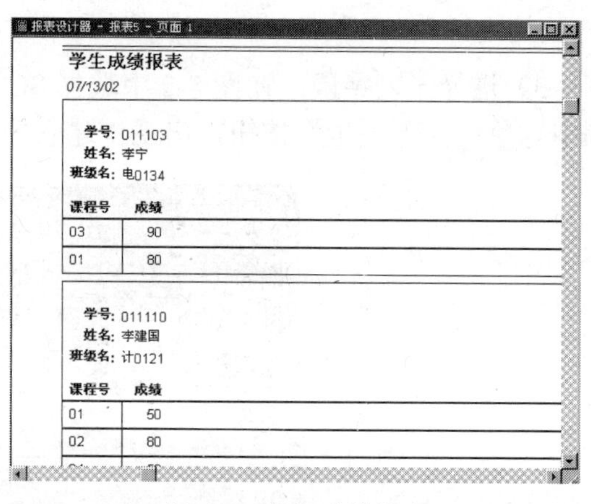

图 8-7　学生成绩报表

8.1.2　打开报表设计器

报表设计器是生成报表文件的强大工具，在报表设计器中可以创建新的报表，也可以修改已有报表。启动报表设计器有多种方法如下：

➢ 菜单方法：若是新建报表，在系统菜单中选择【文件】|【新建】命令，在“文件类型”对话框中选择“报表”，单击“新建”按钮；若是修改报表，则选择【文件】|【打开】命令，在“打开”对话框中选择要修改的报表文件名，单击“打开”按钮。

➢ 命令方法：在 COMMAND 窗口输入如下命令：

```
CREATE REPORT <文件名>   &创建新的报表
```

或

```
MODIFY REPORT <文件名>   &打开一个已有的报表
```

➢ 在项目管理器中，先选择“文档”标签，然后选择报表，单击“新建”按钮。若需要修改报表，则选择要修改的报表，单击“修改”按钮。

8.1.3　报表设计器介绍

打开的报表设计器如图 8-8 所示，默认包括 3 个带区：页标头（Page Header）、细节（Detail）和页脚（Page Footer），每个带区的底部显示分隔栏。同时还会打开“报表控件”工具栏，利用“报表控件”，可以设计各种复杂格式的报表。

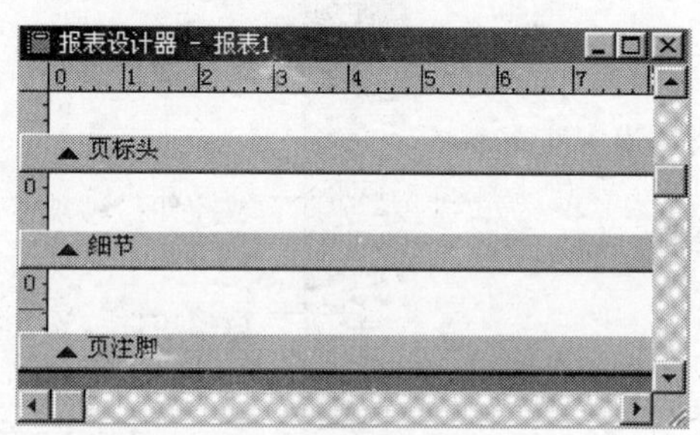

图 8-8　“报表设计器”窗口

在系统菜单中，这时增加了一个“报表”菜单项，选择【报表】|【标题/摘要】命令，报表设计器会增加两个带区：标题、摘要，Visual FoxPro 提供多达 9 种不同的带区，每个带区都有自己不同的打印属性。

1. 各带区的含义和作用

（1）标题（Title）。

标题区的信息在报表的开始处打印一次。可利用该区在报表的开头打印表格的大标题。

（2）页标题（Page Header）。

页标题的内容在报表的每一页开头打印一次。可以把报表的名称和列标题信息放在这一区域，列标题信息一般对应细节区数据字段名。

（3）细节（Detail）。

内容区是报表的主体，用于输出数据库的记录，一般在该区放置数据库字段。打印报表时，细节区会包括数据库的所有记录。

（4）页注脚（Page Footer）。

页脚区的内容在每页的最底部打印，一般包含页码、每页的总结和说明信息等。

（5）总结（Summary）。

总结只在报表的末尾打印一次，一般利用本区打印总计或平均值等信息。

（6）组标头和组注脚带区。

用于分组报表，组标头在每个分组开始时打印一次，组注脚带区的内容在每个分组结束时打印一次。

（7）列标头和列注脚带区。

列标头和列注脚带区主要用于分栏报表，选择【文件】|【页面设置】命令，打开“页面设置”对话框，将“列数”设置成>1 的值，“间隔”稍作调整，单击“确定”，则列标头和列注脚会在报表设计器中出现。列标头的内容一般为列（栏）标题，在每栏的顶端打印一次，列注脚的内容可以是该列（栏）的总结，在每列（栏）的尾部打印一次。

（8）调整报表带区高度。

将鼠标指针指向某带区分隔条，出现上下双箭头时，按住左键上下拖动分隔条即可改变报表带区高度。

2. 控件的名称和作用

“控件”工具栏中控件的名称如图 8-9 所示。

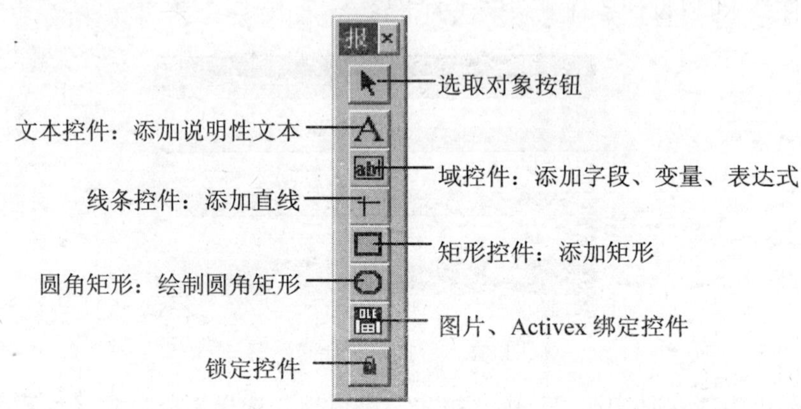

图 8-9　工具栏中的工具名称

（1）选择指针：选择该按钮把光标恢复为正常的选择光标，可以移动或更改控件大小。

（2）文本控件：选择该按钮可以在报表中加入文字对象，方法是单击该按钮后移动鼠标到窗口中的合适位置，单击，出现“｜”插入点后输入文本信息。

（3）域控件：利用它在窗口加入字段、变量、表达式对象。单击域控件，然后在窗口中单击，Visual FoxPro 会打开一个“报表表达式”对话框。

（4）线条控件：利用该控件在报表中绘制线条，并可以利用线条控件绘制表格线。

（5）矩形控件：用于在报表中绘制矩形框。方法是单击矩形控件，然后在窗口中的某个地方按下鼠标左键并往窗口右下角拖动。

（6）图片/ActiveX 控件：用于向报表中添加图形或通用型字段的内容。

（7）锁定控件：单击“锁定控件”后再选择其他控件，被选控件可多次使用。

3. 报表设计器工具栏

打开“报表设计器”时，主窗口中会自动出现“报表设计器”工具栏，如图 8-10 所示。此工具栏各图标按钮（从左至右）的功能如下：

图 8-10　“报表设计器”工具栏

- “数据分组”按钮：显示“数据分组”对话框，相当于报表菜单中的数据分组命令。
- “数据环境”按钮：显示报表的“数据环境设计器”窗口。相当于显示菜单中的“数据环境”命令。
- “报表控件工具栏”按钮：用于显示或关闭“报表控件”工具栏。
- “调色板工具栏”按钮：用于显示或关闭“调色板”工具栏。
- “布局工具栏”按钮：显示或关闭“布局”工具栏。

8.1.4　快速报表

打开报表生成器，选择主菜单中的【报表】|【快速报表】命令，将出现“打开”对话框（如果在命令窗口中已打开数据表、视图、查询或执行 SQL 语句，就不会出现“打开”对话框，Visual FoxPro 默认为已打开的数据表、视图、查询或 SQL 语句的查询结果），选择报表所需的数据表（如 STUD），单击“确定”后，出现如图 8-11 所示的对话框。

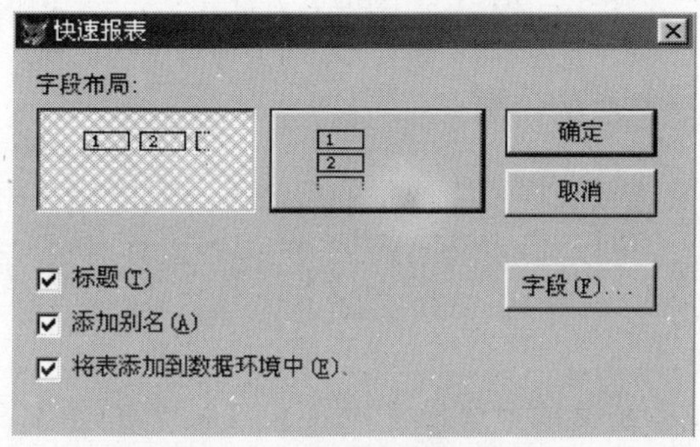

图 8-11　“快速报表”对话框

该对话框有 4 个选项：

- 字段布局：用以选取字段排列方式，选择左侧按钮时，字段横向排列，选择右侧按钮时，字段纵向排列，本例选择左侧按钮。
- 标题：选择此项，字段名将作为列标题出现，本例选中。
- 添加别名：选择此项，将为所有字段添加别名。
- 将表添加到数据环境中：选择此项，则把报表的数据源添加到数据环境中，这样打印报表时，数据表自动打开，打印完报表时数据表自动关闭。否则，调用报表前需先打开数据源。

单击“字段”按钮，打开“字段选择”对话框，用户可以选择报表中将出现哪些字段，在默认情况下，包括除“通用”字段外的全部字段。

以上各项设计好后，单击 OK 按钮。这时报表已经生成，如图 8-12 所示。按 Ctrl+W 存盘（或选择【文件】|【保存】命令）。

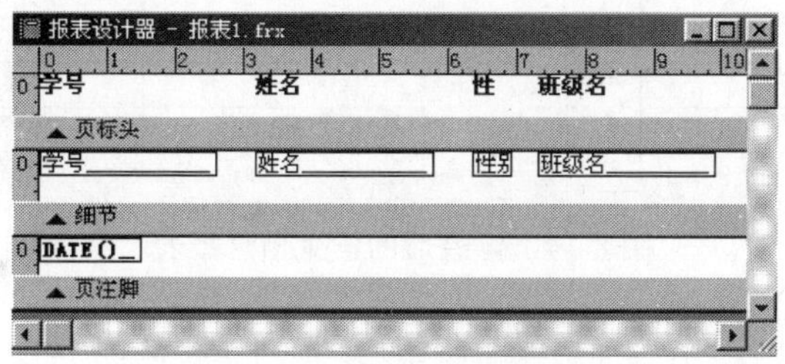

图 8-12　生成报表后的窗口

单击报表中的空白区域，在快捷菜单中选择【预览】命令，可预览报表效果，如图 8-13 所示。如果不满意，可在“报表设计器”中进行修改，如添加“标题”、“摘要”等。

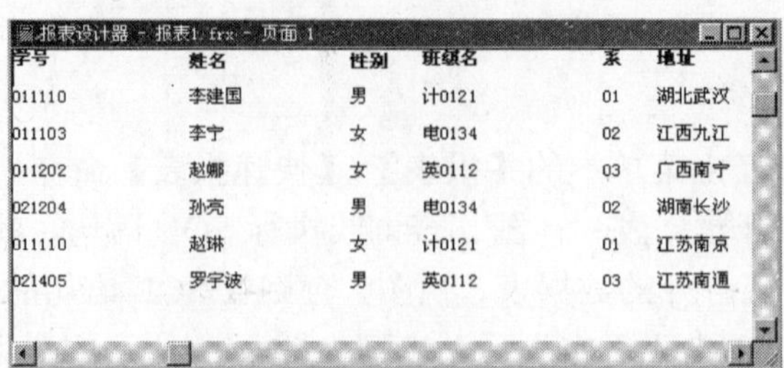

报表设计器 - 报表1.frx - 页面 1

学号	姓名	性别	班级名	系	地址
011110	李建国	男	计0121	01	湖北武汉
011103	李宁	女	电0134	02	江西九江
011202	赵娜	女	英0112	03	广西南宁
021204	孙亮	男	电0134	02	湖南长沙
011110	赵琳	女	计0121	01	江苏南京
021405	罗宇波	男	英0112	03	江苏南通

图 8-13 学生信息报表

8.1.5 修改用快速报表产生的报表

用 Visual FoxPro 的“快速报表”功能产生的报表不一定能满足用户要求，如没有表格线、没有汇总、没有报表标题等。可以利用报表设计器的报表工具对快速报表进行修改，以满足用户的需要。操作步骤如下：

1）打开要修改的报表。

2）添加报表标题：在系统菜单中选择【报表】|【标题/总结】命令，报表窗口增加两个带区：标题和总结；选择文本控件，然后在标题带区单击，输入“学生信息”；选择“标题”区的文本对象（单击），在系统菜单中选择【格式】|【字体】命令，系统会打开一个标准的“字体”对话框，即可以设置文本的各种属性；删除不需要的字段：选择“备注”字段对象，按 Delete 键。

3）修改列标题：单击原来的列标题，可选择列标题对象，然后按 Delete 键删除；选择文本控件，单击页标题区，添加新的标题。

4）添加表格线：选择线条控件，在页标头区的顶部和底部各画一条横线，每列画一条竖线；选择线条控件，在细节区底部添加一条横线，每列添加一条竖线，注意与页标头区的竖线对直。

修改后的报表如图 8-14 所示，保存为 report2。

报表设计器 - 报表1.frx - 页面 1

学生信息

学号	姓名	性别	班级名	系	地址
011110	李建国	男	计0121	01	湖北武汉
011103	李宁	女	电0134	02	江西九江
011202	赵娜	女	英0112	03	广西南宁
021204	孙亮	男	电0134	02	湖南长沙
011110	赵琳	女	计0121	01	江苏南京

图 8-14 修改后的学生信息报表

8.1.6 设计报表

1. 设置报表数据环境

“数据环境设计器”窗口中的数据源将在每次运行报表时打开，而不必以手工方式打开所使用的数据源。前面用报表向导或快速报表的方法建立报表文件时，已经指定了相关表作为数据源。如果使用“报表设计器”创建的空报表直接设计报表时，就需要指定数据源。

数据环境通过下列方式管理报表的数据源：打开或运行报表时打开表或视图；基于相关表或视图收集报表所需数据集合；关闭或释放报表时关闭表或视图。下面通过实例的方式说明把数据源加入报表数据环境的方法。

【例 8-2】为 STUDENT 数据库设计一个报表：要求打印出学生的学号、姓名、班级、课程名、成绩。本例为该报表设置数据环境。

分析：因为学号、姓名、班级来自 STUD 表，课程名来自 COURSE 表，成绩来自 SC 表，所以数据源应包括上述 3 个表：STUD、COURSE、SC。

操作步骤如下：

1）打开“报表设计器”生成一个空报表，在系统菜单中选择【显示】|【数据环境】命令，或在“报表设计器”窗口空白处右击，在快捷菜单中选择【数据环境】，系统打开“数据环境设计器”窗口，如图 8-15 所示。

2）在“数据环境设计”窗口中右击，从快捷菜单中选择【添加】或在系统菜单中选择【数据环境】|【添加】命令，将打开“添加表或视图”对话框，如图 8-16 所示。如果没有出现图 8-16 所示的对话框，而是出现“打开”对话框，是因为没有打开数据库，请先在命令窗口输入 open database student。

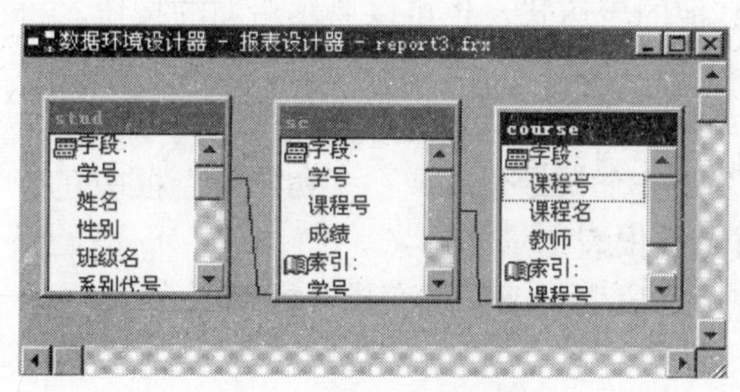

图 8-15　数据环境设计器

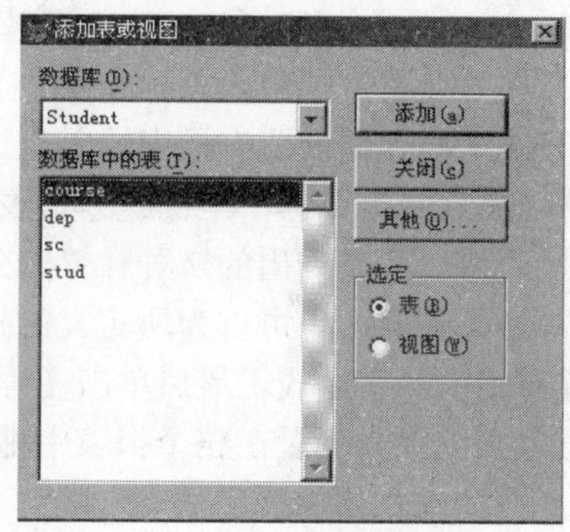

图 8-16　“添加表或视图”对话框

在图 8-16 的“添加表或视图”对话框中选择作为数据源的表或视图，本例选择学生表 STUD.DBF、选课表 SC.DBF、课程表 COURSE.DBF。最后单击“关闭”按钮。

3）建立表之间的关系，如果在表之间没有建立固定关系，那么按下列步骤建立关系：选择 STUD 表的“学号”字段，按住鼠标左键拖曳到 SC 表的“学号”索引上后松开鼠标。选择 STUD 表与 SC 表的关系（单击 STUD 表与 SC 表之间的连线），右击，在快捷菜单中选择【属性】，打开“属性”窗口后，设置 ONETOMANY 属性为 TRUE。

同样的方法，建立 SC 表与 COURSE 表之间“课程号”之间的关系。

4）保存报表：单击设计器的“关闭”按钮，系统会打开“保存为”对话框，在对话框中输入文件名 REPORT3，单击“保存”按钮。

如果报表不是固定使用同一个数据源，例如，在每次运行报表时才能确定要使用哪个数据源，则不把数据库直接放在报表的“数据环境设计器”中，而是在调用报表前打开表或视图；或者运行一个查询或执行 SQL 语句。

2. 创建报表变量

要定义报表变量，可用以下方法进行创建：

1）若已经建立了报表，则先可把报表打开，如果没有建立报表，则新建一个报表。

2）选择系统菜单中的【报表】|【变量】命令，弹出如图 8-17 所示的“报表变量”对话框。

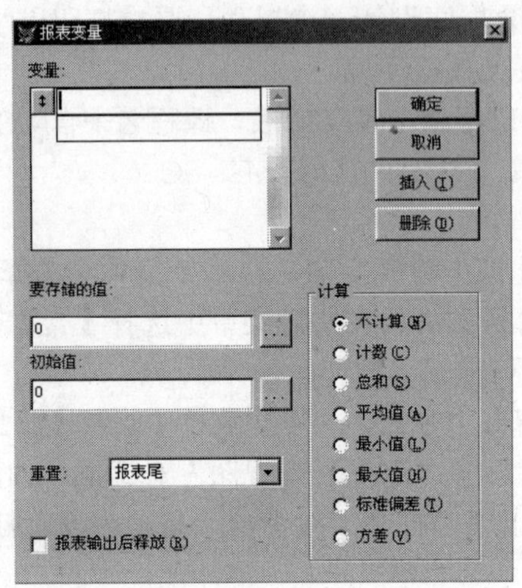

图 8-17 “报表变量”对话框

3）在“变量”框中输入一个变量名。

4）在“要存储的值”框中输入一个变量或其他的表达式，也可以单击后面的按钮，再在弹出的“表达式生成器”中创建一个表达式。

5）还可以从其列出的 7 种计算方式中选择一种作为该表达式的计算选项。

6）如果需要，也可以为所定义的报表变量设定一个初始值，或在“初始值”框中建立一个设置初始值的表达式。最后单击【确定】按钮完成报表变量的定义。

已定义的报表变量在整个报表中都可以像使用字段变量或系统变量一样使用。

3. 添加报表控件

（1）标签控件。

标签控件在报表中使用得相当广泛，例如每个字段前要有一些说明性文字，报表一般都有标题，这些说明性文字都可以使用标签控件来完成。添加标签控件的方法：在“报表控件”中选择“标签”按钮后，移动鼠标到窗口中的合适位置，单击，出现“|”插入点后输入文本信息。

（2）绘图控件。

绘图控件包括线条、矩形和圆角矩形。在“报表控件”中选择相应的绘图控件，然后在报表的一个带区拖曳鼠标，将生成相应的图形。从系统菜单中选择【格式】|【绘图笔】，再从子菜单中选择线条的大小和样式，可更改所用线条的粗细和样式。

（3）域控件。

域控件的添加和布局是报表设计的核心，用于打印表或视图中的字段、变量和表达式的计算结果。

➢ 添加域控件

向报表中添加域控件有两种方法，一种是从“数据环境设计器”中添加，另一种是直接使用“报表控件”工具栏中的“域控件”按钮。

要在报表中添加表或视图中的字段，最方便的做法是右击报表，从快捷菜单中选择【数据环境】命令，打开报表的“数据环境设计器”窗口，选择要使用的表或视图，然后把相应的字段拖曳到报表指定的带区中即可。

另一个方法是使用“报表控件”工具栏中的“域控件”按钮。单击该按钮，然后在报表带区的指定位置上单击，系统将显示一个“报表表达式”对话框，如图 8-18 所示。

可以在“表达式”文本框中输入字段名、变量名或表达式，也可单击右侧的“...”按钮，打开“表达式生成器”对话框，如图 8-19 所示。如果“表达式生成器”对话框的“字段”框为空，说明没有设置数据源，应该向数据环境添加表或视图。在“字段”框中双击所需的字段名，表名和字段名将出现在“报表字段的表达式”内。如果没有特别需要（如单个表或视图），可以删除表达式中表的别名。如果基于多表或视图报表，则不要删除表达式中表的别名。表达式除了可以使用字段，还可以使用变量，变量包括自定义的报表变量和系统变量（如页码_Pageno）。设置完表达式后单击“确定”按钮，返回到图 8-18。

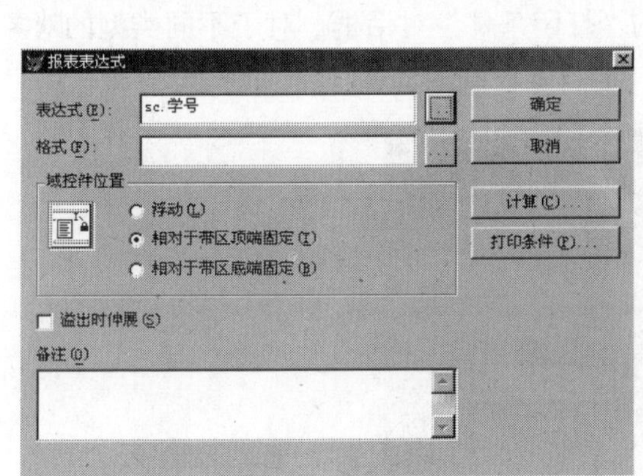

图 8-18　“报表表达式”对话框

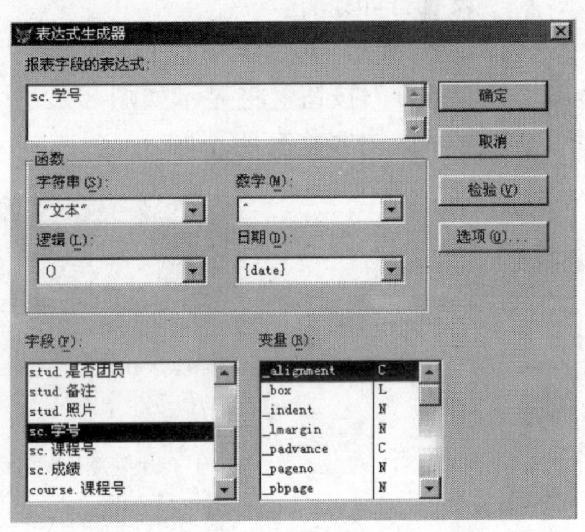

图 8-19　“表达式生成器”对话框

如果添加的是可计算字段，可在图 8-18 中单击“计算”按钮，打开“计算字段”对话框，如图 8-20 所示。用户可以选择表达式的计算方法。例如表达式是 STUD 表的“学号”，在此选择“计数”，则报表是按学号统计记录数。

➢　定义域控件的格式

插入“域控件”后，可以更改该控件的数据类型和打印格式。数据类型可以是字符型、数值型或日期型。每一种数据类型都有自己的格式。例如，可以把所有的字母输出转换成大写在数值型输出中插入逗号或小数点、用货币格式显示数值型输出、将一种日期格式转换成另一种日期格式。格式决定了打印报表时域控件如何显示，并不改变字段在表中的数据类型。

双击域控件，可随时打开域控件的“报表表达式”对话框。在“报表表达式”对话框中，可以定义域控件的格式。

在图 8-18 中单击“格式”文本框后面的按钮，系统弹出“格式”对话框，如图 8-21 所示。

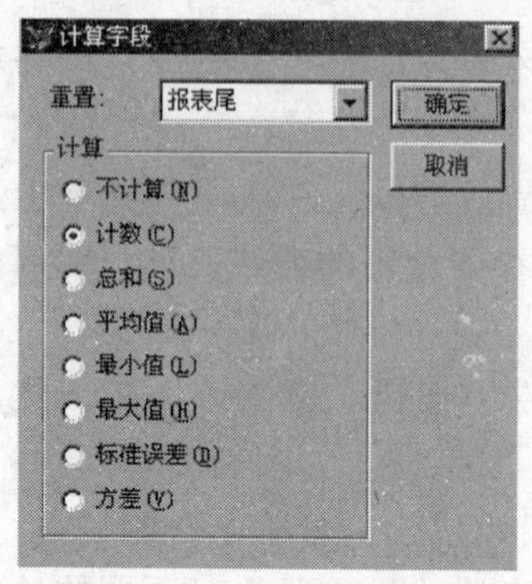

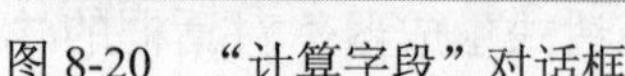
图 8-20 “计算字段”对话框

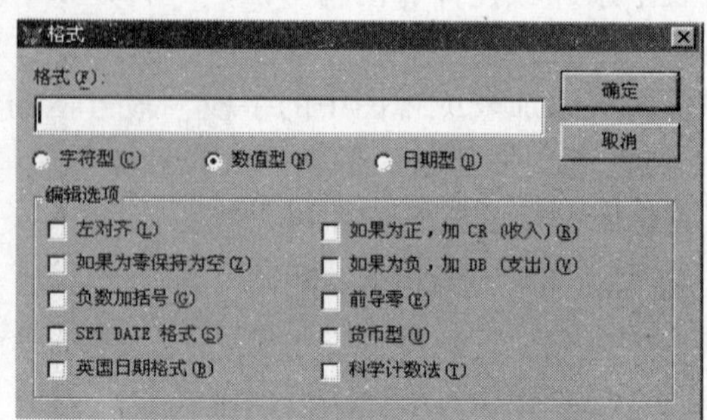

图 8-21 “格式”对话框

在“格式”对话框中，选择域控件的类型：字符型、数值型或日期型。选定不同的类型时，“编辑选项”区域的内容将有所变化。在“格式”对话框中选定格式以后，其结果将在“报表表达式”对话框中的“格式”文本框中显示。

对域控件进行格式化主要是对“编辑选项”区域中的相关选项进行设置。

➢ 设置打印条件

“报表表达式”对话框中有“打印条件”按钮，该按钮的主要功能是设置要打印的文本。单击“打印条件”按钮，将显示如图 8-22 所示的“打印条件”对话框。对于不同类型的对象，该对话框显示的内容将有所不同。

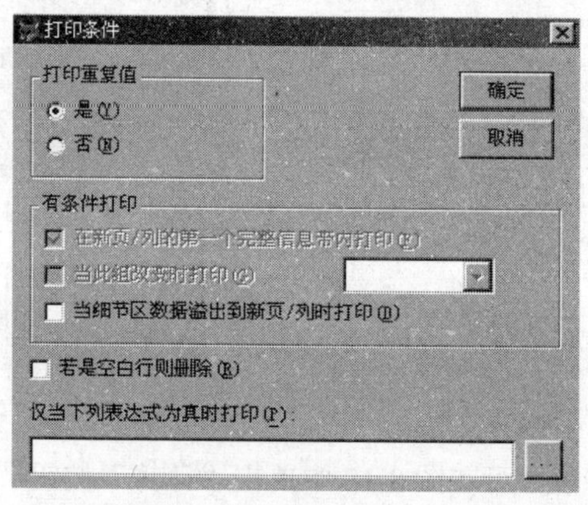

图 8-22 “打印条件”对话框

在打印报表时，若连续几条记录的某一个字段出现了相同值，而不希望打印相同值，则可在“打印条件”对话框的“打印重复值”区域中选择“否”，报表将只打印一次相同值。

“有条件打印”区域中包括 3 个复选框：

- “在新页/列的第一个完整信息带内打印”选中，表示在同一页或同一列中不打印重复值，换页或换列后遇到第一条新记录时打印重复值。该复选框只在“打印重复值”选择“否”时有效。
- “当此组改变时打印”选中，表示当右边的下拉列表中显示的分组发生变化时，打印重复值。该复选框只在“打印重复值”选择“否”并有分组时有效。
- “当细节区数据溢出到新页/列时打印”复选框选中，表示当细节带区的数据溢出到新页或新列时打印重复值。

有些记录可能是一个空白记录，默认情况下报表也给空白记录留一块区域。若希望报表的内容更紧凑，则可以不留这样的区域。在这种情况下，请选择“若是空白行则删除”复选框。

除了上述一些选项可以控制文本的打印之外，Visual FoxPro 还允许建立一个打印表达式。此表达式将在打印之前被计算。若表达式的结果为“真”（.T.），则允许打印该字段，否则不允许打印该字段。若要设置打印表达式，则在“仅当下列表达式为真时打印”文本框中输入表达式，或单击该文本框右侧的对话按钮，显示“表达式生成器”对话框，输入或选择打印条件表达式。

注意：如果输入了一个打印表达式，对话框中除“若是空白行则删除”选项可选之外，其他选项均无效。

（4）添加图片对象。

➤　添加图片

在“报表控件”工具栏中单击“图片/ActiveX 绑定控件”按钮，在报表的一个带区内单击并拖动鼠标拉出图文框，松开鼠标时将弹出“报表图片”对话框，如图 8-23 所示。

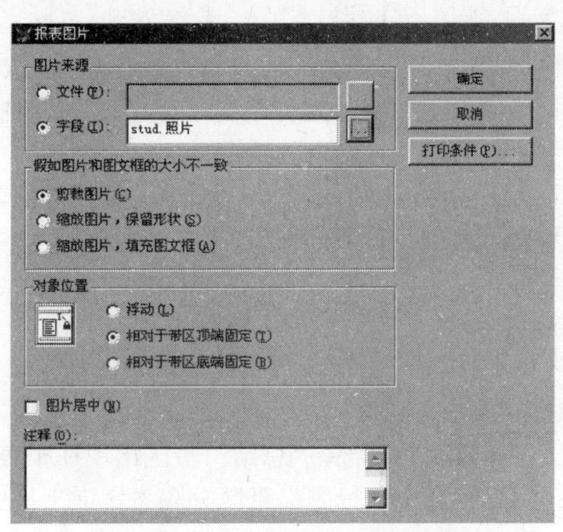

图 8-23　“添加图片”对话框

在“报表图片”对话框中，“图片来源”有文件和字段两种形式可供选择：

- 插入文件中的图片：在“图片来源”区域选中“文件”，并输入一个图形文件的位置和名称，或单击文本框右边的“…”按钮，弹出“打开”对话框，选择一个图片文件，如.jpg、.gif、.bmp 或.ico 文件。一个文件内的图片是静态的，它不随每条记录或每组记录的变化而更改。
- 添加图形（通用型）字段：在“报表图片”对话框的“图片来源”区域选择“字段”，在“字段”框中输入字段名，或单击字段框右侧的“…”按钮来选取字段，单击“确定”按钮，通用字段的占位符将出现在定义的图文框内。

➤　调整图片

输出报表时，图片只能在图文框中显示或打印，添加到报表中的图片尺寸可能不适合报表设定的图文框。当图片与图文框的大小不一致时，需要在“报表图片”对话框中选择相应的选项来控制图片的显示行为：

- “裁剪图片”：系统默认为“裁剪图片”，图片将以图文框的大小显示图片。在这种情况下，可能因为图文框太小而只能输出部分图片。
- “缩放图片，保留形状”：若要在图文框中放置一个完整、不变形的图片，则应选中“缩放图片，保留形状”，在这种情况下，可能无法填满整个图文框。
- “缩放图片，填充图文框”：如要使图片填满整个图文框，应选中“缩放图片，填充图文框”，在这种情况下，图片纵横比例可能会改变，从面引起图片的变形。

对于通用型字段中的图片，若要以居中位置放置，可在“报表图片”对话框中选中“图片居中”复选框，这样可以保证比图文框小的图片能够在图文框的正中位置显示。

4. 报表控件操作与布局

（1）选择控件：单击控件可以选定该控件，被选定的控件四周出现 8 个控点。也可以同时选定多个控件，如果是相邻的多个控件，只需拖动鼠标使出现的虚线框围住要选的控件即可，如果要选定不相邻的多个控件，可以在按住 Shift 键的同时，依次单击各控件。

（2）设置控件字体：选择要设置字体的控件，从系统菜单中选择【格式】|【字体】命令，打开标准“字体”对话框。

（3）调整控件的大小：选定控件，拖动控件四周的某个控点，改变控件的宽度和高度，或者按住 Shift 键的同时，用方向键对控件大小进行微调，此方法可以调整除标签以外的任何控件。

（4）控件布局：利用“布局”工具栏中的按钮，可以方便地调整表单窗口中被选中控件的相对大小或位置。“布局”工具栏可以通过单击“报表设计器”工具栏上的“布局”按钮或选择【显示】|【布局工具栏】命令打开或关闭。

【例 8-3】报表控件设计：接着例 8-2 完成学生成绩报表的初步设计。

1）打开报表文件 report3。

2）添加“标题”带区和“总结” 带区：从系统菜单中选择【报表】|【标题/总结】命令，在弹出的“标题/总结”对话框中选择“标题带区”复选框和“总结带区”复选框，单击“确定”按钮。“标题”带区出现在报表的顶部，“总结”带区出现在报表的尾部。

3）调整带区的高度：用鼠标选中“标题”带区分隔条，向下拖曳来扩展“标题”带区空间。同样调整其他带区。

4）添加报表标题：单击“报表控件”工具栏上的“标签”按钮，在报表的“标题”带区上单击，出现一个闪动的文本插入点“|”，输入“学生成绩报表”。

5）改变标题字体：选定标题带区的“标签”控件，选择系统菜单中【格式】|【字体】命令，从“字体”对话框中选择合适的字型、字号，本例选择四号、粗、宋体。

6）使标题居中：单击“报表设计器”工具栏上的“布局工具栏”控钮，打开“布局”工具栏。选定标题“标签”控件，然后单击“布局”工具栏上的“水平居中”和“垂直居中”按钮，使其位于“标题”带区的中央位置。

7）添加页标头：单击“报表控件”工具栏上的“标签”按钮，在报表的“页标头”带区上单击，输入“学号”，同样方法添加姓名、班级、课程名、成绩。

8）在细节区添加域控件：单击“报表控件”工具栏上的“域控件”按钮，在报表的“细节”带区上单击，在打开的“报表表达式”对话框中输入“STUD.学号”，同样方法加入“STUD.姓名”、“STUD.班级”、“COURSE.课程名”、“SC.成绩”，注意与页标头的相应控件垂直对齐

（可用“布局”工具栏进行调整）。

9）添加线条：单击“报表控件”工具栏上的“线条”按钮，横贯“页标头”带区上、下沿画两条水平线；在“细节”带区的底部画一条水平线，在“页标头”带区的每两个控件之间及左右两侧各画一竖线，在细节带区的每两个控件之间及左右两侧各画一竖线。

10）保存报表。

5．设计分组报表

一个报表可以设置一个或多个数据分组，组的分隔基于分组表达式。这个表达式通常由一个或一个以上的字段组成。输出报表时，分组表达式相等的记录将一起显示或打印，但前提条件是：数据源必须按表达式的字段排序或索引。对报表进行数据分组时，报表会自动包含“组标头”和“组注脚”带区。

多级数据分组报表时，数据源必须可以分出级别来，例如，STUD 表中有“系别”和“班级”字段，要使同一系的学生记录集中在一起显示或打印，只需建立以“系”字段为关键字的索引，此时只能设计单级分组的报表。如果要使同一系中同一班的学生记录连续显示或打印，表必须建立了基于关键字表达式的复合索引（多重索引），例如：系别+班级。下面以实例方式介绍单级分组和多级分组的设计方法。

【例 8-4】单级分组报表：接着例 8-3 按班级分组打印各班的学生成绩。

1）打开报表文件 report3。

2）创建索引：事先在表设计器中对 STUD 表按“班级名”字段建立索引。一个表可以有多个索引。

3）设置主索引：可以在数据环境之外设置当前的索引，例如在命令窗口执行 SET ORDER TO<索引关键字>命令，也可在数据环境设计器中指定当前索引。在数据环境中设置索引的方法：打开数据环境设计器；在数据环境设计器中右击，从快捷菜单中选择【属性】，打开“属性”窗口；在数据环境设计器中单击 STUD 表，或在“属性”窗口的对象框中选择 Cursor1；选定 Order 属性，在属性框中输入索引名，或在属性框的下拉列表中选择一个索引。

本例数据来自多个数据表，分组只能基于主表（STUD）。

4）设置分组表达式：从系统菜单中选择【报表】|【数据分组】命令，或者单击“报表设计器”工具栏上的“数据分组”按钮，也可以右击报表设计器，从弹出的快捷菜单上选择【数据分组】。系统将显示如图 8-24 所示的“数据分组”对话框。

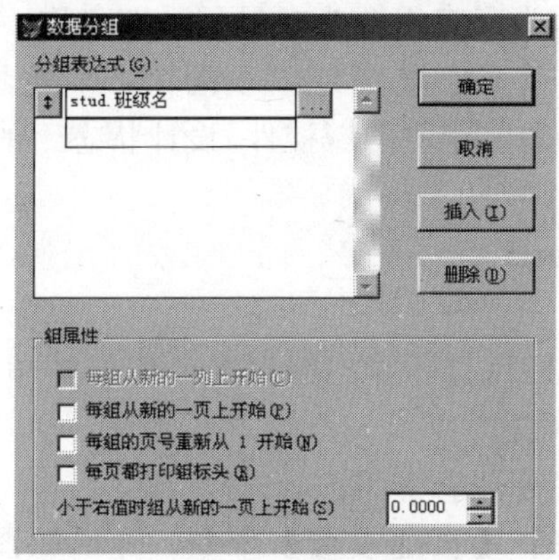

图 8-24　数据分组对话框

在“分组表达式”框内键入分组表达式，或者单击“...”按钮，在“表达式生成器”对话框中创建表达式。本例分组表达式为：STUD.班级名。

在“组属性”区域选定想要的属性。组属性主要用于指定如何分页，在“组属性”区域中有 4 个复选框，根据不同的报表类型，有的复选取框不可用。它们的作用如下：

- “每组从新的一列上开始”：当组的内容改变时，是否打印到下一列上，分栏报表时才有效。
- “每组从新的一页上开始”：当组的内容改变时，是否打印到下一页上。
- “每组的页号重新从 1 开始”：当组的内容改变时，是否在新的一页上开始打印，并把页号重置为 1。
- “每页都打印组标头”：当组的内容分布在多页上时，是否每一页都打印组标头。

设置好各选项后，单击“确定”按钮。

5）设计组标头和组脚注：分组之后，报表布局就有了组标头和组脚注带区，可以向其中放置任意需要的控件。通常把分组字段对应的域控件从“细节”带区复制或移动到组标头带区。也可添加线条、矩形、圆角矩形等希望出现在组内第一条记录之前的任何控件。组注脚通常包含组总计和组总结性的信息。本例将在组标头中添加一个基于班级字段的域控件。

6）保存报表：另存为 report4。

【例 8-5】设计多级数据分组报表：接着例 8-3，按系和班级分组打印 STUD 表的学生信息。

Visual FoxPro 允许在报表内最多可以有 20 级数据分组，嵌套分组有助于组织不同层次的数据和总计表达式，但在实际应用中往往只用到 3 级分组。在设计多级数据分组报表时，需要注意分组的组与多重索引的关系。

1）打开报表文件 report3。

2）创建索引：事先在表设计器中对 STUD 表建立基于系别代号和班级名的复合索引。

3）设置主索引：同例 8-4。

4）设置分组表达式：打开“数据分组”对话框，输入或生成第一个“分组表达式”：STUD.系别代号，接着输入或生成下一个“分组表达式”：STUD.班级，注意表达式的顺序，第一个表达式作为第一级分组的依据，第二个表达式作为第二级分组的依据，依此类推。单击“插入”按钮可在当前分组表达式之前插入一个分组表达式。对于每一个分组表达式，“数据分组”对话框下方的组属性可以分别设置。最后单击“确定”按钮。

5）设计组标头和组脚注：为了在组标头中显示系别名称，首先在数据环境中加入系别表（DEP），并在 STUD 表的系别代号字段与 DEP 表的代号字段之间建立关联。然后在组标头 1 带区中添加一个基于 DEP 表系别名字段的域控件。设计状态下的多级分组报表如图 8-25 所示。报表运行结果如图 8-26 所示。

6）保存报表：另存为 report5。

6. 分栏报表

多栏报表是一种分为多个栏目打印输出的报表，如果打印的内容较少，横向只占用部分页面，设计成多栏报表比较合适。

（1）设置“列标头”和“列注脚”带区。

从系统菜单中选择【文件】|【页面设置】命令，弹出如图 8-27 所示的“页面设置”对话框。

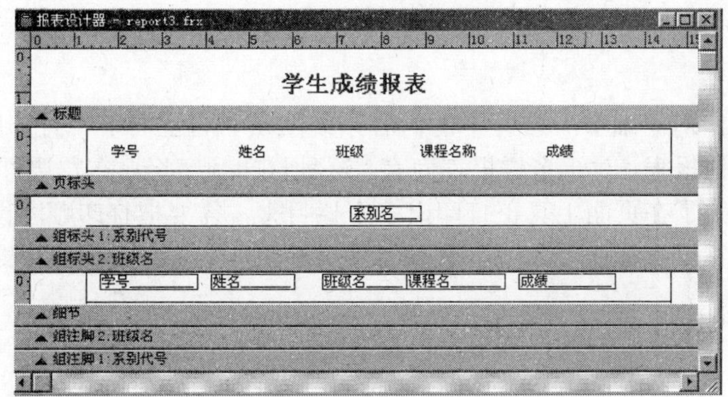

图 8-25　多级分组报表

报表设计器 - report3.frx - 页面 1

学生成绩报表

学号	姓名	班级	课程名称	成绩
计算机系				
011110	李建国	计0121	英语	50
011110	李建国	计0121	数学	80
011110	李建国	计0121	数据库	59
011111	赵琳	计0121	数学	90
机电系				
011103	李宁	电0134	C语言	90
011103	李宁	电0134	英语	80
021204	孙亮	电0134	数学	70

图 8-26　多级分组报表的运行结果

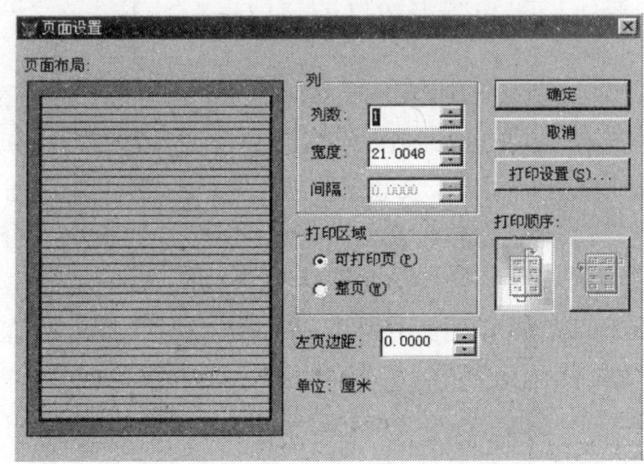

图 8-27　“页面设置”对话框

在“列”区域，把“列数”微调器的值调整为栏目数，例如列数为 2，则将整个页面平均分成两部分，调整列之间的间隔值，如间隔为 0.4。单击“确定”按钮退出“页面设置”对话框后，在报表设计器中将添加一个“列标头”带区和一个“列注脚”带区，同时“细节”带区也相应缩短。

（2）添加控件。

在多栏报表添加控件时，应注意不要超过报表设计器中带区的宽度，否则可能使打印的内容相互重叠。

（3）设置顺序。

在打印报表时，对“细节”带区中的内容系统默认“自上向下”打印顺序。这适合于除多栏报表以外的其他报表。对于多栏报表而言，这种打印顺序将只在左边打印一个栏目，页面上其他栏目空白，为了在页面上真正打印出多个栏目来，需要把打印顺序设置为“自左向右”打印，在“页面设置”对话框中，单击右面的“自左向右”打印顺序按钮即可。

8.1.7　报表输出

1. 页面设置

打印报表之前，应考虑页面的外观，例如页边距、纸张类型和所需的布局等。如果更改了纸张的大小和方向设置，应确认该方向适用于所选的纸张大小。例如，若纸张定为信封，则方向必须设置为横向。

（1）设置左边距。

从系统菜单中选择【文件】|【页面设置】命令，打开“页面设置”对话框（参见图 8-27），在“左页边距”框中输入“左边距”数值，页面布局将按新的页边距显示。

（2）打印设置。

在“页面设置”对话框中，单击“打印设置”按钮，打开“打印设置”对话框。可以从“大小”列表中选择纸张大小。默认的打印方向为纵向，若要改变纸张的方向，可从“方向”区选择横向，再单击“确定”按钮。

2. 设计时打印与预览报表

报表按数据源中记录出现的内容和顺序处理记录。如果报表文件的数据源内容已经更新，每次打印输出报表时，报表中的数据是数据源的当前值。如果数据源的表结构被修改过，运行报表时将可能出错。

当打印分组报表时，如果直接使用表内的数据，数据可能不会在布局内按组排序。在打印一个报表文件之前，应该确认数据源中已对数据进行了正确的索引或排序。

为确保报表按设计要求正确输出，要检查报表设计是否有错。在“报表设计器”中，任何时候都可以使用“预览”功能查看打印效果。报表“预览”操作十分便利，可以从系统菜单中选择【显示】|【预览】命令，或在“报表设计器”中右击，从弹出的快捷菜单中选择【预览】命令，也可以直接单击“常用”工具栏上的“打印预览”按钮。在报表预览时，系统会自动打开“预览”工具栏，如图 8-28 所示。

在“打印预览”工具栏中，选择“上一页”或“前一页”可以切换页面。若要更改报表预览的大小，选择“缩放”列表中的合适的比例，该比例不会影响实际打印效果。想要返回到设计状态，单击“关闭预览”按钮，或者直接关闭预览窗口。

如果报表已经符合要求，便可以在指定的打印机上打印报表了。单击“预览”工具栏中的“打印”按钮，将报表直接送往打印机打印。

如果没有打开“报表设计器”，在命令窗口输入 REPORT FORM<报表文件名>[TO PREVIEW>]/[TO PRINTER] [范围] [FOR 条件表达式]命令，也可以打印或预览指定的报表。

3. 程序中调用报表

在程序中使用REPORT FORM <报表文件名> <PREVIEW>[IN SCREEN]/ [WINDOW　表

单名] [范围] [FOR 条件表达式]命令可以在屏幕或由[WINDOW　表单名]指定的表单中预览指定的报表。

使用 REPORT FORM <报表文件名> <TO PRINTER >[范围] [FOR 条件表达式]命令可以打印输出报表。

使用 REPORT FORM <报表文件名> <TO　FILE　文件名 >[范围] [FOR 条件表达式]命令可以将报表输出到指定的文件中。

【例 8-6】设计一个表单，接收用户输入的成绩范围，并按成绩范围输出报表 report3。

1）设计表单如图 8-29 所示。

图 8-28　“打印预览”工具栏

图 8-29　“报表控制”窗口

2）双击“预览”按钮，打开代码窗口，输入如下代码：

```
REPORT FORM REPORT3 PREVIEW  IN SCREEN;
FOR (SC.成绩> VAL(THISFORM.COMBO1.VALUE);
AND SC.成绩< VAL(THISFORM.COMBO2.VALUE))
```

3）双击“打印”按钮，打开代码窗口，输入代码：

```
REPORT FORM REPORT3 TO PRINTER  ;
FOR (SC.成绩> VAL(THISFORM.COMBO1.VALUE) AND SC.成绩< VAL (THISFORM.COMBO2.
VALUE))
```

8.2　标签的设计与使用

在实际应用中并不总是要求数据以表格形式输出，例如个人名片、邮件标签、借书卡片等，往往需要以标签卡片的形式输出某些数据。这就需要通过建立标签文件来实现。在 Visual FoxPro 中，标签文件的扩展名为.LBX。实际上，标签是采用多列报表布局，为匹配特定标签纸而对列作特定设置的报表。

8.2.1　标签向导

使用标签向导可以快速的创建标签。启动标签向导：进入项目管理器，在“文档”选项卡中选中“标签”，然后单击“新建”按钮，在出现的“新建标签”选择框中单击“标签向导”按钮，将出现如图 8-30 所示的标签向导的第一个对话框“步骤 1-选择表”。

该对话框用于为标签指定数据源，例如选择 STUD 作为标签的数据源，再单击“下一步”按钮，则出现如图 8-31 所示的“标签向导-步骤 2”。

该对话框用于选择标签类型。系统为用户提供了很多个标签类型，标签尺寸“高×宽”既可以用英制也可以用公制显示；而“列”是指沿纸张水平方向打印的标签个数。用户可以根据需要从中选择一种，如果均不符合用户的要求，可以单击“新建标签”按钮，自己创建一种任意尺寸规格的标签类型。这里选择型号为 Avery L7160（46.56mm×63.50mm×3）标签。单击“下一步”按钮，打开如图 8-32 所示的“标签向导-步骤 3”。

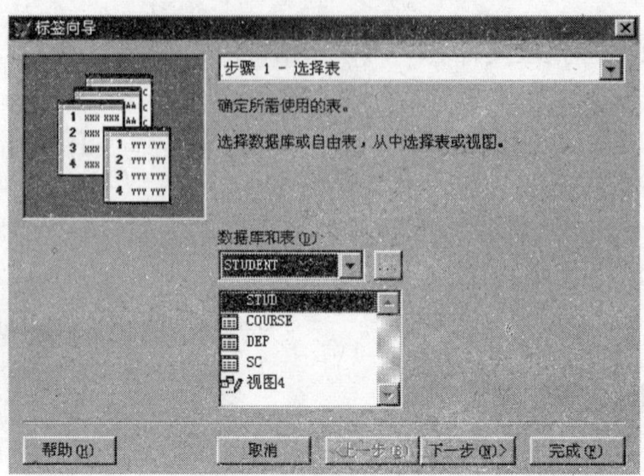

图 8-30　标签向导-步骤 1

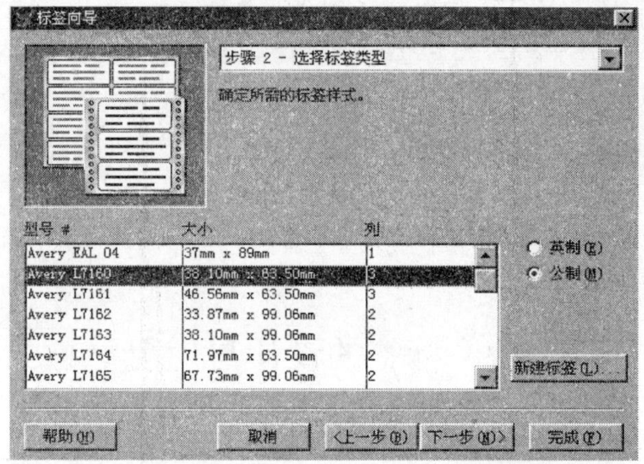

图 8-31　标签向导-步骤 2

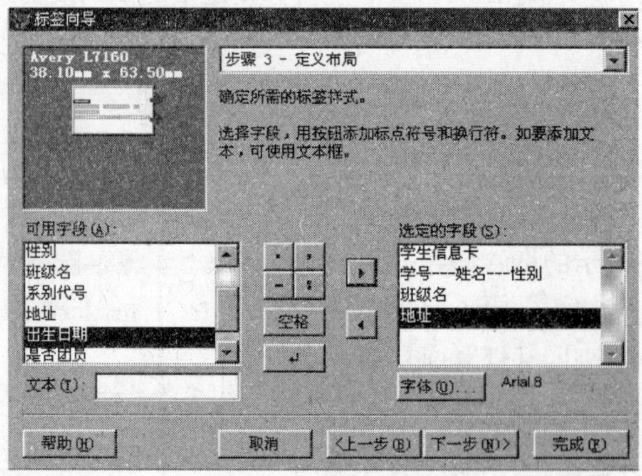

图 8-32　标签向导-步骤 3

该对话框用于定义标签的布局。有 3 种对象可以被置于标签中：“可用字段”、文本、逗号和冒号等特殊符号。在“文本”输入框中可输入任何文字串，例如输入“学生信息卡”，单击“添加”按钮可把文字串添加到“选定的字段”框中，成为每张标签上都出现的文字。在“可用字段”框中选中的任何字段，也可以添加到“选中的字段”框中。如果想另起一行，可以单击中部的“回车”按钮。在同一行可以放置多个字段或文本，字段之间可以用空格、句号、短线、逗号、冒号隔开。在定义布局的过程中，可以随时观察左上角的预览框，查看标签外观的变化。单击“字体”按钮，可以设置各个字段行的字体、字型、大小和颜色等。单击“下一步”按钮，将出现如图 8-33 所示的“标签向导-步骤 4”。

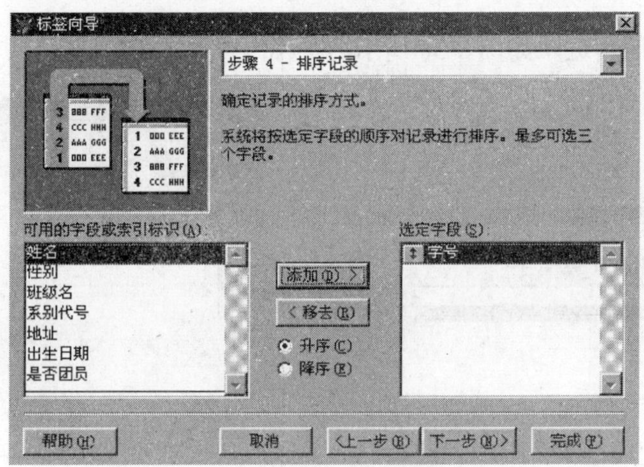

图 8-33　标签向导-步骤 4

在“标签向导-步骤 4”对话框中可指定记录的排序方式，如选择“学号”。单击“下一步”按钮，将进入“标签向导-步骤 5”，如图 8-34 所示。

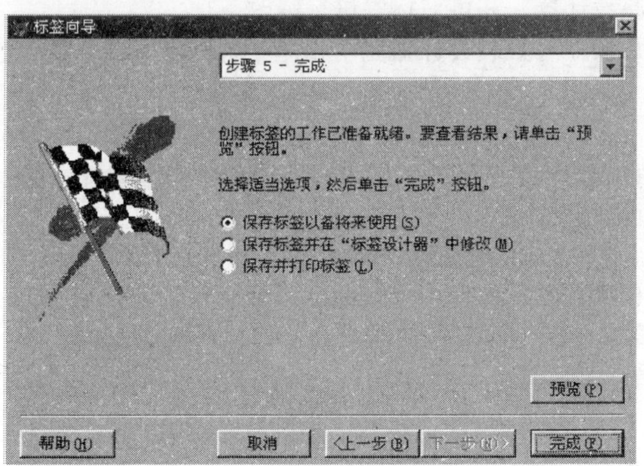

图 8-34　标签向导-步骤 5

“标签向导-步骤 5”是向导的最后一步，用户可以单击“预览”按钮，预览标签的布局情况。最后单击“完成”按钮，在打开的“保存”对话框中，用户输入标签文件的名字，至此就创建了一个完整的标签文件。

8.2.2 标签设计器

利用标签设计器可以更全面、更精细地创建或修改标签页面。标签设计器是报表设计器的一部分，它们使用相同的菜单和工具栏。

进入某项目管理器，选择“文档”选项卡的“标签”项目，单击“新建”按钮，在“新建标签”对话框中单击“新建标签”按钮，则出现如图 8-35 所示的“选择标签布局”对话框。用户可以根据需要选择一个，实际上可以任选一个，在标签设计器中可以做随心所欲的设计和修改。

单击“确定”按钮，进入如图 8-36 所示的“标签设计器”窗口。

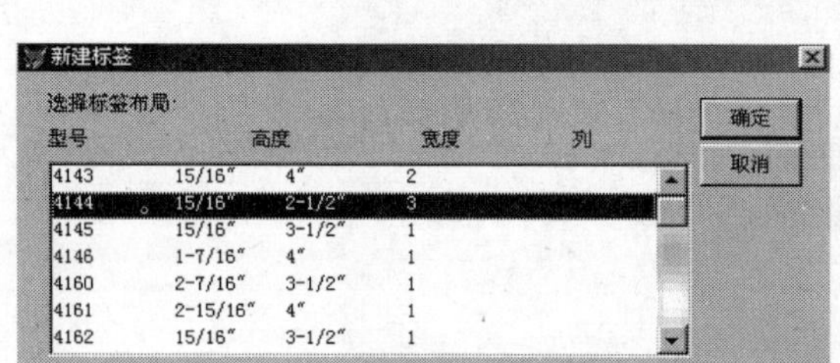

图 8-35 “选择标签布局”对话框

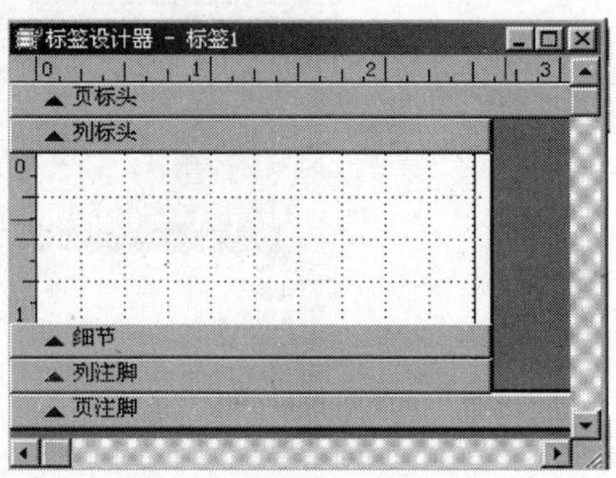

图 8-36 “标签设计器”

在“标签设计器“窗口中，虽然也有页标头、列标头、列注脚和页注脚带区，但用户是不使用它们的。用户只需关心细节带区，标签的内容也只能出现在细节带区中。

在项目管理器中，选择“文档”选项卡的“标签”项目，选择一个已存在的标签，单击“修改”可以进入标签设计器，并可对标签进行修改。

标签设计器的常规操作与报表设计器完全相同，所以这里就不再赘述了。

8.2.3 标签输出

在设计时预览或打印标签的操作与报表相同，请参照报表输出一节。

在程序或命令窗口中打印标签可用下列命令：

```
LABEL FORM <标签文件名>[范围][FOR 条件][WHILE 条件] [TO PRINTER]
```

在程序或命令窗口中预览标签可用下列命令：

```
LABEL FORM <标签文件名>[范围][FOR 条件][WHILE 条件][ PREVIEW]
```

习题八

一、填空题

1．报表中可用________控件加入图片对象。

2．如果已设定了对报表分组，报表中将增加________和________带区。

3．报表设计器在________菜单和快捷菜单中都提供了报表预览功能。

4．创建分组报表需按_______进行索引或排序，否则不能保证正确分组。

5．定义报表布局主要包括设置报表页面、设置_______中的数据位置、设整报表带区大小等。

6．在命令窗口可用_______命令打开报表设计器。

7．在程序中可用命令调用_______报表。

8．域控件是与字段、内存变量或表达式结果链接的_______。

9．首次启动报表设计器时，报表设计器只包含 3 个带区，它们是_______、_______、_______。

10．利用“一对多报表”向导创建一对多报表，把来自两个表中的数据分开显示，父表中的数据显示在_______带区，而子表中的数据显示在细节带区。

二、操作题

1．基于 STUDENT 数据库设计一个打印学生成绩卡的标签。

2．基于 STUDENT 数据库设计一个按班分组的成绩报表，要求不同班不能在同一页打印。

3．基于 STUDENT 数据库设计一个按课程分组的成绩报表，要求每门课程分别打印。

4．设计一个报表控制表单，让用户可以可视化地调用习题 1 至习题 3 中设计的报表。

第 9 章　菜单设计与应用

应用程序通常由若干个功能相对独立的程序模块组成，通过菜单系统，将这些功能模块组织成一个系统。因此，菜单系统设计的好坏不仅反映了应用程序中功能模块的组织水平，同时也反映了应用程序的用户友善性。对数据库进行操作时，菜单程序尤为重要。本章将介绍系统程序菜单的设计及应用。

9.1　菜单系统

9.1.1　菜单系统的结构

各个应用程序的菜单系统内容可能是不同的，但其基本结构是相同的。菜单系统均由四大部分组成：

- 菜单栏（Menu Bar）：用于放置多个菜单标题，位于窗口标题栏下方，包含若干个菜单标题的水平矩形条状区域。
- 菜单标题（Menu Title）：用以表示菜单中菜单项的名称，单击菜单标题，可以打开一个对应的菜单。
- 菜单（Menu）：是指包含命令、过程和子菜单的列表清单。
- 菜单项（Menu Item）：是实现某一任务的选项，如命令、过程、子菜单等。

图 9-1 所示为 Visual FoxPro 6.0 的系统菜单。

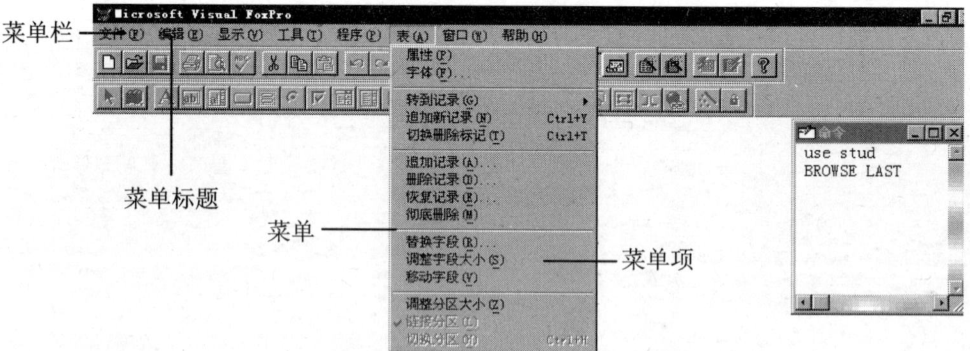

图 9-1　菜单系统的各个组成部分

9.1.2　菜单系统的设计

要为应用程序创建一套菜单系统，通常按照以下步骤进行：

1）规划与设计菜单系统。根据应用程序的功能与使用的要求，确定需要哪些菜单，出现在界面的何处以及哪几个菜单要有子菜单等。

2）创建菜单和子菜单。利用菜单设计器创建所需要的菜单和子菜单。

3）指定菜单系统的任务。指定菜单所要执行的任务，例如显示表单或对话框等。另外，如果需要，还可以包含初始代码和清理代码。

4）生成菜单程序。菜单与表单不同，它不能直接在设计器中生成程序代码，必须专门生成菜单程序代码。在设计器中所做的一切被保存在扩展名为.MNX 的菜单文件中，文件中保存了有关菜单系统的所有信息，它实际上是一个表文件。单击【菜单】|【生成】菜单项生成的菜单程序，扩展名为.MPR。

5）运行及测试菜单系统。菜单设计完成后可以运行并测试菜单系统。

9.2　创建应用系统菜单

在应用系统中，用户要查找信息，首先便是查看菜单。菜单设计得好，用户只要根据菜单的组织形式和内容，就可以很好地了解应用程序。为此，Visual FoxPro 6.0 提供了“菜单设计器”，用来创建菜单，提高应用程序的质量。

9.2.1　菜单设计器的使用

在 Visual FoxPro 6.0 中，可以采用以下 3 种方式进入菜单设计器：

（1）用“项目管理器”。在项目管理器的“其他”选项卡中选择“菜单”项，并单击“新建”按钮。

（2）用系统菜单。单击【文件】|【新建】命令，选择“菜单”，然后再单击“新建文件”按钮。

（3）用 CREATE MENU 命令。执行上述任意一种操作后，系统弹出如图 9-2 所示的“新建菜单”对话框，单击“菜单”按钮，进入“菜单设计器”的界面，如图 9-3 所示。

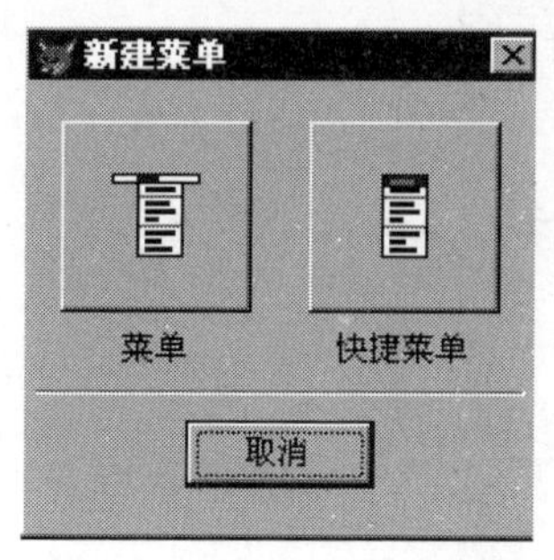

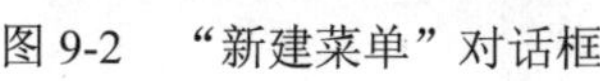

图 9-2　“新建菜单”对话框

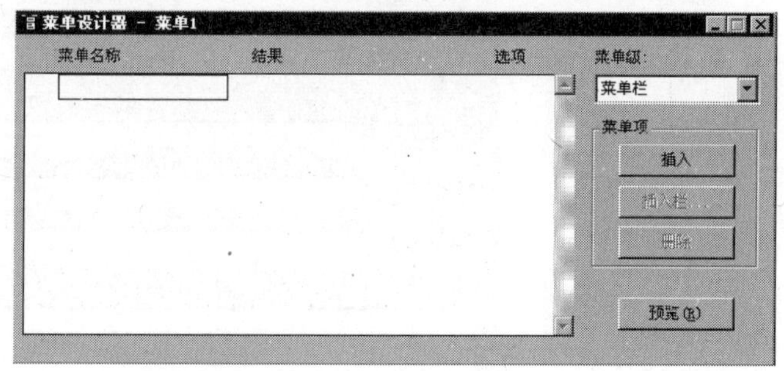

图 9-3　“菜单设计器”窗口

“菜单设计器”的界面由以下几部分构成：

（1）“菜单名称”栏。

此栏输入显示在菜单系统中的菜单标题或菜单项名称。如果要给菜单项设置快捷键，即利用键盘快捷启动菜单的按键，可以在要设定为快捷键的字母前加反斜杠和小于号(\<)。例如，给“文件”菜单设置快捷键为 F，只要在菜单名称“文件”后加“(\<F)”即可。

为了给菜单项进行逻辑分组，往往需要在组与组之间加上分隔线以提高菜单的可读性和易操作性。系统提供的分组方式是在两组之间插入一条水平分组线，即在“菜单名称”栏两组菜单项之间的一行，输入“\-”两个字符。

（2）“结果”栏。

此栏设定菜单项的功能类别。单击该栏展开下拉列表框，有命令、子菜单、过程和填充名称 4 种选择。

- 子菜单（Submenu）：如果所定义菜单项还有子菜单则应选择该项。选择此选项后，列表框右侧出现“创建”按钮，单击此按钮可以创建下一级子菜单。如子菜单已经创建，此按钮变成“编辑”按钮，单击后可对下一级子菜单进行编辑。
- 命令（Command）：如果所定义菜单项是执行一条命令，则应选择该项。当选择该选项后，右侧出现一个文本框，在其中输入要执行的命令。
- 过程（Procedure）：如果所定义菜单项是执行一组命令，则应选择该项。当选择此选项后，列表框右侧会出现“创建”按钮。单击该按钮进入“过程代码编辑”对话框，输入对应的一组命令。

注意：在输入过程代码时，不要 PROCEDURE 语句。

- 填充名称/菜单项#（Pad Name/Bar#）：当“填充名称”出现在定义主菜单中时，“菜单项＃”出现在定义子菜单。当选择此选项，列表框右侧出现文本框，在文本框内输入菜单项的内部名字或序号。其主要目的是为了在程序中引用它。例如，可以利用它来设计动态菜单。

（3）“选项”按钮。

单击该按钮打开“提示选项”对话框，如图 9-4 所示，可以在其中为菜单项设置各种属性。

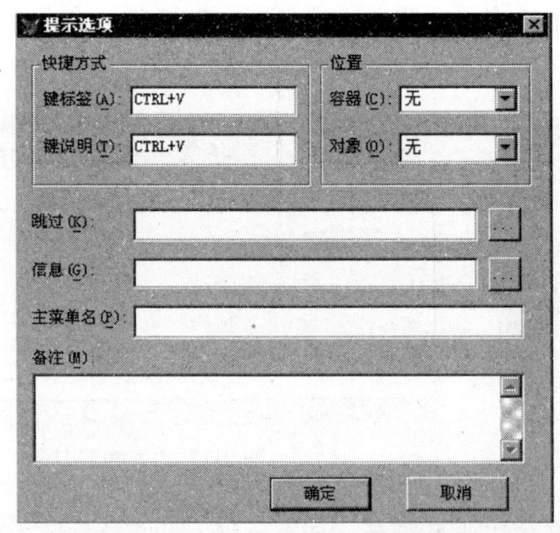

图 9-4　“提示选项”对话框

该对话框中主要属性如下：

- 快捷方式：定义菜单项快捷键。其中“键标签”用于定义快捷键；“键说明”用于定义在菜单项后显示的快捷键名称。例如，定义快捷键为 Ctrl+V，当按 Ctrl+V 组合键时，“键标签”文本框出现 Ctrl+V，“键说明”文本框内也出现相同内容，但该内容可以根据需要修改。

快捷键通常是 Ctrl 或 Alt 键与另一个字符键的组合。但是，用户不能指定 Ctrl+J 为快捷键。要取消已定义快捷键，可以先单击“键标签”文本框，然后按空格键。

- 位置：设置菜单项标题位置。当在应用程序中编辑一个 OLE 对象时，用户可指定菜单项的标题位置。其中各选项的功能如下：

无：菜单标题不设置在菜单栏上，即不选择任何选项。

左：菜单标题设置在菜单栏左边的菜单标题组中。

中：菜单标题设置在菜单栏中间的菜单标题组中。

右：菜单标题设置在菜单栏右边的菜单标题组中。

注意：只有编辑 OLE 对象时，菜单定位选项才可用。

- 跳过：定义菜单项禁用条件。在文本框输入一个表达式，或单击右侧按钮进入“表达式生成器”对话框生成一个表达式，定义允许或禁用菜单项的条件。当表达式值为“假”时，菜单项为可用状态；否则为禁止状态，菜单项以灰色显示。
- 信息：定义菜单项说明信息。当鼠标指向菜单或菜单项时，在 Visual FoxPro 状态栏显示说明其功能及用途的文字信息。这些信息必须用引号括起来。
- 主菜单名：显示“主菜单名”对话框，可在其中指定可选的菜单标题。此选项仅在“菜单设计器”窗口的“结果”区域显示“命令”、“子菜单”或“过程”时可用。
- 备注：指定菜单备注信息。在文本编辑框输入用户注释内容。任何情况下注释内容不影响生成的代码，运行菜单程序时 Visual FoxPro 忽略所有注释。

（4）菜单级。

菜单系统是分级的，最高一级是菜单栏菜单，其次是每个菜单的子菜单。从该下拉列表框选择某菜单级，可以进行相应级别菜单的设计。

（5）“菜单项”按钮。

在“菜单项”选项组中有 3 个按钮，为菜单设计提供相应的操作功能。其功能如下：

插入：在当前菜单项前面插入一个新菜单项目，默认名称为“新菜单项”。

删除：删除当前菜单项。

插入栏：插入标准的 Visual FoxPro 系统菜单中的某些项目。单击该按钮打开“插入系统菜单栏”对话框，如图 9-5 所示，其中列出 Visual FoxPro 所有标准菜单项目供选择。当菜单级处于“菜单栏”时，该项不可用。

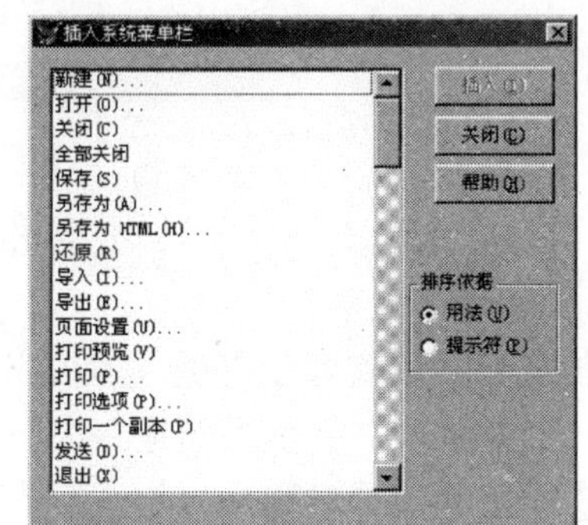

图 9-5　“插入系统菜单栏”对话框

（6）预览。

显示所创建的菜单。启动菜单设计器后，Visual FoxPro 系统菜单中【格式】菜单项被【菜单】项取代，该菜单集成了与菜单设计相关的菜单项。同时，【显示】菜单中也多了【常规选项】和【菜单选项】两项。

9.2.2 应用系统菜单设计

应用系统菜单主要完成主菜单、子菜单项的设计。现以一个简单的学生管理系统的菜单（表 9-1）为例说明使用菜单设计器的一般方法。

表 9-1 学生信息系统菜单结构

系统管理（S）	数据输入与维护（D）	查询（Q）	报表（R）	帮助（H）
操作员注册 退出（X）	学生信息 成绩录入 数据修改 数据删除	学生查询 成绩查询 课程查询 系查询 班级查询	学生信息报表 学生成绩报表	目录与索引 关于…

1. 创建主菜单

【例 9-1】建立一个名为 stu_menu 的菜单文件，主菜单包含“系统管理”、“数据输入与维护”、“查询”、“报表”和“帮助”5 个菜单选项。

操作步骤如下：

1）单击【文件】|【新建】菜单项，打开“新建”对话框。

2）在“新建”对话框中，单击选中“菜单”项，再单击“新建文件”按钮，打开如图 9-2 所示的“新建菜单”对话框。

3）单击“菜单”按钮，进入“菜单设计器”窗口。

4）在“菜单设计器”窗口，定义主菜单中各菜单的选项名，如图 9-6 所示。

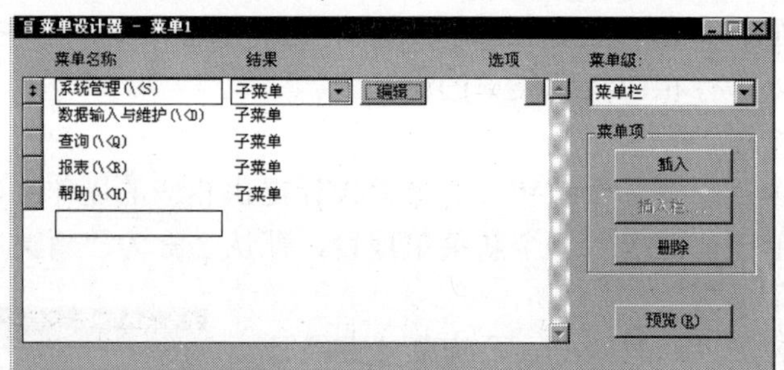

图 9-6 主菜单中各菜单选项名

5）保存菜单文件，文件名为 stu_menu.mnx。

2. 创建子菜单

创建子菜单实际上是给主菜单定义子菜单选项。当菜单栏内的菜单添加完成后，可以针对每一个菜单项，单击“创建”按钮创建子菜单。进入子菜单的设置，在“菜单级”下拉列表框中显示该子菜单名称。一个子菜单创建完成后，单击“菜单级”下拉列表框并选择“菜单栏”，返回上一级菜单，即主菜单。在创建子菜单时，各个菜单项所对应的“结果”可能不同。

【例 9-2】创建 stu_menu.mnx 中各菜单项的子菜单。

操作步骤如下：

1）打开菜单，进入“菜单设计器”窗口。

2）在“菜单设计器”窗口，选择主菜单选项中的“系统管理”，单击“创建”按钮，进入“菜单设计器”子菜单编辑窗口。

3）在“菜单设计器”子菜单编辑窗口，定义“系统管理”菜单项中各子菜单选项名，如图 9-7 所示。

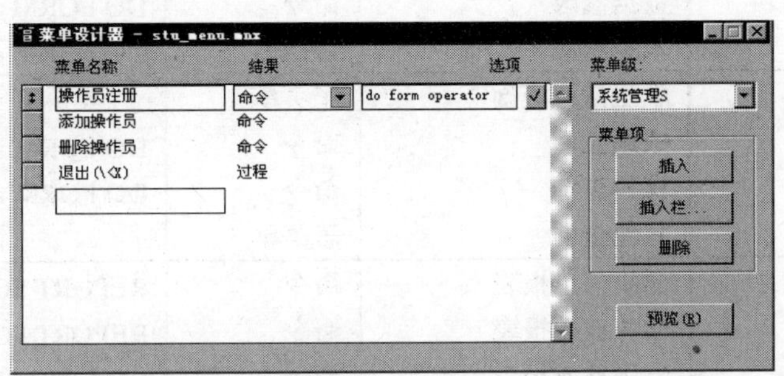

图 9-7　“系统管理”选项中各子菜单选项

4）在“菜单设计器”子菜单编辑窗口，定义“数据输入与维护”菜单项中各子菜单选项名，如图 9-8 所示。依此类推，直到将最后一个菜单“帮助”的子菜单创建完成。

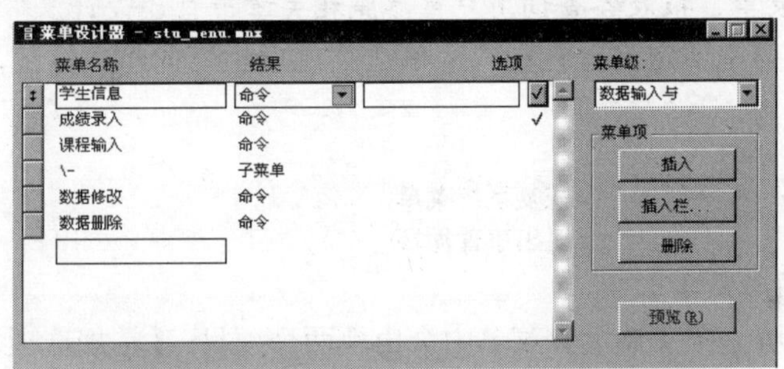

图 9-8　“数据输入与维护”中子菜单选项名

5）将以上菜单以 stu_menu 为名保存在相应文件夹中，结束创建子菜单的操作。

3. 为菜单或菜单项指定任务

创建菜单系统时，需要考虑系统访问的简便性，必须为菜单和菜单项指定所执行的任务，如指定菜单快捷键、添加键盘快捷鍵、显示表单、工具栏以及其他菜单系统。菜单选项的任务可以是子菜单、命令或过程。菜单任务对应的命令必须明确指定，对应的过程必须输入相应的过程代码。

现以学生信息管理系统的菜单为例对该菜单指定任务，有关菜单所指定的任务如表 9-2 所示。

表 9-2　学生信息管理系统菜单设计

菜单标题	菜单项名称	结果	结果框内容
系统维护（\<S）	操作员注册	命令	DO FORM password
	添加操作员	命令	DO FORM operator
	删除操作员	命令	DO FORM operator
	退出（\<X）	过程	

续表

菜单标题	菜单项名称	结果	结果框内容
数据输入与维护（\<D）	学生信息 CTRL+L	命令	DO FORM form1
	成绩录入 CTRL+R	命令	DO FORM score
	数据修改	命令	DO FORM change
	数据删除	命令	DO FORM delete
查询（\<Q）	学生信息查询	子菜单	
	成绩查询	命令	DO FORM sc_query
	课程查询	命令	DO FORM cours
	其他查询	子菜单	
报表（\<R）	学生信息报表	命令	REPORT FORM report2
	学生成绩报表	命令	REPORT FORM report3
	学生补考报表	命令	DO FORM FORM5
帮助（\<H）	目录与索引		
	关于…		

说明：表中“结果框内容”栏中的报表 report2、report3 和表 form1、from5 为第 7 章、第 8 章中的例题，其他表单、报表各查询用户可参照相关章节自己设计。

下面为“退出”菜单项定义过程代码。单击菜单项的“创建”按钮，打开过程编辑器输入如下代码：

```
CLOSE DATABASE ALL
SET SYSMENU TO DEFAULT    &&恢复系统菜单
CLEAR EVENTS              &&退出事件循环
```

4. 设置常规选项与菜单选项

启动菜单设计器后，在【显示】菜单中会出现两个项目：【常规选项】与【菜单选项】。

（1）常规选项。

“常规选项”是针对整个菜单的，它的主要作用：其一，为整个菜单指定一个过程；其二，可以确定用户菜单与系统菜单之间的位置关系；其三，为菜单增加一个初始化过程和清理过程。

单击【显示】|【常规选项】菜单项，打开图 9-9 所示的“常规选项”对话框。

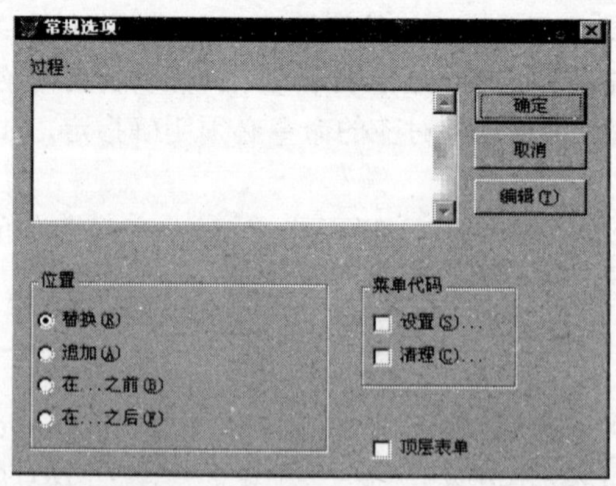

图 9-9 “常规选项”对话框

该对话框主要由以下几部分组成：

- ➢ 过程：为整个菜单系统指定过程代码。如果菜单系统中某菜单项没有规定具体操作，当选择此菜单选项时，将执行该默认过程代码。可以在“过程”框直接输入过程代码，如果过程代码过多超出编辑框大小，编辑框右侧滚动条被激活；也可以单击“编辑”按钮打开代码编辑窗口，编辑、输入过程代码。
- ➢ 位置：在这个选项组中有 4 种选择，决定用户菜单与系统菜单之间的位置关系。
- ● 替换：将用户定义菜单替换 Visual FoxPro 系统菜单，这是默认的选择。
- ● 追加：将用户定义菜单附加在 Visual FoxPro 系统菜单之后。

● 在...之前：将用户定义菜单插入指定 Visual FoxPro 系统菜单项前面。选择该项后，右边出现下拉列表框，其中列出 Visual FoxPro 系统菜单的各个菜单项，从中选择一项，将用户菜单置于该菜单项之前。

● 在...之后：意义与上面类似，只是用户菜单将置于所选择菜单项之后。

➢ 菜单代码：它包括如下两个复选框：

● 设置：向菜单系统添加初始化代码定制菜单系统。初始化代码可以包含环境设置、变量定义、相关文件的打开等。该代码在菜单代码执行之前执行。单击选中“设置” 复选框，在打开的代码编辑窗口中输入初始化代码即可。

● 清理：清理代码中常包括这样一些代码，它们在初始化时启动或废止某些菜单项。在菜单的.MPR 文件中，清理代码位于初始化代码和菜单定义代码之后，而位于为菜单及菜单项指定的代码之前。如果设计的菜单是应用程序的主菜单，则应该在清理代码中包含 READ EVENTS 命令，并为退出菜单系统的菜单命令指定一个 CLEAR EVENTS 命令。这样可以在应用程序运行期间禁止命令窗口，以防止应用程序的运行被过早地中断。

单击选中“清理”复选框，在打开的代码编辑窗口输入清理代码即可。

- ➢ “顶层表单”复选框：菜单设计器创建的菜单系统默认位置是在 Visual FoxPro 系统窗口之中，如果希望菜单出现在表单中，需选中“顶层表单”复选框，当然还必须将表单设置为“顶层表单”。

（2）菜单选项。

单击【查看】|【菜单选项】菜单项，打开“菜单选项”对话框。该对话框中主要有两项功能，一是为指定菜单编写一个过程，二是修改菜单项名称。如果用户正在编辑主菜单，则此处的文件名是不可改变的，即所有主菜单共享一个过程，如图 9-10 所示。如果用户正在编辑的是某个子菜单或菜单项，则该过程即为局部过程，对应该项的名称可以更改，如图 9-11 所示。

图 9-10　“菜单选项”对话框

图 9-11　“数据输入与维护”的菜单选项

在图 9-11 所示的“菜单选项”对话框中，为“数据输入与维护”子菜单指定菜单选项。“数据输入与维护”对应的内部名称“输入与维护”可改为 LR，如图 9-12 所示。

图 9-12　修改子菜单的内部名字

5. 保存菜单

菜单设计过程中可随时单击“预览”按钮预览所设计的菜单。菜单设计完成后，单击【文件】|【保存】菜单项，结果保存在菜单文件 stu_menu.mnx 和备注文件 stu_menu.mnt 中。

6. 生成菜单程序

用菜单设计器设计完菜单选项及每个菜单项任务后，菜单设计工作并未结束，用户还要通过系统提供的生成器，将其转换成程序文件方可使用。

用菜单设计器设计的菜单文件其扩展名为.MNX，通过生成器的转换，生成的程序文件其扩展名为.MPR。

当.MNX 类型文件转换成.MPR 类型文件后，才可使用 DO 命令调用菜单文件。操作步骤如下：

1）打开菜单（扩展名为.MNX）进入“菜单设计器”窗口。

2）单击【菜单】|【生成】菜单项，打开“生成菜单”对话框，如图 9-13 所示。

图 9-13　“生成菜单”对话框

3）输入菜单文件名（扩展名为.MPR），生成对应的菜单程序文件。

7. 运行菜单

运行菜单实际上是运行菜单程序，因此运行的方法与运行其他程序文件的方法是相似的。有 3 种方式：

（1）菜单方式：单击【程序】|【运行】菜单项，并选择需要运行的菜单程序文件名。

（2）命令方式：在命令窗口直接输入 DO <菜单文件名.MPR>命令。

（3）项目管理器方式：在“项目管理器”中选择相应菜单文件并单击“运行”按钮。

9.2.3　在顶层表单中添加菜单

若要在顶层表单中添加菜单，可以按以下步骤操作：

1）在“常规选项”对话框中选择“顶层表单”复选框，创建顶层表单的菜单。

2）将表单的 ShowWindow 属性设置为“2-作为顶层表单”。

3）在表单的 Init 事件中，运行菜单程序并传递两个参数：

```
DO <文件名> WITH oForm , IAutoRename
```

<文件名>指定被调用的菜单程序文件，不能省略扩展名.MPR；oForm 是表单的对象引用。在表单的 Init 事件中，THIS 作为第一个参数进行传递；IAutoRename 指定了是否为菜单取一个新的惟一名字。如果计划运行表单的多个实例，则将.T.传递给 IAutoRename。

【例 9-3】在顶层表单中添加菜单，操作步骤如下：

1）创建一个顶层表单，在表单中添加 3 个标签用于显示应用系统名称等信息，并保存为 mainform。

2）打开表单文件 mainform，将表单的 ShowWindow 属性设置为“2-作为顶层表单”。

3）在表单的 Init 事件代码中添加调用菜单程序的命令：

```
DO stu_menu.mpr WITH THIS,.t.
```

4）打开 stu_menu.mnx 菜单文件。

5）单击【显示】|【常规选项】菜单项，在“常规选项”对话框中选择“顶层表单”复选框。

6）单击“保存”按钮保存设计的菜单。

7）单击【菜单】|【生成】菜单项，打开“生成菜单”对话框。

8）在“生成菜单”对话框中确定菜单程序的保存位置，单击“生成”按钮。

运行表单，结果如图 9-14 所示。

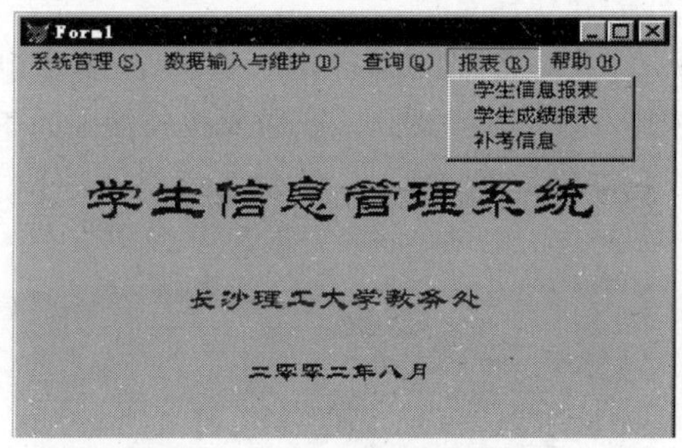

图 9-14　为项层表单添加菜单

9.3　快捷菜单设计

在 Windows 环境中，快捷菜单的使用非常广泛，它给软件的使用带来了很多方便。在控件或对象上右击时，就会显示快捷方式菜单，可以快速展示当前对象可用的所有功能。可用 Visual FoxPro 创建快捷方式菜单，并将这些菜单附加在控件中。例如，可创建包含“清除”、“剪切”、“复制”和“粘贴”命令的快捷方式菜单。当用户在表格控件所包含的数据上右击时，将出现快捷方式菜单。

创建快捷菜单与创建下拉菜单的方法类似，主要步骤如下：

1）打开“快捷菜单设计器”窗口。单击【文件】|【新建】|【菜单】|【新建文件】|【快捷菜单】菜单项或按钮，打开“快捷菜单设计器”窗口，其界面及使用方法与“菜单设计器”窗口完全相同，如图 9-15 所示。

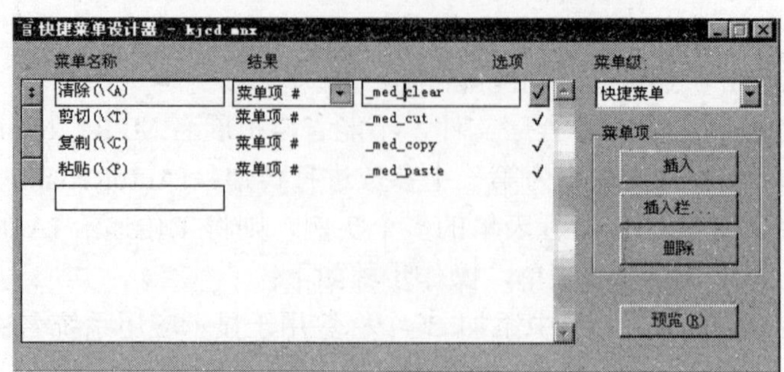

图 9-15　创建快捷菜单

2）添加菜单项。

3）为每个菜单项指定任务。

4）在快捷菜单的“清理”代码中添加清除菜单的命令，使得在选择、执行菜单命令后能及时清除菜单，释放其所占用的内存空间。命令格式如下：

```
RELEASE POPUPS <快捷菜单名> [EXTENDED]
```

5）保存菜单，并生成.MPR 菜单文件。

6）将快捷菜单指派给某个对象，只需为该对象的 RightClick 事件编写代码：DO ＜快捷菜单程序文件名＞，其中文件的扩展名.MPR 不能省略。

【例 9-4】为编辑框控件创建快捷菜单。

要在某一编辑框中调用快捷菜单文件 KJCD.MPR，只要在该编辑框中的 RightClick 事件中加 DO KJCD.MPR。当运行带快捷菜单的表单时，右击编辑框将弹出如图 9-16 所示的快捷菜单。

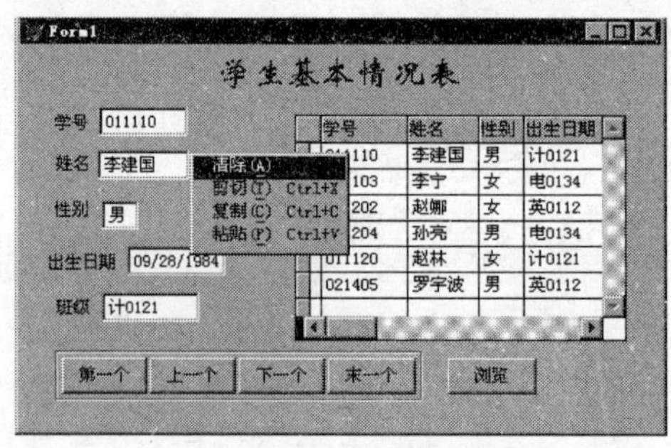

图 9-16　表单的快捷菜单

操作步骤如下：

1）打开“快捷菜单设计器”窗口，定义快捷菜单各选项的内容，如图 9-16 所示。

2）单击【显示】|【常规选项】菜单项，打开“常规选项”对话框。

3）选择“设置”复选框，打开“设置”代码编辑窗口，在窗口中输入接受当前表单对象引用的参数语句：PARAMETERS myform。

4）选择“清理”复选框，打开“清理”代码编辑窗口，在窗口中输入清除快捷菜单的命令：RELEASE POPUPS kjcd。

5）保存菜单，并生成 KJCD.MPR 菜单文件。

6）打开需要设置快捷菜单的表单，并将其 RightClick 事件代码设置成调用快捷菜单程序的命令。

9.4　工具栏

在许多应用软件中都有自己的工具栏。设置工具栏的主要目的是为方便用户操作。因为工具栏提供的是用户经常执行的任务，并且工具栏又总是位于顶层而便于操作。例如，用户经常要从菜单中选择打印报表命令，则最好提供带打印按钮的工具栏，从而简化这项操作。Visual FoxPro 中既可以重新设置系统工具栏，又可以定制自己的工具栏。

前面章节中已经介绍 Visual FoxPro 提供了 12 种不同用途的工具栏，这些工具栏可通过“显示”菜单中的“工具栏”子菜单或右击任一工具栏进行设置。当单击【显示】|【工具栏】菜单项时，打开如图 9-17 所示的“工具栏”对话框，对工具栏进行相应设置，包括定制各个工具栏、恢复修改工具栏、改变按钮顺序、新建工具栏等。

1. 定制系统工具栏

定制系统工具栏的操作步骤如下：

1）打开需定制设置的系统工具栏，如“报表设计器”工具栏。

2）单击【显示】|【工具栏】菜单项，打开“工具栏”对话框。

3）单击“定制”按钮，打开“定制工具栏”对话框，如图 9-18 所示。在“分类”列表框中选择某类工具栏，“按钮”栏显示相关的所有按钮，选中某个按钮后，“说明”栏显示该按钮的相关说明文本。

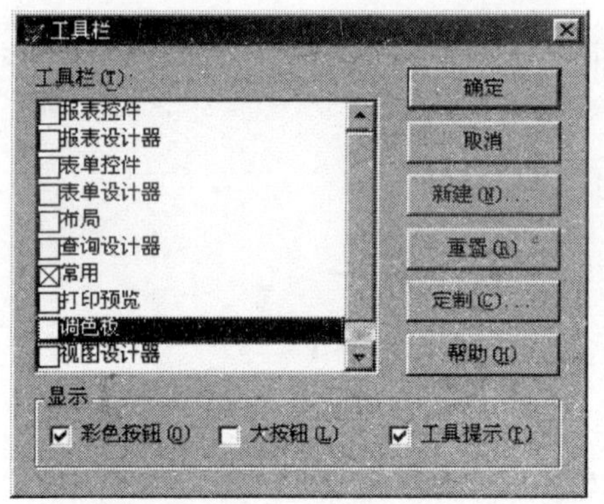

图 9-17　工具栏对话框

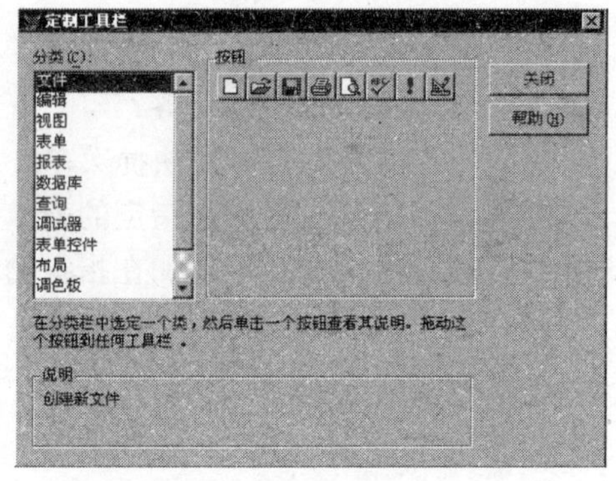

图 9-18　“定制工具栏”对话框

4）定制设置工具栏。如果要在“报表设计器”工具栏插入“创建新文件”按钮，将“文件”类工具栏中的该按钮从对话框拖到“报表设计器”工具栏的相应位置即可，如图 9-19 所示。工具栏不用的按钮，可从工具栏拖出来删除；拖动按钮可改变工具栏中按钮的排列顺序；如果要恢复工具栏的设置，单击“重置”按钮即可。

5）工具栏定制完成，单击“关闭”按钮。

2. 创建新的工具栏

可以为 Visual FoxPro 创建新的系统工具栏，操作步骤如下：

1）单击图 9-17 中的“新建”按钮，打开如图 9-20 所示的“新工具栏”对话框。

2）输入新工具栏的名称，如“我的工具栏”，单击“确定”按钮。

3）屏幕出现新建的“我的工具栏”工具栏（没有一个按钮），同时打开“定制工具栏”对话框。

图 9-19　“定制报表设计器”工具栏

图 9-20　“新工具栏”对话框

4）将相关按钮拖到该工具栏，创建、设置对应的功能按钮。

5）完成后单击“关闭”按钮，新建的“我的工具栏”如图 9-21 所示。

图 9-21　新建的“我的工具栏”

新工具栏创建完成后，再打开“工具栏”对话框，在工具栏列表框中出现新工具栏的名称。它与 Visual FoxPro 系统工具栏的用法完全相同。

习题九

1．什么是菜单和菜单项？它们之间有什么区别？

2．如何为一个菜单项指定任务？

3．什么是常规菜单？什么是快捷菜单？请说出它们的异同。

4．试将你设计的菜单附加在指定的表单上。

5．试将你设计的快捷菜单附加在指定的控件上。

第 10 章　数据库应用系统开发

我们在前面章节中学习了各类程序模块（程序、过程、函数、表单、报表、菜单、工具栏）的设计，但作为一个完整的应用系统，首先要合理地划分各类模块，其次要合理地组织各类功能模块及相关文件，以形成性能稳定、能独立运行的应用系统。本章详细介绍应用系统的开发过程，还将介绍 Visual FoxPro 的调试、编译及容错技术。

10.1　数据库应用系统开发过程

与开发其他软件的应用系统一样，在使用 Visual FoxPro 6.0 进行程序设计之前，首先要明确用户的需求和程序设计的目标、要处理的数据和系统应具备的功能。而在设计程序时，就是用一系列指令存储数据并操作这些数据。

10.1.1　数据库应用系统的开发步骤

按照软件工程的方法，数据库应用系统的开发过程包括可行性分析、需求分析、数据库和应用程序设计、系统试运行和测试、系统运行和维护等几个阶段。

1. 可行性分析

在可行性分析阶段，要确定开发应用系统的总体目标，给出它的功能、性能、可靠性以及数据接口方面的设想；研究完成系统开发的可行性分析，探讨技术关键和解决问题的技术路线；对可供使用的资源、成本、可取得的效益和开发进度做出估计，制订完成任务的实施计划。

2. 需求分析

需求分析包括数据分析和功能分析，这一阶段的主要任务有如下几项：

（1）确认用户需求、确定设计范围。了解用户单位的组织机构、经营方针、管理模式、各部门的职责范围和主要业务活动等情况。明确系统处理的范围和功能。

（2）收集和分析需求数据。对收集到的资料进行加工、抽取、归并和分析，采用一定的方法建立数据流图、数据字典等设计文档。

（3）建立需求说明书。对所开发的系统进行全面的描述，包括任务的目标、具体需求说明、系统功能结构、性能、运行环境和系统配置等。

3. 数据设计

需求分析结束后，就可以进行数据设计，一般先进行概念设计，然后再作逻辑设计。

概念设计独立于具体的计算机系统，把需求分析所得到的数据转化为相应的实体模型。

逻辑设计与具体的 DBMS 相关，将上面得到的概念模型转化成 Visual FoxPro 6.0 所支持的关系模型，进行性能评价和规范化处理，并对数据的安全性和完整性方面做出设计。

4. 应用程序设计

开发数据库应用系统中的应用程序一般可按照总体设计、模块设计、编码、调试 4 个步骤进行。在总体设计中，可采用层次图的方法，按功能要求，自顶向下划分若干子系统，子系统再分为若干功能模块。划分模块时应注意遵守“模块的独立性”的原则，尽可能使每一模块完成一项独立的功能。编码就是要将功能模块转换成计算机可以执行的程序代码，即用某种程序设计语言（例如 Visual FoxPro 6.0）编写源程序。

5. 测试

应用程序设计完成之后，应对系统进行测试，以检验系统各个组成部分的正确性，这也是保证系统质量的重要手段。首先，加载数据，进行单元测试，检查模块在功能和结构方面的问题。其次，要做综合测试，将已测试过的模块组装起来进行联调。最后，按总体设计的要求，逐项进行有效性检查，检验已开发的系统是否合格，能否交付使用。

6. 维护

在系统投入正式运行之后，就进入了维护阶段，由于多方面原因，系统在运行中可能会出现一些错误，需要及时跟踪修改。另外，由于外部环境或用户需求的变化，也可能要对系统进行必要的修改。

10.1.2 构造应用程序框架

一个经精心组织的 Visual FoxPro 应用程序通常应由以下几部分组成：一个或多个用于组织和存储数据的数据库、一个用于设置应用程序系统环境的主程序、一个方便用户使用的菜单和工具栏、一个或多个用于输入和显示数据的表单、一个或多个允许用户检索或输出数据的查询和报表。

Visual FoxPro 提供项目管理器作为集成管理各相关组件的组织工具，并把它们编译为单个应用文件（.app 或.exe）。使用项目管理器创建一个项目之后，就可以说应用程序已具备一个开发框架了，下一步的工作就是如何在这个框架之下利用项目管理器所提供的强大功能，按照需求来实现应用程序要求的功能。

构造一个应用程序时，应注意如下几个问题：

（1）设置应用程序起始点。

每个 Visual FoxPro 应用程序都由大量的功能组件组成，它们都可以通过项目管理器进行有效的管理。但仅仅将各个组件联结在一起，并不能形成可执行的应用程序，还需要为应用程序设置一个起始点，即项目的主文件。当用户运行应用程序时，系统首先启动项目的主文件，然后主文件再依次调用所需要的其他组件。因此，所有的 Visual FoxPro 项目都必须包含一个主文件，它是一个项目中最重要的文件之一，利用它可以将整个程序有机地连接在一起。在程序运行前，它初始化程序的运行环境；在程序运行中，它调度程序的事件操作；在程序运行结束后，它还原系统环境。

一般，最好是为项目建立一个程序作为主文件，当然也可以使用一个表单作为主文件，这样可以将主程序的功能和初始的用户界面集成在一起。

在每个项目中，有且只有一个文件可以设置为主文件，主文件在编译完成后将作为只读文件处理，并且主文件在项目管理器中用醒目的反差字体表示。在项目管理器中设置主文件的方法为：单击要设置为文件的程序、表单或菜单文件，从【项目】菜单或快捷菜单中选择【设置主文件】选项。

（2）初始化环境。

主文件或者主应用程序对象必须做的第一件事情就是对应用程序的环境进行初始化。在打开 Visual FoxPro 时，默认的 Visual FoxPro 开发环境将建立 SET 命令和系统变量的默认值。但是，对应用程序来说，这些值并非最合适。如果要查看 Visual FoxPro 开发环境的默认值，在没有配置文件情况下，用户可在命令窗口输入 DISPLAY STATUS 命令进行查看。

对于应用程序来说，初始化环境的理想方法是将初始的环境设置保存起来，在启动代码中为程序建立特定的环境设置。若要从当前环境中截取命令，可以按照如操作进行：

1）从主菜单中选择【工具】|【选项】命令，将打开“选项”对话框。

2）按下 Shift 键并单击“确定”，在“命令”窗口中显示环境的 SET 命令。

3）从“命令”窗口中，将需要修改默认值的 SET 命令复制并粘贴到程序中。

在一个应用程序特定的环境下，初始化过程还可能需要使用代码执行以下操作：

- 初始化变量。
- 建立一个默认的路径，例如：SET DEFAULT TO F:\TEST。
- 打开任意需要的数据库、自由表及索引。如果应用程序需要访问远程数据，则初始例程也可以提示用户提供所需注册信息。
- 添加外部库和过程文件。

如果要在应用程序退出时恢复默认的设置值，一个很好的方法是将这些值保存在公有变量、用户自定义类或者应用程序对象的属性中。

【例 10-1】如果要测试 SET TALK 命令的默认值，同时保存该值，并将应用程序的 TALK 设为 OFF。

可以在启动过程中包含如下的代码：

```
IF SET ('TALK')= "ON"
  SET TALK OFF
  cTalkVal="ON"
ELSE
cTalkVal="ON"
ENDIF
```

（3）显示初始的用户界面。

初始的用户界面可以是个菜单，也可以是一个表单或其他的用户组件。

在主程序中，可以使用 DO 命令运行一个菜单，或者使用 DO FORM 命令运行一个表单以初始化用户界面。

（4）控制事件循环。

应用程序的环境建立之后，将显示出初始的用户界面，这时，需要建立一个事件循环来等待用户的交互动作。

若要控制事件循环执行，可以执行 READ EVENTS 命令，该命令使 Visual FoxPro 开始处理例如鼠标单击、键击等用户事件。

从执行 READ EVENTS 命令开始，到相应的 CLEAR EVENTS 命令执行期间，由于主文件中所有的处理过程全部挂起，因此将 READ EVENTS 命令正确地放在主文件中的位置十分重要。例如，在一个初始过程中，可以将 READ EVENTS 作为最后一个命令，在初始化环境并显示了用户界面后执行。如果在初始过程中没有 READ EVENTS 命令，应用程序运行后将返回到操作系统中。

在启动了事件循环之后，应用程序将处在所有最后显示的用户界面元素控制之下。例如，如果在主文件中执行下面的两个命令：

```
DO  FORM mainform
READ EVENTS
```

应用程序将显示表单 mainform。

如果在主文件中没有包含 READ EVENTS 或等价的命令，在开发环境的“命令”窗口中，可以正确地运行应用程序。但是，如果要在菜单或者主屏幕中运行应用程序，程序将显示片刻，然后退出。

应用程序必须提供一种方法来结束事件循环。若要结束事件循环，可执行 CLEAR EVENTS 命令。典型情况下，可以使用一个菜单项或表单上的按钮执行 CLEAR EVENTS 命令。CLEAR EVENTS 命令将挂起 Visual FoxPro 的事件处理过程，同时将控制权返回给执行 READ EVENTS 命令并开始事件循环的程序，接着执行 CLEAR EVENTS 命令后的下一命令。

注意：在启动事件循环之前，需要建立一个方法来退出事件循环。必须确认在界面中存在一个可执行 CLEAR EVENTS 命令的机制（例如一个“退出”按钮或者菜单的命令）。

（5）恢复初始的开发环境。

如果恢复储存的变量的初始值，可以将它们宏替换为原始的 SET 命令。例如，如果在公有变量 cTalk Val 中保存 SET TALK 设置，可执行下面的命令：

```
SET TALK  &cTalkVal
```

注意：用宏替换时使用的变量名不能含“.”字符，因为“.”会被理解为变量连接而产生一个语法错误。

如果初始化时使用的程序和恢复时使用的程序不同（例如，如果调用了一个过程进行初始化，而调另外一个过程恢复环境），这时，确保可以对存储的值进行访问。例如，在公有变量、用户自定义类或应用程序对象的属性中保存值，以便恢复环境时使用。

（6）组织主程序文件。

如果在应用程序中使用一个程序文件（.prg）作为主文件，必须保证该程序中包含一些必要的命令，这些命令可控制与应用程序的主要任务相关的任务。在主文件中，没有必要直接包含执行所有任务的命令。例如，常用的一些方法是调用过程或者函数来控制某些任务，如环境初始化和清除等。

若要建立一个简单的主程序，可以按如下步骤进行：

1）通过打开数据库、变量声明等初始化环境。

2）调用一个菜单或表单来建立初始的用户界面。

3）执行 READ EVENTS 命令来建立事件循环。

4）从一个菜单中（例如“退出”）执行 CLEAR EVENTS 命令，或者执行一个表单按钮（例如，在“退出”按钮的 CLICK 事件中添加 CLEAR EVENTS 命令）。主程序不应执行此命令。

5）应用程序退出时，恢复环境。

【例 10-2】为本书中的学生成绩管理系统设计一个主程序（MAIN.PRG），并设置为主文件。

MAIN.PRG 中的代码如下：

```
DO start.PRG          && 调用程序建立环境设置（在公有变量中保存值）
DO form MAINFORM      && 将例 9-3 设计的带菜单的顶层表单作为初始的用户界面显示
READ EVENTS           && 建立事件循环。另外一个程序（如Mainmenu.mpr）必须可执行一个
```

```
DO CLEANUP.PRG         && 在退出之前，恢复环境设置
```

Start.PRG 中的代码如下：

```
     Public cTalkVal           && 定义全局变量
IF SET ('TALK')= "ON"
  SET TALK OFF
  cTalkVal="ON"                && 保存 SET TALK 设置
ELSE
cTalkVal="ON"
Endif
Open database student          && 打开数据库
Application.visible=.F.        && 隐藏 Visual FoxPro 主窗口
```

CLEANUP.PRG 中的代码如下：

```
set talk  &ctalkval            && 恢复 SET TALK 设置
close database                 && 关闭数据库
clear  all windods             && 释放所有窗口
Application.visible=.T.        && 显示 Visual FoxPro 主窗口
```

10.1.3　使用项目管理器组织与管理文件

1. 创建一个项目

开发应用程序的第一步，就是创建一个项目，在该项目的管理下作进一步的工作。当然，也可以先不创建项目，而直接进行其他文件、对象的创建工作。在任何时候，都可以开始项目的创建，并把不在项目中的文件或其他项目中的文件添加到该项目中。但是，作者竭力推荐在开发的第一步先创建一个项目，在该项中继续进行程序的开发工作会有很多优点。

创建一个项目的具体步骤如下：

1）在系统菜单中单击【文件】|【新建】，此时系统将弹出“新建”对话框。

2）在“新建”对话框的“文件类型”中选择“项目”，单击“新建文件”按钮。

3）在弹出的“创建”对话框中输入项目的名称，并选择保存项目的目录后单击“保存”按钮。这时就新建成了一个项目并打开了项目管理器。在项目管理器中创建各类文件的方法在前面各章节中均有介绍，在此不再赘述，本节仅介绍项目管理器的文件管理功能。

2. 添加和移去文件

在 Visual FoxPro 6.0 中，可添加已经存在的文件到项目管理器中，也可以从中移去没用的文件。若想在项目中添加文件，可按如下步骤操作：

1）选择要添加文件的类型。

2）单击“添加”按钮。

3）在弹出的“打开”对话框中选择要添加的文件名。

4）单击“确定”按钮。

此时，在项目管理器中可看到新添加的文件。

若想从项目中移去文件或对象，可按如下步骤操作：

1）从项目中选定要移去的文件或对象。

2）单击“移去”按钮，系统将弹出如图 10-1 所示的对话框。

3）在如图 10-1 所示的提示框中，如果单击“移去”按钮，将从项目中移去该文件或对象；

如果单击“删除”按钮，将从项目中移去该文件或对象，并将文件从磁盘上永久性地删除。

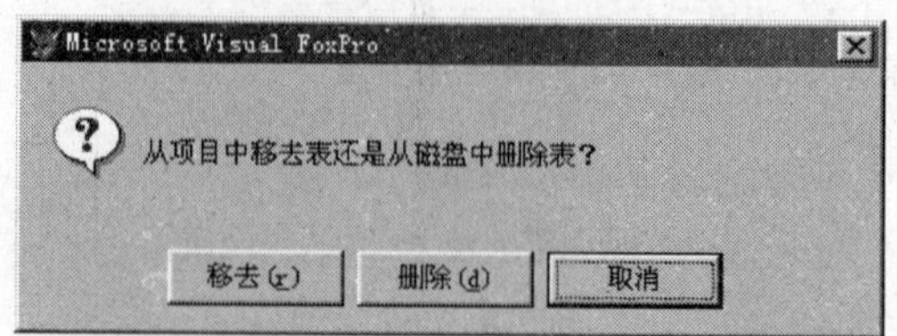

图 10-1 “从项目中移去文件”对话框

3. 创建及修改文件

利用项目管理器在项目中创建或修改文件的方法如下：

1）选定要创建的文件类型。

2）单击“新建”按钮或“修改”按钮，即可激活 Visual FoxPro 相应的设计器或向导。例如，要修改一个表，只需选定该表的名称，双击或单击“修改”按钮，即可进入“表设计器”显示该表结构。

注意：利用【项目】菜单中的【新建文件】或“项目管理器”上的“新建”按钮创建的文件会自动包含在项目中，而从“文件”菜单中创建的文件则不会自动包含在项目中。

4. 为文件添加说明

通过设置出现在项目管理器中的文件的说明信息，可更方便地跟踪文件，方法如下：

1）在项目管理器中选定所需的文件。

2）从系统菜单中选择【项目】|【编辑说明】命令。

3）在弹出的“说明”对话框中键入该文件的说明信息。

4）单击“确定”按钮。

当然，也可以右击选定文件，在弹出的快捷的菜单中，选择【编辑说明】选项，也可达到同样的目的。

5. 设置文件的包含或排除属性

当将项目编译成一个应用程序时，所有项目包含的文件将组合为一个单一的应用程序文件。在项目绑定之后，那些在项目中标记为“包含”的文件变为只读。那些作为项目一部分的文件（如表）可能会经常被用户修改，在这种情况下，应该将这些文件添加到项目中，并将文件标记为“排除”，标记为“排除”的文件仍然是应用程序的一部分，因此，Visual FoxPro 仍可跟踪它们，将它们看成项目的一部分。但是，这些文件没有在应用程序的文件中编译，所以用户可以更新它们。

注意：Visual FoxPro 假设表在应用程序中可以被修改，所以默认为“排除”。作为通用的准则，包含可执行程序（如表单、报表、查询、菜单和程序）的文件应该在应用程序文件中为“包含”，而数据文件则为“排除”。但是，可根据应用程序的需要设置“包含”或“排除”文件。例如，一个文件如果包含敏感的系统信息或者只包含用来查询的信息，那么该文件可以在应用程序中设为“包含”，以免不留心进行更改。反过来，如果应用程序允许用户更改一个报表，那么可将该报表设为“排除”。

如果将一个文件设为“排除”，必须保证 Visual FoxPro 在运行应用程序时能够找到该文件。例如，当一个表引用了一个可视的类库，表单会存储此类库的相对路径。如果在项目中包含该类，则该类将成为项目的一部分，而且表单总能找到该类库。但是，如果在项目中将该库设置为“排除”，表单会使用相对路径或 Visual FoxPro 的搜索路径查找该库。如果此库不在期望的位置（被移动或删除），Visual FoxPro 会显示一个对话框来询问用户指定库的位置。为安全起见，可以将所有不需用户更新的文件设为“包含”。

若要排除可修改文件，则可按如下步骤进行：

1）从项目管理器中选择可修改的文件。

2）在系统菜单中选择【项目】|【排除】命令。

如果已经排除了该文件，“排除”命令将不可用，“包含”命令取而代之。排除的文件在其文件名左边有排除符号“ø”。

若要包含不可修改文件，可按如下步骤进行：

1）从项目管理器中选择不可修改的文件。

2）在系统菜单中选择【项目】|【包含】命令。

如果没有“包含”命令，说明该文件已为包含。

注意：*标记为主文件的文件不能排除。*

若要一次性查看所有的项目文件，则在系统菜单中选择【项目】|【项目信息】命令，然后选择“文件”。

6. 编辑或查看项目信息

打开项目管理器，在系统菜单中选择【项目】|【项目信息】命令，打开如图 10-2 所示的对话框。

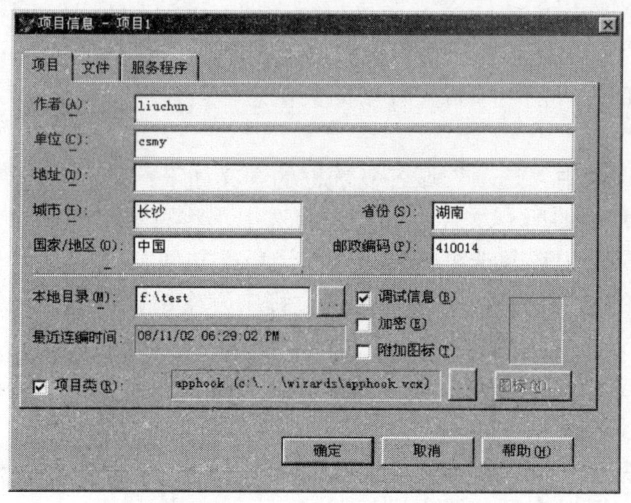

图 10-2 “项目信息”对话框

（1）编辑项目信息：在项目信息对话框中，单击“项目”选项卡，可以查看或编辑作者的有关信息。

（2）单击“文件”选项卡，可以一次性查看所有的项目文件。

10.1.4 项目连编

创建应用程序的最后一步就是“连编”。此过程的最终结果是将所有在项目中引用的文件

（除了那些标记为“排除”的文件）合成为一个应用程序文件。可以将应用程序文件和数据文件（以及其他排除的项目文件）一起发布给用户，用户可运行该应用程序。

1. 测试项目

为了对程序中的引用进行校验，同时检查所有的程序组件是否可用，可以对项目进行测试。要想这样做，需要重新连编项目，这样 Visual FoxPro 会分析文件的引用，然后重新编译修改过的文件。

若要测试一个项目，可使用 BUILD PROJECT 命令，或者进行如下步骤操作：

1）在项目管理器中，单击“连编”按钮。系统将弹出如图 10-3 所示的“连编选项”对话框。

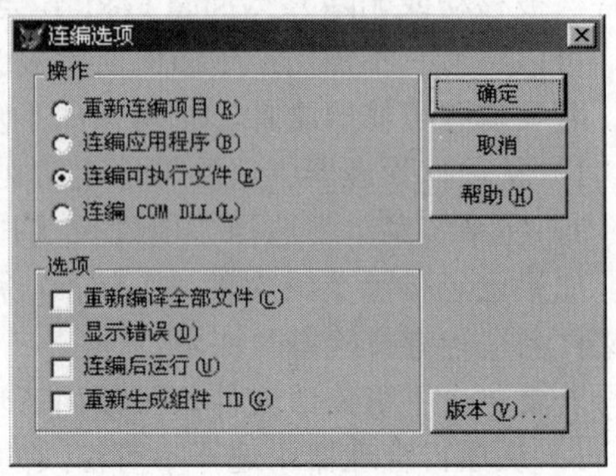

图 10-3 “连编选项”对话框

2）在“连编选项”对话框中，选择“重新连编项目”。

3）选择任意所需的其他选项，单击“确定”按钮。

“连编选项”对话框中“操作”选择项的含义如下：

- “重新连编项目”：重新连编项目管理器中的所有项目，生成.pjx 和.pjt 文件，相当于 BULID PROJECT 命令，用于测试项目。
- 连编应用程序：连接编译并生成.app 应用程序，使之在 Visual FoxPro 控制下执行。相当于命令 BUILD APP。
- 连编可执行文件：创建一个.exe 可执行文件，可独立于 Visual FoxPro 在 Windows 98/NT 下执行。该选项相当于 BUILD EXE 命令。
- 连编 COM DLL：使用项目文件中的类信息，创建一个具有.DLL 扩展名的动态连接库。

“连编选项”对话框中“选项”域各复选框的含义如下：

- 重新编译项目中的所有文件：如果没有选中，将只重新编译自上次编译后已修改过的文件。如果选中该复选框，将重新编译所有文件。
- 显示编译时的错误信息：如果在连编过程中发生错误，这些错误会集中收集在当前目录的一个文件中，名字为项目的名称，扩展名为.err，编译错误的数量显示在状态栏中。若要立刻显示错误文件，选择“显示错误”复选框，编译完成后系统立即自动打开错误文件，如图 10-4 所示。

如果编译错误的数量为 0，说明编译成功，否则，应检查并修改错误，必要时在调试器中进行调试。

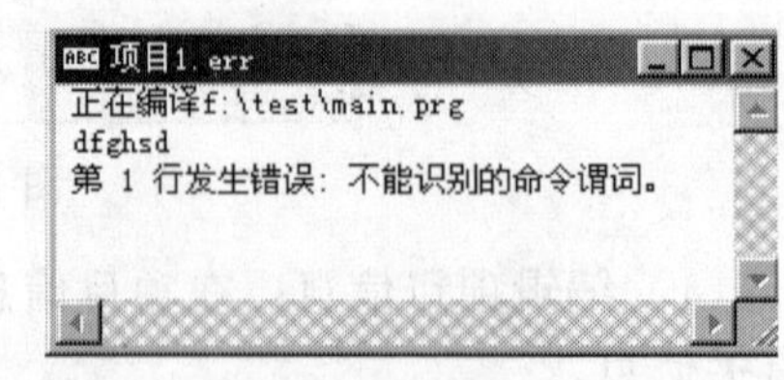

图 10-4 编译错误信息

当成功地连编项目之后，在建立应用程序之前应该试着运行该项目。

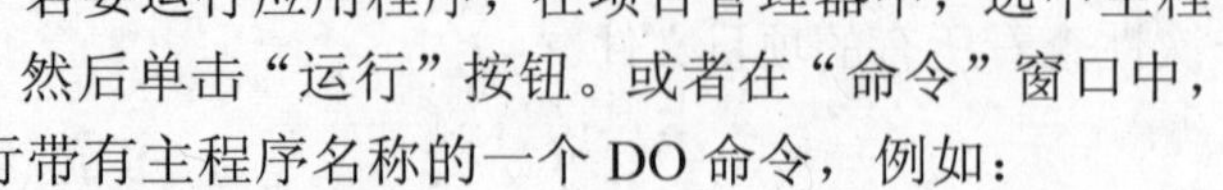

若要运行应用程序，在项目管理器中，选中主程序，然后单击“运行”按钮。或者在“命令”窗口中，执行带有主程序名称的一个 DO 命令，例如：

```
DO MAINPROG.PRG
```

如果程序运行正确，可以开始连编成一个应用程序文件，该文件会包括项目中的所有“包含”文件。

当向项目中添加组件时，应该重复项目的连编和运行。如果没有在“连编选项”对话框中选择“重新编译全部文件”，那么只重新编译上次连编后修改过的文件。

2. 连编应用程序

若要从应用程序建立一个最终的文件，需要将它连编为一个应用程序文件，该文件带有.app的扩展名。若要运行该应用程序，用户需首先启动 Visual FoxPro，然后加载该.app 文件。

从一个项目中，可以建立应用程序文件（.app）或者可执行文件（.exe）。如果用户有一个完整的 Visual FoxPro 副本，则可以运行一个.app 文件。另外一个选择方案是建立一个可执行文件。该可执行文件需要和两个 Visual FoxPro 动态连接库（Vfp6r.dll 和 Vfp6enu.dll）连接，这两个库和应用程序一起构成了 Visual FoxPro 所需的完整运行环境。

3. 连编一个应用程序

若要连编一个应用程序，可使用 BUILD APP 或 BUILD EXE 命令，或者进行如下操作：

1）在项目管理器中，单击“连编”按钮。

2）在“连编选项”对话框中，选择“连编应用程序”，生成.app 文件；或者选择“连编可执行文件”以建立一个.exe 文件。

3）选择所需的其他选项并单击“确定”按钮。

当为项目建立一个最终的应用程序文件之后，就可运行了。

4. 运行.app 应用程序

要运行.app 应用程序，可从【程序】菜单中选择【运行】命令，然后选择要执行的应用程序；或者在“命令”窗口中，键入 DO 和应用程序文件名，例如，要运行应用程序“项目 1”，可键入：

```
DO 项目 1.app
```

5. 运行.exe 文件

如果从应用程序中建立一个.exe 文件，可以使用如几种方法运行该文件：

（1）Visual FoxPro 中，从【程序】菜单中选择【运行】，然后选择一个应用程序文件。

（2）在 Windows 中，双击该.exe 文件的图标。

注意：只把.exe 文件拷贝到目标机器，一般不能运行，还必须把 Visual FoxPro 运行时的支持文件一起拷贝到目标机器中，最好使用 Visual FoxPro 安装向导为应用程序创建安装盘，该盘中带有所有应用程序所需的文件。

10.2　调试技术

在典型情况下，当程序员测试和调试应用程序时，主要是在研究程序不同级别的可靠性：

（1）运行不会导致崩溃或产生错误信息，即没有语法错误。

（2）在一般情况下操作正常，没有逻辑错误。

（3）具有运行时错误的处理能力。

（4）在意外的用户干扰时，很容易恢复。即具有数据安全保护机制。

Visual FoxPro 提供了丰富的测试和调试工具，帮助开发者逐步发现代码中的错误，有效地解决问题。但是，要想建立一个性能可靠的应用程序，最好的方法是及早发现潜在的错误。

研究表明，良好的编程习惯（如留出空白空间、添加代码注释、使用一般的命名规则等）会相应减少代码中出现的问题。此外，在早期的开发过程中，可以采取一些必要步骤，这样可以使后面的测试和调试工作变得简单。这些步骤包括：

（1）建立测试环境。

（2）设置验证信息。

（3）查看事件发生的序列。

10.2.1　建立测试环境

应用程序运行的系统环境与为应用程序本身设置的数据环境一样重要。为了保证可移植性并建立适当的测试和调试环境，必须考虑以下几个方面的问题：硬件和软件、系统路径和文件属性、目录结构和文件位置。

1. 硬件和软件问题

为了获得最大的可移植性，应当在预期运行的最底层平台上开发应用程序。要保证应用程序能在满足最低要求的平台上正常工作，应该做到以下几点：

（1）使用最低层常用的视频方式开发应用程序。

（2）确定最低所需的 RAM 以及存储介质的空间大小，其中应包括必需的驱动程序以及同时运行的软件所占用的空间。

（3）对于应用程序的网络版，还应考虑内存、文件和记录锁定等特殊要求。

2. 系统路径和文件属性

为了在运行应用程序的每台机器上都能够快速访问所有必需的程序文件，可能需要确定一个基本文件配置。在定义基本配置时，应考虑下列问题：

（1）应用程序是否需要公用系统路径。

（2）设置的文件存取属性是否合适。

（3）为每个用户设置的网络权限是否正确。

3. 目录结构和文件位置

如果源代码引用的是绝对路径或文件名，那么当应用程序安装到任何其他机器上时必须存在相同的路径和文件。若要避免这一情况，可采用以下方法：

（1）使用 Visual FoxPro 配置文件。

（2）另建一个目录或目录结构，将源文件和生成的应用程序文件分开。这样就可以对应用程序的相互引用关系进行测试，并且准确地知道在发布应用程序时应包含哪些文件。

（3）使用相对路径。

10.2.2　设置验证的内容

在代码中可以包含验证的内容，其作用是验证代码运行环境的假设情况。

若要设置验证的内容，使用 ASSERT 命令标明程序中的假设。

当 ASSERT 命令中所规定的条件为“假”（.F.）时，将显示一个提示信息对话框，同时在“调试输出”窗口中反映出来。

例如，可以编写一个函数，函数需要一个非 0 的参数值。如果参数为 0 时，下面的函数代码将提醒用户：

```
ASSERT nParm!=0 MESSAGE"接受的参数数值为 0"
```

可以使用 SET ASSERTS 命令指定是否显示提示信息，默认情况下，不显示提示信息。

10.2.3　在调试器中调试程序

在测试中发现问题后，可以使用 Visual FoxPro 调试环境逐步找到错误，具体方法如下：

1）启动调试器。

2）跟踪代码。

3）跟踪事件。

4）停止程序的执行。

5）查看存储的值。

6）显示结果。

1. 打开调试器

打开调试环境时，就启动了一个调试器。

打开调试器的方法是：选择【工具】|【调试器】命令，或在命令窗口输入下列命令之一：

```
DEBUG
SET STEP ON
SET ECHO ON
```

“调试器”窗口是一个独立运行的窗口，它有自己的菜单和工具栏，在“调试器”窗口中可有选择地打开 5 个子窗口：跟踪、监视、局部、调用堆栈和调试输出，如图 10-5 所示。

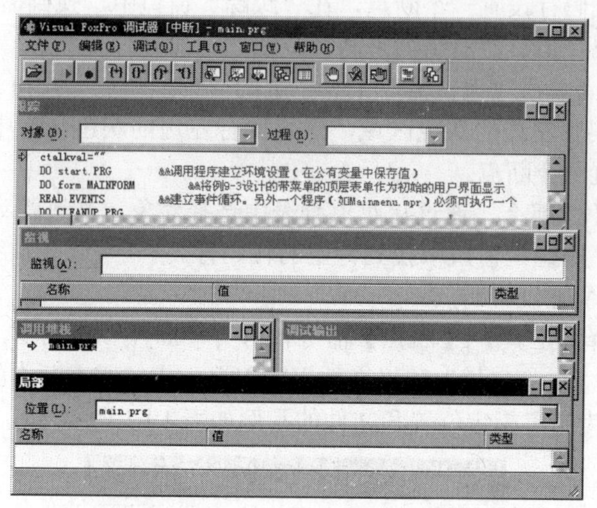

图 10-5　调试器窗口

要打开子窗口，可在“调试器”窗口的菜单栏中选择【窗口】命令，在弹出的下拉菜单中选择相应的子窗口名。单击各窗口右上角的“关闭”按钮，可关闭窗口。

2. 跟踪代码

在调试中，最有用的方法就是跟踪代码，以此观察每一行代码的运行，同时检查所有的变量、属性和环境设置值，如图 10-6 所示。

跟踪代码的步骤如下：

1）启动一个调试器。

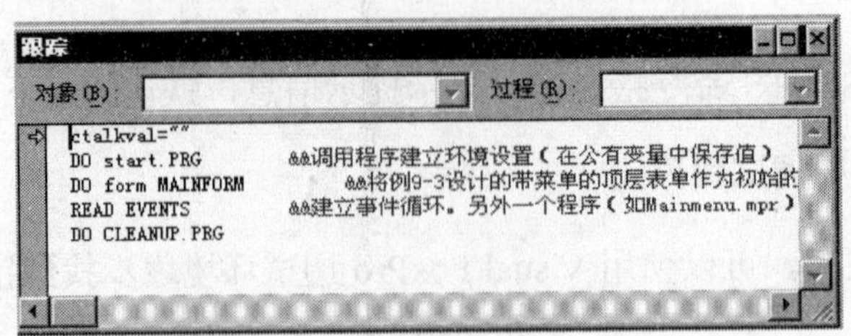

图 10-6　“代码跟踪”窗口

2）如果“跟踪”窗口没有打开，在调试窗口的菜单栏中选择【窗口】|【跟踪】命令。

3）在调试窗口的菜单栏中选择【调试】|【运行】命令，打开要调试的程序。

4）在调试窗口的菜单栏中选择【调试】|【单步】命令（或按 F6 键），或选择【调试】|【单步跟踪】命令（或按 F8 键）。在代码左边灰色区域中的箭头表示下一行代码将要执行。

注意单步与单步跟踪的区别：“单步”指每条语句单步执行，但不跟踪到函数或过程的内部，函数或过程的调用算一条语句，而“单步跟踪”也是每条语句单步执行，但会跟踪到函数或过程的内部。

3. 设置断点

断点将挂起执行程序，停止执行程序以后，就可以检查变量和属性的值，查看环境设置，也可以逐行检查部分代码，而不遍历所有的代码。设置断点可缩小逐步调试代码的范围。

（1）在特定代码行设置断点。

若要在某个特定代码行设置一个断点，在“跟踪”窗口中，找到需要设置断点的那一行，并将光标放置在该代码行上，然后选如下两种方法之一即可：

- 按下 F9 键或者单击“调试器”工具栏上的“切换断点”按扭。
- 双击该行代码行左边的灰色区域，该代码行左边的灰色区域中会显示一个实心点，这表明在该行已经设置一个断点。

如果正在调试对象，那么，通过从对象列表中选择对象，从过程列表中选择所需方法程序或事件，就可以在“跟踪”窗口中找到特定的代码行。

（2）在文件指定位置设置断点。

在调试窗口中选择【工具】|【断点】命令，打开“断点”对话框，在“类型”列表框中选择“在定位处中断”，在“定位”和“文件”输入框中指定所需断点的位置和文件来设置断点，如图 10-7 所示。为断点指定位置和文件的示例如表 10-1 所示。

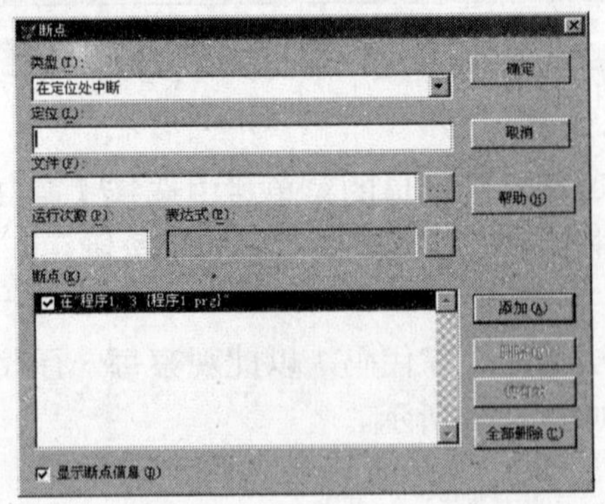

图 10-7　“断点”对话框

表 10-1　为设置断点指定位置和文件的示例

位置	文件	在何处将执行程序挂起
Procedure1	F:\test\main.prg	在程序 Main.prg 中名为 Procedure1 的过程的第一个可执行代码行
Main,10	F:\test\Main.prg	在名字为 Main 程序的第 10 行
Click	F:\test\Form2.scx	在文件 Form2.scx 中，任何一个 Click 事件代码第一行
Command1.Click	F:\test\Form2.scx	在文件 Form2.scx 中，在 Command1 控件的 Click 事件中的第一个可执行代码行
command::Click		在任意文件中，父类为 command 的任何控件的 Click 事件中的第一个可执行代码行

（3）在表达式值发生改变时挂起执行程序。

如果要了解何时一个变量或属性的值发生了变化，或者想知道何时运行条件发生了改变，那么可以对一个表达式设置断点，步骤如下：

1）打开“断点”对话框，如图 10-8 所示。

2）从“类型”列表中，选择“当表达式值改变时中断”。

3）在“表达式”对话框中，输入相应的表达式。

4）单击“添加”按钮，将断点添加到“断点”列表中。

断点表达式的示例如表 10-2 所示。

表 10-2　断点表达式的示例

表达式	用于
RECNO()	当表中的记录指针移动时，将程序挂起
PROGRAM()	在任意一个新的程序、过程、方法程序或事件的第一行上，将程序挂起
Myform.Text1.Value	当该属性的值由于用户交互或程序运行而发生了改变时，将程序挂起
Var1	当变量 VAR1 的值在程序运行过程中发生了改变时，将程序挂起

（4）有条件地将程序挂起。

若要在一个表达式值为真时，将程序中断，步骤如下：

1）打开“断点”对话框，如图 10-7 所示。

2）从“类型”列表中，选择“当表达式值为真时中断”。

3）在“表达式”对话框中，输入相应的条件表达式。

4）单击“添加”按钮，将断点添加到“断点”列表中。

4. 移去断点

在“断点”对话框中，单击断点列表框中某断点左侧的复选框可使该断点无效，单击“删除”按钮可删除选定的断点。

在“跟踪”窗口中，双击断点标记可以删除该断点。

5. 查看存储元素的值

在调试程序窗口中，很容易查看到变量、数组元素、属性和表达式的运行值。

（1）在“局部”窗口中查看变量的值。

“局部”窗口会显示调用堆栈上的任意程序、过程或方法及程序里所有的变量、数组、对象和对象元素，如图 10-8 所示。

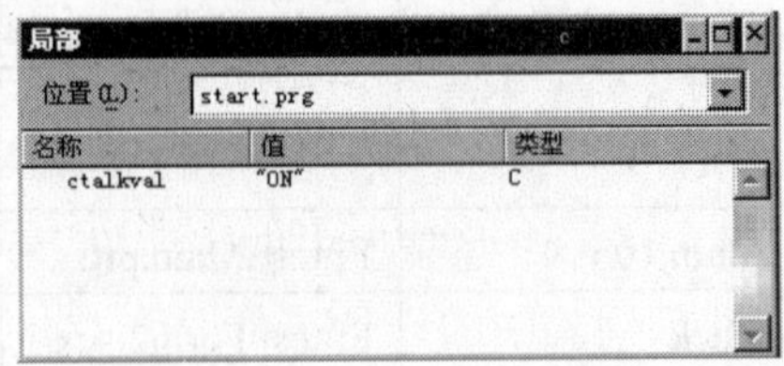

图 10-8　“局部”窗口

默认情况下，在“局部”窗口中所显示的是当前执行程序中的变量值。通过在“位置”列表中选择程序或过程，也可以查看其他程序或过程中的变量值。

在“局部”窗口和“监视”窗口中，单击数组或对象名称旁边的加号“+”，可以查看数组或对象的下一级内容。当进入下一级时，就能看到数组中所有的数组元素值或对象的所有属性设置。

在“局部”窗口和“监视”窗口中，通过选择所需的变量、数组元素或属性，然后单击“值”列，同时键入一个新值，即可改变这些变量、数组元素或属性值。

（2）在“监视”窗口中查看变量的值。

在“监视”窗口的“监视”框中，键入任意一个有效的 Visual FoxPro 表达式，然后按下回车键。这时，该表达式的值和类型就会出现在“监视”窗口的列表中，如图 10-9 所示。

也可以在“跟踪”窗口中，选择变量或表达式，然后将它们拖动至“监视”窗口中。

在“监视”窗口中，那些已经改变的值会显示为红色。

若要从“监视”窗口中移去某监视项，选择该项，然后按 Del 键；或者从快捷菜单中，选择“删除监视”。

（3）在“跟踪”窗口中查看变量值。

在“跟踪”窗口中，将光标定位到任何一个变量、数组或属性上，就会出现提示条，并显示它的当前值。

6. 查看事件发生的序列

当看到事件的发生与其他事件有关时，就可以确定代码放置的有效位置了。

若要跟踪事件，可按如下步骤操作：

1）在调试窗口的菜单中选择【工具】|【事件跟踪】命令，打开如图 10-10 所示的“跟踪”对话框。

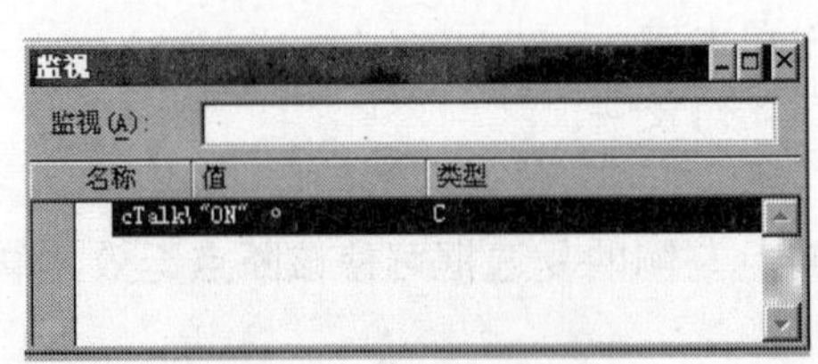

图 10-9　“监视”窗口

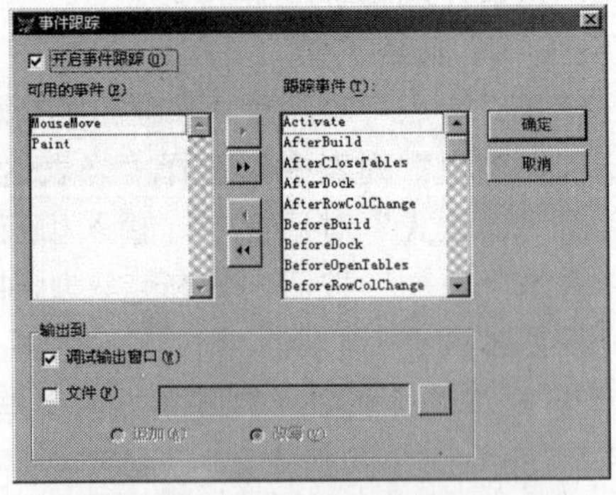

图 10-10　“事件跟踪设置”对话框

2）选择要跟踪的事件：系统默认的跟踪事件为 Visual FoxPro 系统定义的所有事件，用户可从“跟踪事件”列表中选择不跟踪的事件，并单击中部的左箭头按钮将其加入“可用事件”

列表中。

例如，MouseMove 和 Paint 事件发生很频繁，一般不需对其跟踪，所以把这两个事件从“跟踪事件”列表中移到“可用的事件”列表中。

3）启动事件跟踪：选中“开启事件跟踪”复选框，便可激活事件跟踪。

4）选择跟踪输出去向：如果“调试输出窗口”复选框选中，激活事件跟踪后，每当“跟踪事件”列表中的一个事件发生时，该事件名字就会显示在“调试输出”窗口中，如果“文件”复选框选中，可同时写到一个文件里。

如果没有打开“调试输出”窗口，那么尽管已经设置了“调试输出”窗口，事件也不会列出来。

10.3　容错技术

10.3.1　处理运行时刻错误

“运行时刻错误”是指在应用程序开始执行后由于环境的变化而引发的错误。它不属于语法错误，也不属逻辑错误。产生“运行时刻错误”的可能操作包括：对不存在的文件执行读操作、试图打开已经打开的表、想要选择已经关闭的表、发生数据冲突、由于网络原因无法与远程数据库建立连接、除数为零等。为了使应用系统在运行时不至于因为“运行时刻错误”而导致系统崩溃，大多开发工具都会提供处理“运行时刻错误”的机制，在其他语言系统中（如 VC++，Delphi）称为异常处理。

Visual FoxPro 没有“异常处理”机制，为了防止和解决“运行时刻错误”，它为用户提供了一系列的函数和命令，如表 10-3 所示。

表 10-3　处理“运行时刻错误”有效的函数和命令

函数或命令	说明
AERROR(数组)	创建一个数组，存储最近的错误信息
ERROR　N	产生指定的错误（错误号为 N），以测试自己的错误处理程序
ERROR()	返回一个错误编号
MESSAGE([1])	返回一个错误信息字符串或错误代码行
ON ERROR　[命令]	当错误发生时，执行一个命令
PROGRAM()或 SYS(16)	返回当前执行程序的名称
RETRY	重新执行前一个命令

要了解有关这些函数和命令的完整说明和示例，请参阅联机帮助。

10.3.2　防止运行时刻错误的发生

要防止“运行时刻错误”的发生，首先需要预见错误可能会在何处发生，然后针对可能发生错误的代码进行修改。例如，下面的代码将表的记录指针移到下一个记录：

```
SKIP
```

一般情况下该代码可以正常工作。但是当指针已位于最后一条记录上时，执行这行代码就会发生错误。下面的代码考虑了这种情况，并可以避免错误的发生。

```
IF !EOF()
  SKIP
ELSE
  GO BOTTOM
ENDIF
```

【例 10-3】运行时打开 STUD 表，如果表不存在，显示出错信息。

不能容错的代码：

```
USE  STUD
```

能容错的代码：

```
 IF FILE('stud')
  USE stud
Else
MESSAGEBOX("打开表错误",0,"提示")
ENDIF
```

10.3.3　处理运行时错误

有时不能预见所有可能发生的错误，也许不想这样做。这时，就需要利用 Visual FoxPro 提供的错误捕获功能如下：

```
ON  ERROR [命令]
```

当过程中的代码出错时，Visual FoxPro 将检查与 ON ERROR 例程相关的错误处理代码。如果 ON ERROR 例程不存在，Visual FoxPro 就显示默认的错误信息。

在 ON ERROR 后面，可以包含任意有效的 FoxPro 命令或者表达式，但一般情况下，将调用一个错误处理过程或程序。

如果在代码中用 ON ERROR DO <ERRPROCE>命令启动了 Visual FoxPro 的错误捕获功能，在后续代码中发生任何运行时错误，系统都会执行<ERRPROCE>中的代码，然后跳过错误代码行，接着执行错误代码行的下一语句。如果希望重新执行错误行代码，可使用 RETRY 命令。

要终止 ON ERROR DO <ERRPROCE>错误捕获功能，可执行不带任何参数的 ON ERROR 命令，将错误信息重置为 Visual FoxPro 的内置错误信息。

一般情况下，可将有可能出现运行时错误的代码放在 ON ERROR DO <错误处理过程>和 ON ERROR 之间。

要了解 ON ERROR 如何工作，可以在“命令”窗口中键入一个不正确的命令，如：? AAA。

这时会出现一个标准的 Visual FoxPro 错误信息对话框，显示“找不到变量 AAA”。但是如果执行下面的两行代码，活动的输出窗口中就会显示错误号码 12，而不在对话框中显示标准的错误信息。

```
ON ERROR ? ERROR()
? AAA
```

【例 10-4】假若系别表（DEP）的代号字段被定义为主关键字，如果用 SQL 语句向系别表（DEP）插入一条新记录，可用如下命令：

```
DEPNO='02'
INSERT INTO DEP VALUES (&DEPNO,'中文系')
```

如果 DEP 表中已有代号为“02”的记录，这条命令在运行时就会发生错误。

为了处理这类错误，可将代码修改为：

```
DEPNO='02'
ON ERROR DO ERRORPROC
INSERT INTO DEP VALUES (&DEPNO, '中文系')
ON ERROR
ERRORPROC.PRG
nAnswer=MESSAGEBOX('关键字冲突，插入记录失败',2+48+512, "错误")
 DO CASE
  CASE nAnswer=3               && 退出
    CANCEL
CASE nAnswer=4                 && 重试
*修改 DEPNO
RETRY
OTHERWISE                      && 忽略
  RETURN
ENDCASE
```

10.3.4　处理类和对象中的错误

当方法程序代码中出错时，Visual FoxPro 将检查和该对象的 Error 事件相关的错误处理代码。如果在该对象的 Error 事件上没有代码，则将从父类或高于该类的其他类中执行 Error 事件的代码。如果在该类的层次结构中，找不到 Error 事件代码，Visaul FoxPro 将检查 ON ERROR 例程。如果 ON ERROR 例程不存在，Visual FoxPro 则显示默认的错误信息。

类的优点是可以封装控件所需的所有项（包括错误处理），所以可以在各种环境下使用该控件。如果以后遇到了控件的其他错误，就可以向该类添加针对这个错误的处理程序，而且基于该类的对象会自动继承这个新的错误处理程序。

例如，在 Visual Studio…\Samples\Vfp98\Classes 目录下，Buttons.vcx 类库中的 vcr 类基于 Visual FoxPro 容器类。如图 10-11 所示。

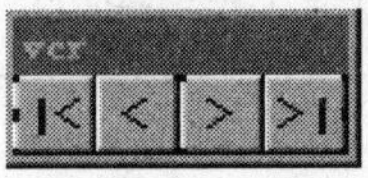

在该容器中的 4 个按钮负责表的定位，使用如下的命令在表中移动记录指针：

图 10-11　vcr 类

```
GO TOP
SKIP -1
SKIP 1
GO BOTTOM
```

如果没有打开表时，用户选择了其中一个按钮，就会出错。这些错误在用户选择任一按钮时，都有可能发生。所以没有必要编写 4 个独立的错误处理方法。下面的代码放在每个命令按钮的 Error 事件中，它们将错误处理信息传递给该类惟一的一个错误处理例程：

```
Parameters nError, cMethod, nLine
This.Parent.Error(nError, cMethod, nLine)
```

下面的代码放在 vcr 类的 Error 事件中。由于代码本地化要求，实际的代码可能有所不同。

```
Parameters nError, cMethod, nLine
```

```
#define NUM_LOC "Error Number: "
#define PROG_LOC "Procedure: "
#define MSG_LOC "Error Message: "
#define CR_LOC CHR(13)
#define SELTABLE_LOC "Select Table:"
#define OPEN_LOC "Open"
#define SAVE_LOC "Do you want to save your changes anyway?"
#define CONFLICT_LOC "Unable to resolve data conflict."
DO CASE
    CASE nError = 13 && Alias not found
    *-----------------------------------------------------------
    * If the user tries to move the record pointer when no
    * table is open or when an invalid SkipTable property has been
    * specified, prompt the user for a table to open.
    *-----------------------------------------------------------
        cNewTable = GETFILE('DBF', SELTABLE_LOC, OPEN_LOC)
        IF FILE(cNewTable)
            SELECT 0
            USE (cNewTable)
            This.SkipTable = ALIAS()
        ELSE
            This.SkipTable = ""
        ENDIF
    CASE nError = 1585
    *-----------------------------------------------------------
    * Update conflict handled by datachecker class.
    *-----------------------------------------------------------
        nConflictStatus = THIS.DataChecker1.CheckConflicts()
        IF nConflictStatus = 2
            WAIT WINDOW CONFLICT_LOC
        ENDIF
    OTHERWISE
    *-----------------------------------------------------------
    * Display information about an unanticipated error.
    *-----------------------------------------------------------
        lcMsg = NUM_LOC + ALLTRIM(STR(nError)) + CR_LOC + CR_LOC + ;
                MSG_LOC + MESSAGE( )+ CR_LOC + CR_LOC + ;
                PROG_LOC + PROGRAM(1)
        lnAnswer = MESSAGEBOX(lcMsg, 2+48+512)
        DO CASE
            CASE lnAnswer = 3 &&Abort
                CANCEL
            CASE lnAnswer = 4 &&Retry
                RETRY
            OTHERWISE
                RETURN
```

```
    ENDCASE
ENDCASE
```

10.4　应用程序发布

在完成应用程序的开发和测试工作之后，可用“安装向导”为应用程序创建安装程序和发布磁盘。如果要以多种磁盘格式发布应用程序，“安装向导”会按指定的格式来创建安装程序和磁盘。

10.4.1　制作发布盘前的准备工作

为了开发商品化的软件产品，在开发和测试完应用程序，生成了可发布的应用程序之后，还必须为应用程序创建安装程序和发布盘。

1. 创建发布盘的步骤

在考虑了所有需求和 Visual FoxPro 提供的选项，并且将文件生成了应用程序之后，可按照下列步骤制作发布盘：

1）创建发布目录。

2）把应用程序文件从项目中复制到发布目录的适当位置。

3）创建发布盘。

2. 创建发布目录

发布目录用来存放构成应用程序的所有项目文件的副本。发布目录树的结构也就是由“安装向导”创建的安装程序将在用户机器上创建的文件结构，如图 10-12 所示。

若要创建发布目录可按如下步骤进行：

1）创建目录，目录名为希望在用户机器上出现的名称。

2）把发布目录分成适合于应用程序的子目录。

3）把应用程序项目中的文件复制到相应目录中。应用程序（.exe）必须放在该树的根目录下，如 VFP。

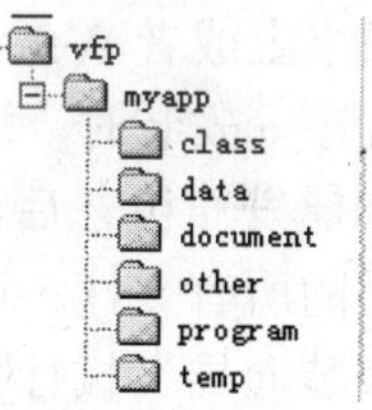

vfp
myapp
class
data
document
other
program
temp

图 10-12　发布树示意图

可利用此目录模拟运行环境，测试应用程序。如果必要，还可以暂时修改开发环境的一些默认设置，模拟目标用户机器的最小配置情况。当一切工作正常时，就可以使用“安装向导”创建磁盘映射，以便在发布应用程序副本时重建正确的环境。

3. 创建发布盘

创建发布盘时，“安装向导”压缩发布目录树中的文件，并把这些压缩过的文件复制到磁盘映射目录，每个磁盘放置在一个独立的子目录中。用“安装向导”创建应用程序磁盘映射之后，就把每个磁盘映射目录的内容复制到一张独立的磁盘上。

在软件发布后，用户通过运行“磁盘 1”上的 Setup.exe 程序，便可安装应用程序的所有文件。

10.4.2　创建发布磁盘的过程

在发布一个应用程序时，需要将所有应用程序和支持文件都复制到一个普通磁盘中，然后为用户提供安装应用程序的方法。正确地复制并安装文件是一件繁杂的工作，而利用“项目管理器”和“安装向导”时，过程就更简单了。

注意：如果仅仅把文件复制到用户的机器上，应用程序有可能不能正常运行。而 Windows 的安装例程，例如由安装向导所创建的安装程序，会进行版本检查，并注册多个.dll 和 Active 文件。因此，为了确保正确安装，应使用“安装向导”。

1．生成发布树

在用“安装向导”创建磁盘之前，必须创建一个目录结构，或称为“发布树”，包含要复制到用户硬盘上的所有发布文件。把希望复制到发布盘的所有文件都放入这个发布树。

发布树几乎可为任何形式，甚至就是一个目录，把所有项目文件都放入该目录。但是，为了便于文件管理，建议创建一些子目录，把不同类型的文件放入相应的子目录中，应用程序必须放在该树的根目录下。

许多 Visual FoxPro 应用程序需要额外的资源文件。例如，可能希望包含“配置”或联机帮助文件。如果要添加一个还未包含在项目中的资源文件，可将文件放在应用程序的目录结构中。

在运行“安装向导”时，“安装向导”为每个指定的磁盘格式分别创建发布目录。这些目录包含磁盘映像所需的全部文件。

例如，如果指定了 1.44MB 磁盘映像，“安装向导”便创建名为 DISK144 子目录。如果应用程序需要 4 张发布磁盘，“安装向导”就在 DISK144 目录中，分别创建 4 个命名为 DISK1、DISK2、DISK3 和 DISK4 的子目录。

2．安装向导

“安装向导”可为应用程序创建一个安装例程，其中包含一个 Setup.exe 文件，一些信息文件以及压缩的或非压缩的应用程序文件（存储在.cab 文件中）。最后得到的是一组可放在磁盘上、网络上或者 Web 站点上的文件。接下来，用户可像安装其他 Windows 应用程序一样安装应用程序。安装时，用户将看到使用“安装向导”时指定的选项。

在创建发布树之后，可使用“安装向导”创建一组磁盘映像子目录，里面包含安装应用程序所需的所有文件。可以从这些子目录中复制文件，创建应用程序的发布盘

“安装向导”执行下列操作：

（1）创建一个名为 Wwzsetup.ini 的文件，里面包含了“安装向导”对该发布树设置的各种选项。

（2）确保运行发布的应用程序所需的所有文件都随应用程序一起发布。

（3）把压缩过的文件复制到位于发布盘目录中的子目录下。

（4）在指定的映像目录中创建安装文件，即 Setup.inf 和 Setup.stf，用于指定安装例程的安装参数。

（5）在发布树中创建 Dkcontrl.dbf 和 Dkcontrl.cdx 文件。这些文件中包含着有关文件压缩并指定给每个磁盘子目录的统计信息。

10.4.3 用安装向导创建发布盘

“安装向导”可以帮助创建新的安装例程，或者把发布树的信息作为默认值。

“安装向导”需要一个目录名为 Distrib.src 的工作目录。如果是第一次使用“安装向导”，或者由于某些原因 Distrib.src 目录不在“安装向导”当前寻找的位置上，将会看到一条信息，

表示无法找到目录。

若要创建安装例程和发布目录可按下列步骤进行：

1）从系统菜单中选择【工具】|【向导】|【安装】命令。

2）如果“安装向导”提示创建 Distrib.src 目录或指定其位置，则请确认要创建该目录的位置，或选择“定位目录”并指定该目录的位置。

有关“安装向导”每个屏幕的有效选项的详细内容，请单击该屏幕中的联机帮助按钮或按 F1 键。

1. 指定发布树

若要指定发布树，可使用“安装向导”的“步骤 1”。发布树的目录结构应该与用户安装应用程序后所得到的目录结构相同。

“安装向导”需要包含所有文件的指定目录和将要在用户环境中创建的子目录。然后“安装向导”使用这个目录作为压缩到磁盘映像目录中的文件的源。

“安装向导”自动记录为每个发布树设置的选项，下一次由相同的发布树创建安装例程时，就使用这些值作为默认值。

2. 选择可选组件

若要指定应用程序使用或支持的可选组件，可使用“安装向导”的“步骤 2”。例如，如果要使应用程序能在 Visual FoxPro 的运行时版本中可用，请选择“Visual FoxPro 运行时刻库”，这样“安装向导”会包含运行所必须的支持文件（Vfp6r.dll）。如果要使应用程序作为 Automation 服务程序使用，同样，可选择相应的选项。

注意：如果应用程序包含 Automation 服务程序，则用户安装应用程序时，“安装”程序将自动在用户计算机上注册 Automation 服务程序。

3. 指定磁盘映像

若要为应用程序指定不同的安装磁盘类型，可使用“安装向导”的“步骤 3”。

“安装向导”会提示选择安装磁盘类型，可以选择下列某一选项或者全部选项。

（1）1.44MB（3.5 英寸）磁盘。

（2）压缩 Wetsetup。

（3）非压缩网络安装。

“安装向导”也可以提示输入包含指定磁盘类型的磁盘映像的发布子目录名称。可以在运行“安装向导”之前就创建磁盘映像目录，也可让“安装向导”自己创建磁盘映像目录。

如果选择网络安装选项中的一个，“安装向导”将创建包含所有文件的单个目录。

4. 自定义安装对话框

若要自定义安装对话框，可使用“安装向导”的“步骤 4”。

“安装向导”询问安装例程的对话框标题以及版权声明等内容。

“安装向导”创建一个具有指定标题的安装对话框。

还可以指定在安装结束后“安装”过程将执行的程序或操作，典型的安装之后的操作是显示 readme 文件或启动相关产品的安装过程。

“安装向导”要求指定可执行文件的名称。输入运行可执行文件所需要的完整的命令行，包含可执行文件的完整路径、传递给程序的所有文件的文件名和所有命令行开关。

注意：指定的程序必须位于用户系统中，否则会出错。

5. 指定默认文件的安装目的地

若要为应用程序指定默认的文件安装目的地，可使用“安装向导”的“步骤 5”。

（1）应用程序在用户机器上安装时的默认目录名。

（2）用户机器上存放应用程序启动图标的默认程序组。

安装例程把应用程序放在指定的目录中，并把默认应用程序图标（或者是指定的其他图标）放在指定名称的程序组中。

可以指定整个安装例程是否允许用户修改默认程序组，或者既允许修改默认程序组又允许修改默认目标目录。

6. 查看文件总结报告

如果要显示所有选项的结果，可使用“安装向导”的“步骤 6”。

“安装向导”显示文件的总结报告以及所有选项，并允许对文件名、文件目的地以及其他一些选项做修改。

7. 完成安装向导过程

若要开始创建应用程序的安装例程，可在“安装向导”的“步骤 7”中单击“完成”按钮。在此步骤中还可以创建一个相关文件（.dep），在此文件中允许使用其他安装工具安装应用程序。

单击“完成”按钮后，安装向导执行下列操作：

（1）记录各种设置，以便下次从相同的发布树创建发布盘时，可以将其作为默认设置来使用。

（2）启动创建应用程序磁盘映像的过程。

在“安装向导”创建指定的磁盘映像之后，可把这些映像复制到母盘上，然后再次从母盘上复制，并与软件包的其他附件一起包装。在创建一套母盘之后，即可删除磁盘映像目录了。

习题十

一、选择题

1. 通过连编可以生成多种类型的文件，但不能生成（　　）。

   A）.DLL　　B）.APPP　　C）.EXE　　D）.OCX

2. 如果将一个表单文件设置为“排除”状态，那么它（　　）。

   A）不参与连编　　B）排除在应用程序外

   C）本次不编释　　D）不显示编释错误信息

3. 如果一个数据库表设置为“包含”状态，系统编释后，该数据库表（　　）。

   A）运行时可以修改　　B）运行时不能修改

   C）成为一个自由表　　D）数据库表

4. 不能作为应用程序系统中的主文件的是（　　）。

   A）表单　　B）自由表　　C）程　　D）菜单

5. 使用安装向导前必须先创建发布树，并把有关文件复制到相关目录中，下列（　　）文件必须放在发布树的根目录下。

A）表单文件　　B）菜单文件　　C）程序文件　　D）应用程序执行文件

6．在程序中启动 Visual FoxPro 的错误捕捉功能可用命令（　）。

A）ERROR()　　B）RETRPY

C）ON ERROR < 命令>　　D）PROGRAM()

二、填空题

1．在设计程序时，就是用一系列_______存储数据并操作这些数据。

2．连编可执行程序，必须通过_______。

3．每个 Visual FoxPro 应用程序都由大量的功能组件组成，它们都可以通过_______进行有效的管理。

4．在每个项目中，_______一个文件可设置为主文件。

5．为应用程序建立一个默认的路径可用_______命令。

6．在调试窗口中可有选择地打开_______子窗口。

7．在调试器中单步运行程序，可在调试菜单中选择“单步”命令，也可用快捷键_______。

8．在监视窗口或_______和_______中都可以查看一个变量的值。

9．用_______函数可以返回错误代号。

10．处理对象运行时错误的代码应放在_______事件中。

附　录

1．本书中所用数据库

学生信息数据库名 student

2．本书中主要表结构

stud（学生信息表）

字段名	类型	宽度	小数位数	字段名	类型	宽度	小数位数
学号	C	10		地址	C	50	
姓名	C	18		出生日期	D		
性别	C	2		是否团员	L		
班级名	C	10		备注	M		
系别代号	C	2					

course（课程表）

字段名	类型	宽度	小数位数
课程号	C	2	
课程名	C	20	
教师	C	8	

dep（系别表）

字段名	类型	宽度
代号	C	2
系别名	C	20

Sc（课程成绩表）

字段名	类型	宽度	小数位数
学号	C	10	
课程号	C	2	
成绩	N	3	0

3．本书中主要表数据

stud（学生信息表）

学号	姓名	性别	班级名	系别代号	地址	出生日期	是否团员	备注
011110	李建国	男	计 0121	01	湖北武汉	1984-9-28	是	
011103	李宁	女	电 0134	02	江西九江	1985-5-6	否	
011202	赵娜	女	英 0112	03	广西南宁	1984-2-21	否	
021204	孙亮	男	电 0134	02	湖南长沙	1986-9-8	是	
011110	赵琳	女	计 0121	01	江苏南京	1985-11-18	是	
021405	罗宇波	男	英 0112	03	江苏南通	1985-12-12	否	

course（课程表）

课程号	课程名	教师
01	英语	刘江虎
02	数学	李小则
03	C 语言	何晓敏
04	数据库	张　超

dep（系别表）

代号	系别名
01	计算机系
02	机电系
03	英语系

Sc（课程成绩表）

学号	课程号	成绩
011110	01	50
021204	02	70
011103	03	90
011202	04	98
021405	02	67
021204	03	45
011110	02	80
021405	04	75
011202	03	89
011110	04	59
011103	01	80

参考文献

[1] 刘淳，唐伟奇编著. FoxPro for Windows 程序设计.北京：中国水利水电出版社，2000

[2] 翁正科编著. Visual FoxPro 6 数据库开发教程. 北京：清华大学出版社，2000

[3] 王珊，陈红编著. 数据库系统原理教程. 北京：清华大学出版社，2002

[4] 雷光复编著. 面向对象的新一代数据库系统. 北京：国防工业出版社，2000

[5] 瓮正科编著. Visual FoxPro 数据库开发教程. 北京：清华大学出版社，2000

[6] 周志逵，江涛编著. 数据库理论与新技术. 北京：北京理工大学出版社，2001

[7] 李雁翎编著. Visual FoxPro 应用基础与面向对象程序设计教程. 北京：高等教育出版社，2001

[8] 高春玲，张文学等编著. 数据库原理与应用——Visual FoxPro. 北京：电子工业出版社，2001

[9] 合力工作室编著. Visual FoxPro 6.0 高级编程. 北京：清华大学出版社，2000

[10] 魏绍谦，陈万里编著. Visual FoxPro 简明教程. 北京：高等教育出版社，1999

[11] 李正凡编著. Visual FoxPro 程序设计基础教程. 北京：中国水利水电出版社，2000

[12] 贾长云主编. Visual FoxPro 应用基础. 北京：高等教育出版社，2001

[13] 郭盈发等编著. Visual FoxPro 6.0 及其程序设计. 西安：西安电子科技大学出版社，2001

[14] 郭力平等编著. 数据库技术与应用——Visual FoxPro 6.0 篇. 北京：人民邮电出版社，2001